U0719172

荊楚文庫

長江圖説

〔清〕馬徵麟 撰　林久貴 朱琪 點校

漢水發源攷

〔清〕沈楙德 輯　林久貴 吴婷 點校

楚南諸水源流攷

〔清〕孫良貴 撰　林久貴 胡正巧 點校

楚北江漢宣防備覽

〔清〕王鳳生 撰　林久貴 吴婷 點校

荊楚文庫編纂出版委員會

長江出版社

長江圖説
CHANGJIANG TUSHUO

漢水發源攷
HANSHUI FAYUANKAO

楚南諸水源流攷
CHUNAN ZHUSHUI YUANLIUKAO

楚北江漢宣防備覽
CHUBEI JIANGHAN XUANFANG BEILAN

圖書在版編目 (CIP) 數據

長江圖説 /〔清〕馬徵麟 撰；林久貴，朱琪 點校.
漢水發源攷 /〔清〕沈楙德 輯；林久貴，吴婷 點校.
楚南諸水源流攷 /〔清〕孫良貴 撰；林久貴，胡正巧 點校.
楚北江漢宣防備覽 /〔清〕王鳳生 撰；林久貴，吴婷 點校.
—武漢：長江出版社，2017.9
ISBN 978-7-5492-5318-0
Ⅰ. ①長… ②漢… ③楚… ④楚…
Ⅱ. ①馬… ②沈… ③孫… ④王… ⑤林… ⑥朱… ⑦吴… ⑧胡…
Ⅲ. ①水利史—湖北—清代
Ⅳ. ① TV-092
中國版本圖書館 CIP 數據核字（2017）第 242087 號

責任編輯：高　偉　李楝楝　鍾一丹
整體設計：范漢成　曾顯惠　思　蒙
美術編輯：蔡　丹
責任印製：王秀忠
出版發行：長江出版社（中國・武漢）
地址：武漢市解放大道 1863 號　　郵政編碼：430010
電話：027-82926557
録排：武漢偉創偉業廣告有限公司
印刷：湖北新華印務有限公司
開本：720mm × 1000mm　　1/16
印張：21.5
字數：300 千字
版次：2017 年 9 月第 1 版　　2017 年 11 月第 1 次印刷
定價：88.00 元

ISBN 978-7-5492-5318-0

出版説明

湖北乃九省通衢，北學南學交會融通之地，文明昌盛，歷代文獻豐厚。守望傳統，編纂荆楚文獻，湖北淵源有自。清同治年間設立官書局，以整理鄉邦文獻爲旨趣。光緒年間張之洞督鄂後，以崇文書局推進典籍集成，湖北鄉賢身體力行之，編纂《湖北文徵》，集元明清三代湖北先哲遺作，收兩千七百餘作者文八千餘篇，洋洋六百萬言。盧氏兄弟輯録湖北先賢之作而成《湖北先正遺書》。至當代，武漢多所大學、圖書館在鄉邦典籍整理方面亦多所用力。爲傳承和弘揚優秀傳統文化，湖北省委、省政府决定編纂大型歷史文獻叢書《荆楚文庫》。

《荆楚文庫》以"搶救、保護、整理、出版"湖北文獻爲宗旨，分三編集藏。

甲、文獻編。收録歷代鄂籍人士著述，長期寓居湖北人士著述，省外人士探究湖北著述。包括傳世文獻、出土文獻和民間文獻。

乙、方志編。收録歷代省志、府縣志等。

丙、研究編。收録今人研究評述荆楚人物、史地、風物的學術著作和工具書及圖册。

文獻編、方志編録籍以 1949 年爲下限。

研究編簡體横排，文獻編繁體横排，方志編影印或點校出版。

《荆楚文庫》編纂出版委員會

2015 年 11 月

總　目　録

荊楚文庫

長江圖説

〔清〕馬徵麟 撰　　林久貴 朱 琪 點校

插圖目錄

前　言

《長江圖説》十二卷，清馬徵麟撰。馬徵麟，清代地理學家，自稱“皖江素臣”，除著有《長江圖説》外，另輯有《歷代地理沿革圖》等。

《長江圖説》開篇有晚清名人何紹基所題書名，其後爲清長江水師提督黄翼升所作的“敘”。前八卷爲“圖”，卷九至卷十二爲“雜説”。具體而言，卷九“雜説一”包括長江津要十三則、江勢變遷二則、三江舊説、彭蠡、北江三則、南江三則、中江入海，卷十“雜説二”包括大别、漢口夏口四則、江漢合流、九江三則、雲夢，卷十一“雜説三”包括洞庭、三苗、東陵、東迆北、敷淺原四則、沱、梁州沱、荆州沱二則、虎渡大江經流、荆江、《集傳》釋沱之誤、《禹貢錐指》釋沱之誤、澧、沅，卷十二“雜説四”包括江源二則、《禹貢》治水次第、隄防壅遏之害六則、揚荆二州之界、三條四列等。

《長江圖説》“雜説”部分的主要價值在於其以長江爲經，以沿江各郡縣爲緯，較爲系統地考述了長江所經各地江防情況，爲今天我們治理長江提供了豐富的史料依據。

首先，作者較爲系統地考述了長江幹流及其支脉包括沱、荆、沅、澧、彭蠡、雲夢、洞庭、鄱陽的地理變遷、流勢情況等。比如，對於衆説紛紜的“三江”所指，作者綜合班固《漢書·地理志》、司馬彪《郡國志》、酈道元《水經注》、李吉甫《元和郡縣志》、張守節《史記正義》、盛弘之《荆州記》、黄震《黄氏日鈔》、胡渭《禹貢錐指》等文獻所載，得出自己的看法：“漢既入江，水自江分，地在江北，故謂之北江。有北江之名，而對待者爲南江。有南江北江之名，而中江以稱。經不言南江者，於三江見之。要之，北江之處得，則中江、南江可知，而後三江之説可得而定也。”其觀點具有一定的説服力。再如，作者以爲九江即湘江，“環衡嶽之四面而九水會於一江者也”，亦是通過諸多文獻所載以及湘江九支流具體所經的考證而得出的結論。

其次，作者結合《文獻通考》《水經注》《元和郡縣志》《太平寰宇記》《天下郡國利病書》《春秋大事表》《禹貢錐指》《行水金鑑》《乾隆府廳州縣志》《地理志今釋》等文獻所記，對長江所經之郡縣的歷史沿革、地勢衝要、地形險夷以及水道變遷亦有所考述，還對長江支汊如裕溪、鄱陽、沅江也有所論及。

又次，作者還重點考證了長江沿綫及相關各郡縣地名古今之異的情况。如：安徽的東、西梁山，即爲春秋時代的長岸；漢陽的龜山，在古時名翼際山，《水經注》稱之爲魯山；蛇山，《水經注》稱之爲黄鵠山。如此之類，作者在《長江圖》中標以今名，并附注以古名，以資考證。而對於今稱衆多、無由統一的地名，如孟河瀆，今或稱草飄港，或稱超飄港，則從古稱。

同時，作者還提出了許多可供參考的江防思想，諸如長江防治，首重地理形勢，猶“兵家重地利，得其阨塞則門户完固、堂奥自安”。而江防門户爲廖角觜、營前沙，此二地南北相對，“爲第一重”，正如《周易》所言“地險，大塊資我守禦”。再如，長江防治，不唯依“地利”，而尤在“人謀”，務必得江防之道，“得道則洪流障於一葦，違其道則江河潰於蟻穴”。

凡此，皆體現出該書之價值。

此次整理所據版本爲清同治九年（一八七〇年）金陵提署刻本，該本十二卷，卷首一卷，分裝十二册。另有清同治十年（一八七一年）湖北崇文書局本，此本亦爲十二卷，卷首一卷，分裝五册。其他均與金陵提署本同。目前有多種影印本，一般都是根據同治十年刻本影印。此次負責整理爲湖北大學文學院林久貴，不當之處，敬請批評指正。

點校者

目　　録

敘

天子御极之初，日星應紀，江河効靈，遂以其時，首先收復安慶，用是特降論旨，復皖城建省之規，重長江防守之備，仰見廟堂經畫，動協時宜，所以答天眷之隆、應人事之變者，至愼且周也。湘鄉節相曾公，時督兩江，建議以昔年所部外江内湖，招募制勝之水師，簡其精鋭，改爲長江經制。會商今爵相前鄂督官公秀峰、今鄂督爵相前蘇撫李公少荃、宫保少司馬彭公雪琴合詞上聞，報曰“可”。其講求營制、創立新章，則彭公實総其事。上起荆州，下界蘇常，綿亘五省，包絡湖浸，凡爲营二十有二，戈船哨弁七百有奇，爲兵之數萬有一千數百，分立五標，設総兵官四而統轄於長江水師提督。至狼山鎮標新設之内洋水師，通州、海門兩营，亦歸長江兼轄。經始於四年之冬，至七年春而部署就緒。其明年，彭公引疾廬墓，温旨慰畄不獲，扁舟南旋。翼升以一介非材，謬踵其後，謹按長江章程提督所轄境地，歲一周歷摻巡，遂於三月之末泝流循閲。竊念天下土地之圖，周官所重，萧相國佐漢祖入關，首收圖籍；光武中興，馬伏波於上前聚米爲山谷，上曰“虜在吾目中”。圖之爲兵家重也又如此。

國家奄一寰區，内府輿圖，廣大精微，冠絶千古。兵興以來，督師大吏，尤必津津致意於所顧，皆総括神州、包羅赤縣，納長江於大地，微茫隱見，才若蚓幡，洲汀盤鬱，港汊縱横，勢難載記。至兵家著述所録《江防圖考》，則又遠近廣狹之不分、東西南朔之莫辨，況復江岸洲渚，遷變靡常，則亦紙上陳言而已。惟我湘鄉爵相所作《長江圖》，上自岳州，下迄於海，按之江流委折，顧若以璽印塗，每方二寸，爲地約六十里，較舊圖已爲充擴。然猶細書促縮，蝇腳混茫，每有罅漏，未便增注。王君子雲在幕，因爲招致馬君素臣，按長江之新制，西起荆州，東界江陰，據其經流沿波、準望廣袤，加二之一，别爲一圖，相輔以行，庶幾詳略舛漏，得以互相印證。時值陽侯肆害，大江左右，湘鄂之間，平原弥望，浩淼無際，沿泝曲折，程逾萬里，阻風滯水，自夏涉冬，遊覽乃遍，而圖稿適成。翼升披而觀之，覺長江之流，直通呼吸，東西吴楚，瞭然在眼。夫轄地遠則交涉愈紛，受任專則責成愈重。内患竊發，何以弭之？外侮或侵，何以禦之？自惟綿薄，膺兹艱鉅，夜寐夙興，時虞隕越。所幸湘鄉侯相，近在畿輔，揆帥李公、制府穀山馬公，聯圻江鄂，訏謨碩畫，得所禀承。而漕督吴公仲宣、張公子青，暨五省中丞江蘇丁公雨生、安徽英公西林、吴公竹莊、江西劉公硯莊、湖北何公小宋、郭公遠堂、湖南劉公蕴齋、前江南方伯升任晉撫李公雨亭，一皆賢俊時出、誼切同舟，匡所不逮。至於籌備儲胥、襄理營務，則又麗君省三、桂君薌亭之力爲多，翼升其藉以稍免於戾也夫。

同治九年，歲在庚午春正月，誥授振威將軍、長江水師提督、軍门節制五省各鎮、世襲一等輕車都尉、加一雲騎尉世職剛勇巴圖鲁。

長沙黄翼升昌岐氏識於金陵行署

例言〔六幅〕①

古者圖、書並重，書非圖不明。顧爲圖之難，莫難於地輿，不可以測望知推步得也。輿圖又莫難於水道，爲其淤洩靡常、遷流無定，不可操遺契以索也。長江入中國，受水實多於大河。圖長江而斷自荆州以下，居南條、北條四分水之一爾。又復專主經流，其注入之水，止記其所注之口，不討其源，則易之易者。然已自夏徂冬，八閱月而流覽乃徧，焚輪扶摇，節節淹滯。重以江潮泮汗，嚙陵蝕岸，尋月影於奔波，求指南於大霧，益足徵其難矣。

裴氏制圖六體：一曰分率以辨廣輪之度，二曰準望以正彼此之差，三曰道里以定所由之數，四曰高下，五曰方邪，六曰迂直以校夷險之異。茲圖竊用其五，其高下一體，所以定崇山峻路之紆徐，使與平地徑直之數相埒。在江言江，姑置勿論。

輿圖用開方，所以考分率、得遠近徑距之實數也。裴氏十八篇，以二寸爲千里，仿其式而拓之。從今民俗，時尺每方二分有五爲地五里，積方二寸爲地四十里。欲得道里紆曲之數，用厚紙一小條，依方畫作尺樣，轉折量之即得。又間於兩地之間，注記里數，尤覺一目了然。

輿地之書，所記里數，多不相符。及證於今，又各不相合。且即以今論，如江右之吴城鎮至昌邑，一云六十，一云三十，一云四十，一云四十有五；昌邑至樵舍，一云六十，一云三十。幾於無所適從。若此之類，不可枚舉。亦惟於舟行之際，約略計之，酌取一説，據以成圖。若云安石鼓車，未能率意而造已。川流屈曲，亦非緯度可推。

爲圖北上南下，所以尊京。師北上南下，則前東而後西，且亦《禹

① 六幅：底本原無此二字，據總目加。餘同。

貢》揚、荆之次也。

兩岸地名、山形，相向書寫。圖江意主於江，故以江中所見爲向背也。

湖水汪洋，舟程莫辨，委折所經，偶加點、線以誌之。

《禹貢》紀導水過山必書，山無遷變沿革，雖歷萬古，可識别也。兹圖於江上所見之山，問名則記之，不得其名亦略寫其形。有山而水之變遷，可得而證。至於洲、汀、港、汊，代易而歲不同，謹就目前所見圖之，既以知今昔之殊觀，亦冀以貽來哲得有所考於後云。

長江之圖，《禹貢》家、《春秋》家、史家、兵家多有之。經家重古大略形勢而已，史家、兵家重時又加詳焉。然欲持以求江流蟠蜿之體，計舟行紆直之數，亦茫如也。兹雖忽遽從事，而尺寸不離經盤，又復異地準望，一波一折，南凱北涼，風帆順逆，按圖可知，萬里雖遥，吞若雲夢者八九矣。

汛防意主經流，其支汊紛如，除裕溪、鄱陽、沅江專營外，餘俱不獲流覽。姑據舟人指點，以意會之，亦或鴻爪雪泥，偶思陳迹。即長江設防所不及，亦頗依稀臚列，間亦附注原委，意在得寸則寸、得尺則尺，聊勝於無也。白阜水脈，遜謝未遑，其所缺誤，尚冀博雅是補是正。

長江汛地，嵌坐濱江州縣境内，州縣犬牙相錯，亦必略爲眉列。其與巡檢司及陸營汛防交涉湘鄉侯相長江圖，業經備載，兹不贅及。

考郡縣之沿革，可以知地勢之衝要，稽古人之成敗，亦以識地形之險夷，以及水道變遷利病，時亦探討。顧氏《讀史方輿紀要》一書，編纂頗爲賅備，兹特隨地摘載枝枝節節，庶便流觀。間有遺誤，考之各史及《文獻通考》《水經注》《元和郡縣志》《太平寰宇記》，參之《郡國利病書》《春秋大事表》《禹貢錐指》《行水金鑑》《乾隆府廳州縣志》《地理志今釋》諸書，時亦竊附鄙見。圖間幅隘，不復識别。其有謬論須長言者，另綴“雜説”於末簡。

神哉禹功，萬古不可湮滅。神哉《禹貢》，數語如繪川谷。綱目備舉，經緯相參，雖陵谷萬變、異説百端，而按之經文，求之輿地，猶砉然如匙勘鑰。懷山襄陵之患方殷，胡底此經不泯？知有神靈呵護。其間所以爲萬世烝民計者，至深遠也。遊歷之餘，偶有啟悟，輒便條記，亦附録之，用質有道。

地名有古今之異。如安徽之東、西梁山，即春秋之長岸；漢陽之龜山，古名翼際山，《水經注》謂之魯山；江夏之蛇山，《水經注》謂之黄鵠山。如此之類，今人知今，多不識古。兹圖兼取便俗，故從今稱。間亦附注古名，以資考訂。亦有從古名而不從今稱者，如孟河瀆，今或呼爲草飄港，一作超飄港之類，語無的音，且古名猶衆著也。

地名多從俗呼。如散花洲、鯉魚洲，今謂之散花料、鯉魚料，問以某洲則弗知。又如渁水洲，“渁”俗讀若“沬”，“渁”不見於字書，而相沿已久，未便代以他字。如此之類，姑以從俗。至於定江王廟俗呼老爺廟，爲不辭；龍口呼爲溜子口、虎渡河口呼爲太平口，避龍、虎字，畏其相敵。如此之類，亦不從俗。

有一地數名者，在古則如東、西梁山，一曰天門山，一曰蛾眉山，東梁一曰博望山；在今則如黄家港，可達泰興，又名泰興港，内有天心橋，亦名天心港之類。又如一洲而數名至十數名者，書之則不可勝書，聊據見聞，記其一二，不暇覼縷矣。

地名之見於載籍者，牛渚、牛路，固可一訂其訛；赤鼻、赤壁，又復兩有可據。徵諸事物，則鰔魚徵儒；和州東。而皆實求之文獻，則臨資陵子。湘陰縣西北。而可通舊，無達詁，未免藉便爲稱。

梯航重譯，書文大同，而一水所通。土音方言，轉難齊一。若江右“龜”爲“居”音，傳訛則書“豬長”爲“强”音，謬解以爲盜。又如地名“新廠”舛作“新倉”、洲名“荷葉”誤爲“和悦”之類，頗費諏詢。兵燹之餘，郡邑志乘，無從遍訪，小姑彭郎[①]，知不免笑柄也。

---

① 小姑彭郎：江西彭澤縣江中的大小孤山側有彭浪磯，宋代民間“孤”訛作“姑”，“彭浪”訛作“彭郎”，於是便有彭郎爲小姑婿的傳説，云“彭郎者，小姑婿也”。

洞天福地，間適怡情。如洞庭君山、鄱陽匡廬之類，亦略爲識記，以當卧遊。其賞月吟風、點綴江山勝概者，未暇領取。

六標各營汛地，一時難稱定章，若於圖中一一註記，剞劂告成，勢復時下雌黄。今但標題爲第一、第二兩卷，應俟初章齊定，再行補刊，而圖中亦可用五色筆補作圈點以識之。如每標中營營官駐處用黄筆作長方口圍於某標中營字外，都守駐處用黄筆作空圈，千把外委駐處用黄筆作實點，其前營用硃筆、左營用藍筆、右營用赭筆、後營用紫筆亦如之。汛地改移，隨時可塗抹也。

初作零星小幅，漸次聯爲巨幀，未便展閲，於是復劃之爲六册，册十二幅。最北爲第一册，最南爲第六册。每册俱以第一幅爲極東，以次而西。又别爲目録八幅，以便檢閲。若易册頁爲條屏，則裂其東西綴其南北，改横爲縱，並爲六幅，亦一便也。

凡爲輿圖，以水道爲提綱，方有把握。水道清而山脈可得而理，山脈清則原隰可得而度。郡縣乃有所附麗，沿革亦有所繫屬。兹圖意主長江，而山原步位，適當其虚，於焉嵌入，必若合符，則五省輿圖始基之矣。

皖江馬徵麟素臣氏謹識

六標營目 四幅

六標營目

提標五營

提標中營中軍副將 駐紮太平府

左哨都司 一隊千總 二隊千總 三隊把總 四隊把總 五隊把總 六隊外委 七隊外委 八隊外委

右哨都司 一隊千總 二隊千總 三隊把總 四隊把總 五隊把總 六隊外委 七隊外委 八隊外委

中哨守備 一隊千總 二隊千總 三隊把總 四隊把總 五隊外委 六隊外委 七隊外委 八隊外委

前哨守備 一隊千總 二隊千總 三隊把總 四隊把總 五隊外委 六隊外委 七隊外委

後哨守備 一隊千總 二隊千總 三隊把總 四隊把總 五隊外委 六隊外委 七隊外委

提標前營金陵營參將 駐紮草鞋夾

左哨都司 一隊千總 二隊千總 三隊把總 四隊把總 五隊外委 六隊外委 七隊外委

右哨都司 一隊千總 二隊千總 三隊把總 四隊把總 五隊外委 六隊外委 七隊外委

前哨守備 一隊千總 二隊千總 三隊把總 四隊把總 五隊把總 六隊外委 七隊外委 八隊外委

後哨守備 一隊千總 二隊千總 三隊把總 四隊把總 五隊外委 六隊外委 七隊外委

提標左營裕溪營參將 駐紮雍家鎮

左哨都司 一隊千總 二隊千總 三隊把總 四隊把總 五隊外委 六隊外委 七隊外委

右哨都司 一隊千總 二隊千總 三隊把總 四隊把總 五隊外委 六隊外委 七隊外委

前哨守備 一隊千總 二隊千總 三隊把總 四隊把總 五隊把總 六隊外委 七隊外委 八隊外委

後哨守備 一隊千總 二隊千總 三隊把總 四隊把總 五隊外委 六隊外委 七隊外委

提標右營蕪湖營遊擊

左哨都司 一隊千總 二隊千總 三隊把總 四隊把總 五隊外委 六隊外委 七隊外委

右哨都司 一隊千總 二隊把總 三隊把總 四隊外委 五隊外委 六隊外委 七隊外委

前哨守備 一隊千總 二隊把總 三隊把總 四隊外委 五隊外委 六隊外委

提標後營大通營參將

左哨都司 一隊千總 二隊千總 三隊把總 四隊把總 五隊外委 六隊外委 七隊外委

右哨都司 一隊千總 二隊千總 三隊把總 四隊把總 五隊外委 六隊外委 七隊外委

前哨守備 一隊千總 二隊千總 三隊把總 四隊把總 五隊把總 六隊外委 七隊外委 八隊外委

後哨守備 一隊千總 二隊千總 三隊把總 四隊把總 五隊外委 六隊外委 七隊外委

瓜洲鎮標四營

瓜洲鎮標中營遊擊

左哨都司 一隊千總 二隊千總 三隊把總 四隊把總 五隊外委 六隊外委 七隊外委

右哨都司 一隊千總 二隊千總 三隊把總 四隊把總 五隊外委 六隊外委 七隊外委

前哨守備 一隊千總 二隊把總 三隊把總 四隊把總 五隊外委 六隊外委

後哨守備 一隊千總 二隊把總 三隊把總 四隊外委 五隊外委

瓜洲鎮標前營江陰營副將

左哨都司 一隊千總 二隊千總 三隊把總 四隊把總 五隊把總 六隊外委 七隊外委 八隊外委
右哨都司 一隊千總 二隊千總 三隊把總 四隊把總 五隊把總 六隊外委 七隊外委 八隊外委
中哨守備 一隊千總 二隊千總 三隊把總 四隊把總 五隊外委 六隊外委 七隊外委 八隊外委
前哨守備 一隊千總 二隊千總 三隊把總 四隊把總 五隊外委 六隊外委 七隊外委
後哨守備 一隊千總 二隊千總 三隊把總 四隊把總 五隊外委 六隊外委 七隊外委

瓜洲鎮標左營三江營遊擊

左哨都司 一隊千總 二隊千總 三隊把總 四隊把總 五隊外委 六隊外委 七隊外委
右哨都司 一隊千總 二隊把總 三隊把總 四隊外委 五隊外委 六隊外委 七隊外委
前哨守備 一隊千總 二隊把總 三隊把總 四隊外委 五隊外委 六隊外委

瓜洲鎮標右營孟河營遊擊

左哨都司 一隊千總 二隊千總 三隊把總 四隊把總 五隊外委 六隊外委 七隊外委
右哨都司 一隊千總 二隊把總 三隊把總 四隊外委 五隊外委 六隊外委 七隊外委
前哨守備 一隊千總 二隊把總 三隊把總 四隊外委 五隊外委 六隊外委

湖口鎮標五營

湖口鎮標中營遊擊

左哨都司 一隊千總 二隊千總 三隊把總 四隊把總 五隊外委 六隊外委 七隊外委
右哨都司 一隊千總 二隊千總 三隊把總 四隊把總 五隊外委 六隊外委 七隊外委
前哨守備 一隊千總 二隊把總 三隊把總 四隊把總 五隊外委 六隊外委
後哨守備 一隊千總 二隊把總 三隊把總 四隊外委 五隊外委

湖口鎮標前營安慶營副將

左哨都司 一隊千總 二隊千總 三隊把總 四隊把總 五隊把總 六隊外委 七隊外委 八隊外委
右哨都司 一隊千總 二隊千總 三隊把總 四隊把總 五隊把總 六隊外委 七隊外委 八隊外委
中哨守備 一隊千總 二隊千總 三隊把總 四隊把總 五隊外委 六隊外委 七隊外委 八隊外委
前哨守備 一隊千總 二隊千總 三隊把總 四隊把總 五隊外委 六隊外委 七隊外委
後哨守備 一隊千總 二隊千總 三隊把總 四隊把總 五隊外委 六隊外委 七隊外委

湖口鎮標左營吳城營參將

左哨都司 一隊千總 二隊千總 三隊把總 四隊把總 五隊外委 六隊外委 七隊外委
右哨都司 一隊千總 二隊千總 三隊把總 四隊把總 五隊外委 六隊外委 七隊外委
前哨守備 一隊千總 二隊千總 三隊把總 四隊把總 五隊把總 六隊外委 七隊外委 八隊外委
後哨守備 一隊千總 二隊千總 三隊把總 四隊把總 五隊外委 六隊外委 七隊外委

湖口鎮標右營華陽營遊擊 駐紮香口

左哨都司 一隊千總 二隊千總 三隊把總 四隊把總 五隊外委 六隊外委 七隊外委

右哨都司 一隊千總 二隊把總 三隊把總 四隊外委 五隊外委 六隊外委 七隊外委

前哨守備 一隊千總 二隊把總 三隊把總 四隊外委 五隊外委 六隊外委

湖口鎮標後營饒州營參將

左哨都司 一隊千總 二隊千總 三隊把總 四隊把總 五隊外委 六隊外委 七隊外委

右哨都司 一隊千總 二隊千總 三隊把總 四隊把總 五隊外委 六隊外委 七隊外委

前哨守備 一隊千總 二隊千總 三隊把總 四隊把總 五隊把總 六隊外委 七隊外委 八隊外委

後哨守備 一隊千總 二隊千總 三隊把總 四隊把總 五隊外委 六隊外委 七隊外委

漢陽鎮標四營

漢陽鎮標中營遊擊

左哨都司 一隊千總 二隊千總 三隊把總 四隊把總 五隊外委 六隊外委 七隊外委

右哨都司 一隊千總 二隊千總 三隊把總 四隊把總 五隊外委 六隊外委 七隊外委

前哨守備 一隊千總 二隊千總 三隊把總 四隊把總 五隊把總 六隊外委 七隊外委 八隊外委

後哨守備 一隊千總 二隊千總 三隊把總 四隊把總 五隊外委 六隊外委 七隊外委

漢陽鎮標前營田鎮營副將

左哨都司 一隊千總 二隊千總 三隊把總 四隊把總 五隊把總 六隊外委 七隊外委 八隊外委

右哨都司 一隊千總 二隊千總 三隊把總 四隊把總 五隊把總 六隊外委 七隊外委 八隊外委

中哨守備 一隊千總 二隊千總 三隊把總 四隊把總 五隊外委 六隊外委 七隊外委 八隊外委

前哨守備 一隊千總 二隊千總 三隊把總 四隊把總 五隊外委 六隊外委 七隊外委

後哨守備 一隊千總 二隊千總 三隊把總 四隊把總 五隊外委 六隊外委 七隊外委

漢陽鎮標右營巴河營遊擊

左哨都司 一隊千總 二隊千總 三隊把總 四隊把總 五隊外委 六隊外委 七隊外委

右哨都司 一隊千總 二隊把總 三隊把總 四隊外委 五隊外委 六隊外委 七隊外委

前哨守備 一隊千總 二隊把總 三隊把總 四隊外委 五隊外委 六隊外委

漢陽鎮標後營蘄州營參將 駐紮金口

左哨都司 一隊千總 二隊千總 三隊把總 四隊把總 五隊外委 六隊外委 七隊外委

右哨都司 一隊千總 二隊千總 三隊把總 四隊把總 五隊外委 六隊外委 七隊外委

前哨守備 一隊千總 二隊千總 三隊把總 四隊把總 五隊把總 六隊外委 七隊外委 八隊外委

後哨守備 一隊千總 二隊千總 三隊把總 四隊把總 五隊外委 六隊外委 七隊外委

岳州鎮標四營

岳州鎮標中營遊擊

左哨都司 一隊千總 二隊千總 三隊把總 四隊把總 五隊外委 六隊外委 七隊外委

右哨都司 一隊千總 二隊千總 三隊把總 四隊把總 五隊外委 六隊外委 七隊外委

前哨守備 一隊千總 二隊千總 三隊把總 四隊把總 五隊把總 六隊外委 七隊外委 八隊外委

後哨守備 一隊千總 二隊千總 三隊把總 四隊把總 五隊外委 六隊外委 七隊外委

岳州鎮標前營陸溪營遊擊

左哨都司 一隊千總 二隊千總 三隊把總 四隊把總 五隊外委 六隊外委 七隊外委

右哨都司 一隊千總 二隊把總 三隊把總 四隊外委 五隊外委 六隊外委 七隊外委

前哨守備 一隊千總 二隊把總 三隊把總 四隊外委 五隊外委 六隊外委

岳州鎮標左營沅江營參將

左哨都司 一隊千總 二隊千總 三隊把總 四隊把總 五隊外委 六隊外委 七隊外委

右哨都司 一隊千總 二隊千總 三隊把總 四隊把總 五隊外委 六隊外委 七隊外委

前哨守備 一隊千總 二隊千總 三隊把總 四隊把總 五隊把總 六隊外委 七隊外委 八隊外委

後哨守備 一隊千總 二隊千總 三隊把總 四隊把總 五隊外委 六隊外委 七隊外委

岳州鎮標後營荆州營副將

左哨都司 一隊千總 二隊千總 三隊把總 四隊把總 五隊把總 六隊外委 七隊外委 八隊外委

右哨都司 一隊千總 二隊千總 三隊把總 四隊把總 五隊把總 六隊外委 七隊外委 八隊外委

中哨守備 一隊千總 二隊千總 三隊把總 四隊把總 五隊外委 六隊外委 七隊外委 八隊外委

前哨守備 一隊千總 二隊千總 三隊把總 四隊把總 五隊外委 六隊外委 七隊外委

後哨守備 一隊千總 二隊千總 三隊把總 四隊把總 五隊外委 六隊外委 七隊外委

兼轄狼山鎮標内洋二營

狼山鎮標内洋海門營副將

左哨都司 一隊千總 二隊千總 三隊把總

右哨都司 一隊千總 二隊把總 三隊把總

中哨守備 一隊千總 二隊把總 三隊把總

狼山鎮標内洋通州營遊擊

左哨都司 一隊千總 二隊把總 三隊外委

右哨都司 一隊千總 二隊把總 三隊外委

中哨守備 一隊把總 二隊外委 三隊外委

營目四

長江圖目八幅

圖目

第一冊第一幅

北岸 江蘇直隸通州境
通州如皋縣境
常州府靖江縣境 汛張江陰營汛 內洋水師狼山鎮標通州營汛

南岸 江蘇常州府江陰縣境 汛張江陰營汛

第一冊第二幅

北岸 揚州府
靖江縣境 三江營汛
泰興縣境 三江營汛
江都縣境 三江瓜洲營汛

南岸 鎮江府
武進縣境 孟河營汛
丹陽縣境 孟河營汛
丹徒縣境 孟河瓜洲營汛

第一冊第三幅

北岸
江都縣境 瓜洲營汛
儀徵縣境 瓜洲營汛
江甯府
六合縣境 瓜洲金陵營汛
江浦縣境 金陵營汛

南岸
丹徒縣境 瓜洲營汛
江甯府
句容縣境 瓜洲營汛
上元縣境 瓜洲金陵營汛
江甯縣境 金陵營汛

第一冊第四幅

北岸
江浦縣境 金陵營汛
安徽直隸和州境 金陵營汛

南岸
江甯縣境 金陵營汛

第一冊第五幅空

第一冊第六幅空

第一冊第七幅空

第一冊第八幅空

第一冊第九幅空

第一冊 第十幅 空

第一冊 第十一幅 空

第一冊 第十二幅 空

第二冊 第一幅

北岸 江蘇直隸通州境 通州營汛

南岸 江蘇蘇州府常熟縣境 內洋水師福山鎮標左營汛
昭文縣境
常州府江陰縣境 江陰營汛

第二冊 第二幅

北岸 常州府靖江縣境 江陰營汛

南岸 江陰縣境 江陰營汛
武進縣境 孟河營汛

第二冊 第三幅

南岸 安徽 江寧府江寧縣境
寧國府宣城縣境

第二冊 第四幅

北岸 安徽 江寧府江浦縣境 金陵營汛 金陵提中營汛
直隸和州境 裕溪蕪湖營汛
和州含山縣境 裕溪營汛
無為州境 裕溪蕪湖營汛
廬州府巢縣境 裕溪營汛

南岸 安徽 江寧縣境 金陵營汛
太平府當塗縣境 提標蕪湖中營汛
蕪湖縣境 蕪湖營汛
繁昌縣境 蕪湖營汛

第二冊 第五幅

北岸 無為州境 裕溪蕪湖營汛
巢縣境 裕溪營汛
廬江縣境

圖目二

第二冊 第六幅 空

第二冊 第七幅 空

第二冊 第八幅 空

第二冊 第九幅 空

第二冊 第十幅 空

第二冊 第十一幅 空

第二冊 第十二幅 空

第三冊 第一幅 空

第三冊 第二幅 空

第三冊 第三幅

南岸 徽甯國府宣城縣境

第三冊 第四幅

北岸 徽盧州府無爲州境 大通營汛

南岸

宣城縣境 蕪湖營汛

涇縣境

南陵縣境

太平府繁昌縣境 蕪湖大通營汛

池州府銅陵縣境 大通營汛

第三冊 第五幅

圖目三

北岸
第三冊 第六幅
安慶府 無為州境 大通營汛
桐城縣境 大通安慶營汛
懷甯縣境 安慶營汛
懷甯縣境 安慶營汛
南岸 銅陵縣境 大通營汛
貴池縣境 大通安慶營汛
南岸 東流縣境 安慶營汛

北岸
第三冊 第七幅 空
第三冊 第八幅
湖北黃州府蘄水縣境 巴河營汛
黃岡縣境 巴河漢陽營汛
南岸 湖北武昌府武昌縣境 巴河營汛

第三冊 第九幅
北岸
漢陽府 黃岡縣境 漢陽營汛
黃陂縣境 漢陽營汛
漢陽縣境 漢陽德州營汛
南岸 江夏縣境 漢陽德州營汛

第三冊 第十幅 空
第三冊 第十一幅 空
第三冊 第十二幅
北岸 荆州府江陵縣境 荆州營汛
南岸 仝上

第四冊 第一幅 空
第四冊 第二幅 空
第四冊 第三幅 空

第四冊 第四幅 空

第四冊 第五幅

南岸 安徽池州府貴池縣境
東流縣境

第四冊 第六幅

北岸 安徽安慶府懷甯縣境　安慶營汛
望江縣境　安慶華陽營汛
宿松縣境　華陽營汛

南岸 東流縣境　安慶華陽營汛
江西九江府彭澤縣境　華陽營汛

第四冊 第七幅

北岸 宿松縣境　華陽湖口營汛
江西九江府德化縣境　湖口田鎮營汛
湖北黃州府黃梅縣境　田鎮營汛
廣濟縣境　田鎮營汛

南岸 湖口縣境　湖口營汛
瑞昌縣境　田鎮營汛

第四冊 第八幅

北岸 廣濟縣境　田鎮營汛
蘄州境　田鎮營汛
蘄水縣境　田鎮巴河營汛

南岸 瑞昌縣境　田鎮營汛
湖北武昌府興國州境　田鎮營汛
大冶縣境　田鎮巴河營汛
武昌縣境　巴河營汛

第四冊 第九幅

北岸 漢陽府漢陽縣境　簰州營汛
嘉魚縣境　簰州營汛

南岸 江夏縣境　簰州營汛
漢陽府嘉魚縣境　簰州營汛

第四冊 第十幅

北岸 沔陽州境　簰州陸溪營汛
嘉魚縣境　陸溪營汛
荊州府監利縣境　陸溪營汛

南岸 嘉魚縣境　簰州陸溪營汛
湖南岳州府臨湘縣境　陸溪營汛

第四冊 第十一幅

北岸 湖北 荊州府監利縣境 荊州營汛
石首縣境 荊州營汛

南岸 湖南 岳州府華容縣境 荊州營汛
監利縣境
石首縣境 荊州營汛

第四冊 第十二幅

北岸 公安縣境 荊州營汛
江陵縣境

南岸 仝上

第五冊 第一幅 空

第五冊 第二幅 空

第五冊 第三幅 空

第五冊 第四幅 空

第五冊 第五幅 空

第五冊 第六幅

大江 江西 九江府彭澤縣境 華陽湖口營汛
南岸 湖口縣境

鄱陽 江西 南康府都昌縣境 饒州營汛
湖 北岸

第五冊 第七幅

大江 南北岸 湖口縣境 湖口營汛
德化縣境 湖口鎮營汛
瑞昌縣境

鄱陽湖 九江府湖口縣境 湖口營汛
下游東岸 南康府都昌縣境 饒州吳城營汛
西岸 九江府德化縣境 吳城營汛
南康府星子縣境
南康府新建縣境

第五冊 第八幅

圖目六

第六冊　第六幅

鄱陽湖上游（江西）南康府都昌縣境　饒州營汛
饒州府鄱陽縣境　饒州營汛
餘干縣境　饒州營汛

第六冊　第七幅

鄱陽湖西岸南岸　南昌府新建縣境　江西內河水師設防
南昌縣境　江西內河水師設防

第六冊　第八幅　空

第六冊　第九幅　空

第六冊　第十幅

第六冊　第十一幅

洞庭湖上游（湖南）長沙府湘陰縣境　沅江營汛
常德府沅江縣境　沅江營汛

第六冊　第十二幅

內河　沅江縣境　沅江營汛

卷三　圖第一册

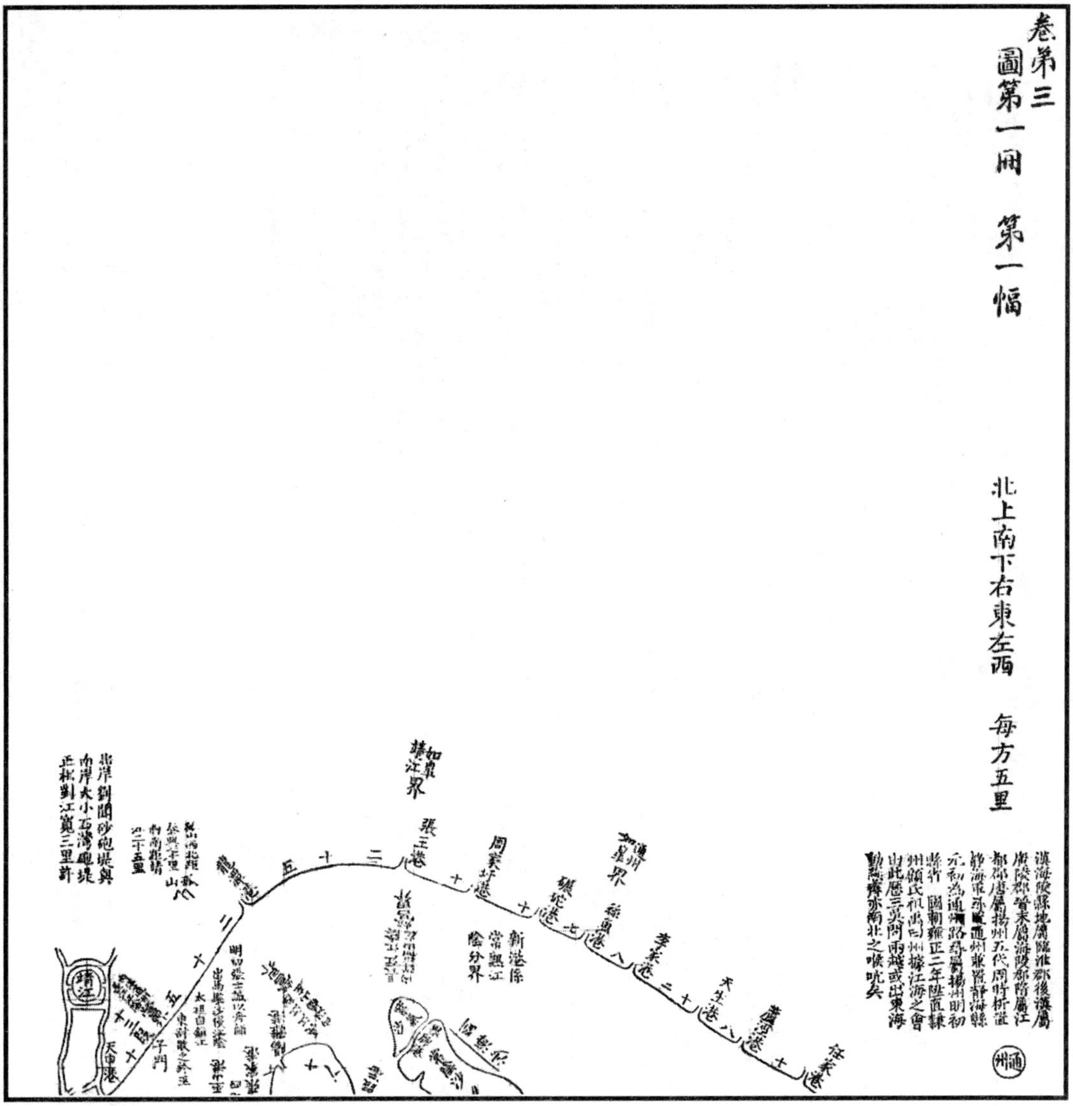

卷第三

圖第一册　第一幅

北上南下右東左西　每方五里

漢海陵縣地屬臨淮郡後漢屬廣陵郡晉末屬海陵郡隋屬江都郡唐屬揚州五代周時析置靜海軍尋陞通州兼置靜海縣元初為通州路尋屬揚州明初縣省　國朝雍正二年陞直隸州領氏祝西門州據江海之會由此歷三江問兩越或出東海勤齊亦南北之喉吭矣

通州

如皋靖江界

張王港

周家圩港

通州如皋界

天生港

任家港

新港係常熟江陰分界

北岸劉聞沙砲堤與南岸大小石灣砲堤正相對江寬三里許

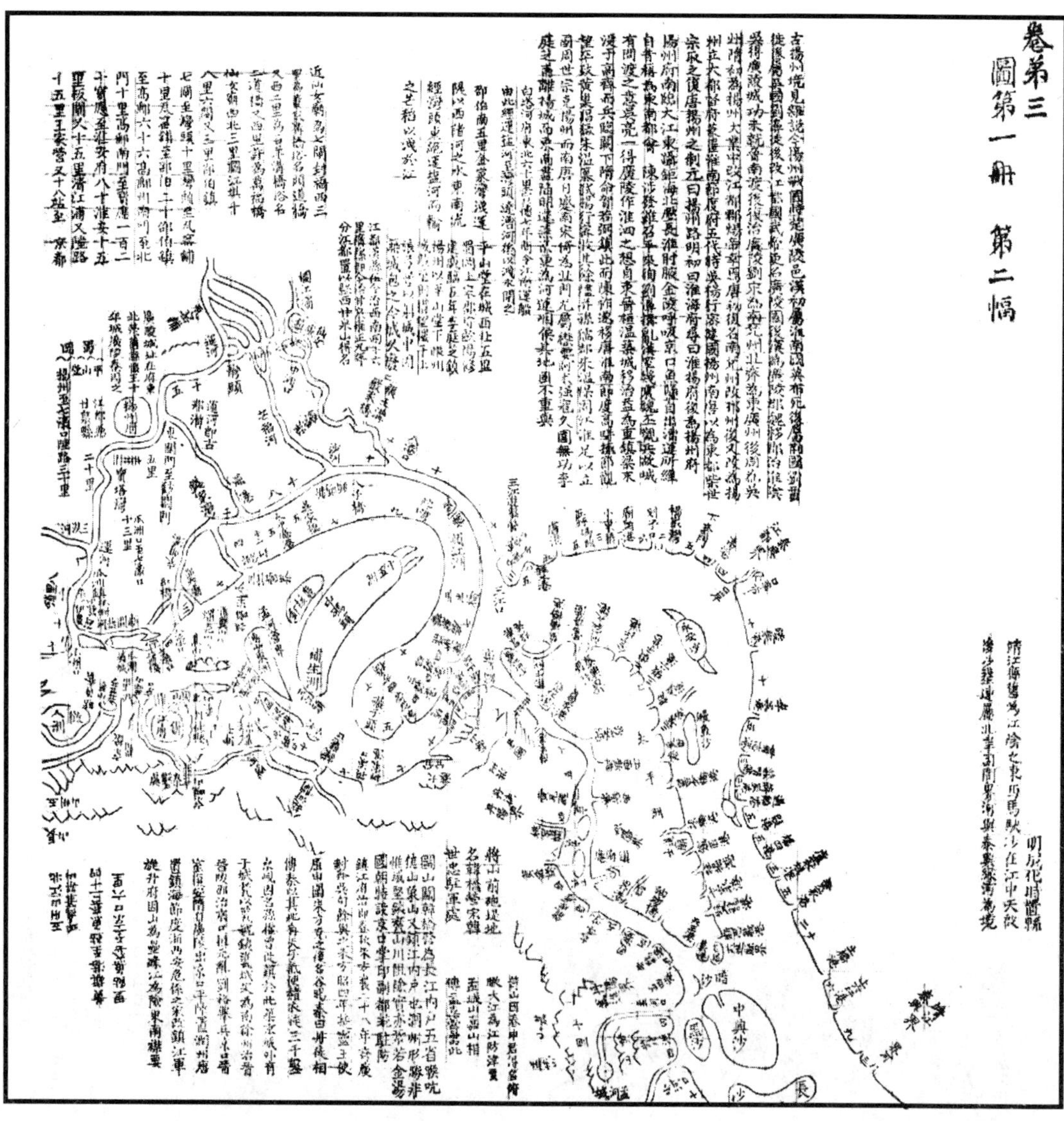

卷第三
圖第一冊 第二幅
中興沙

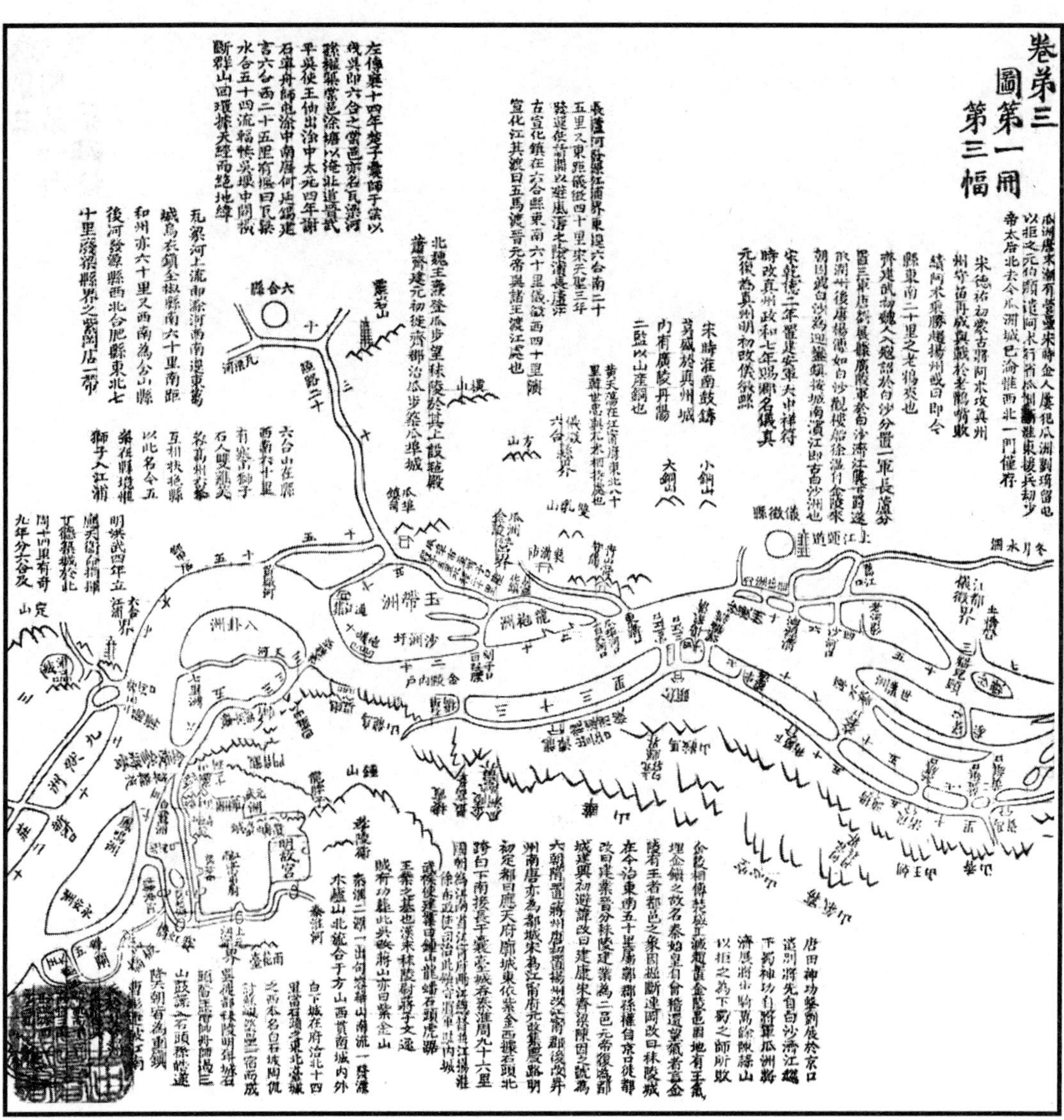
卷三
圖第一冊
第三幅
六合縣
玉帶洲
八卦洲
明故宮
鍾山
儀徵縣

卷第三
圖第一冊
第四幅空

卷第三

圖第一册

第五幅空

卷第三
圖第一冊
第六幅空

卷第三
圖第一册
第七幅空

卷第三
圖第一冊
第八幅空

卷第三
圖第一册
第九幅空

卷第三 圖第一册 第十幅空

卷第三

圖第一册

第十一幅空

卷第三
圖第一冊
第十二幅空

卷四　圖第二册

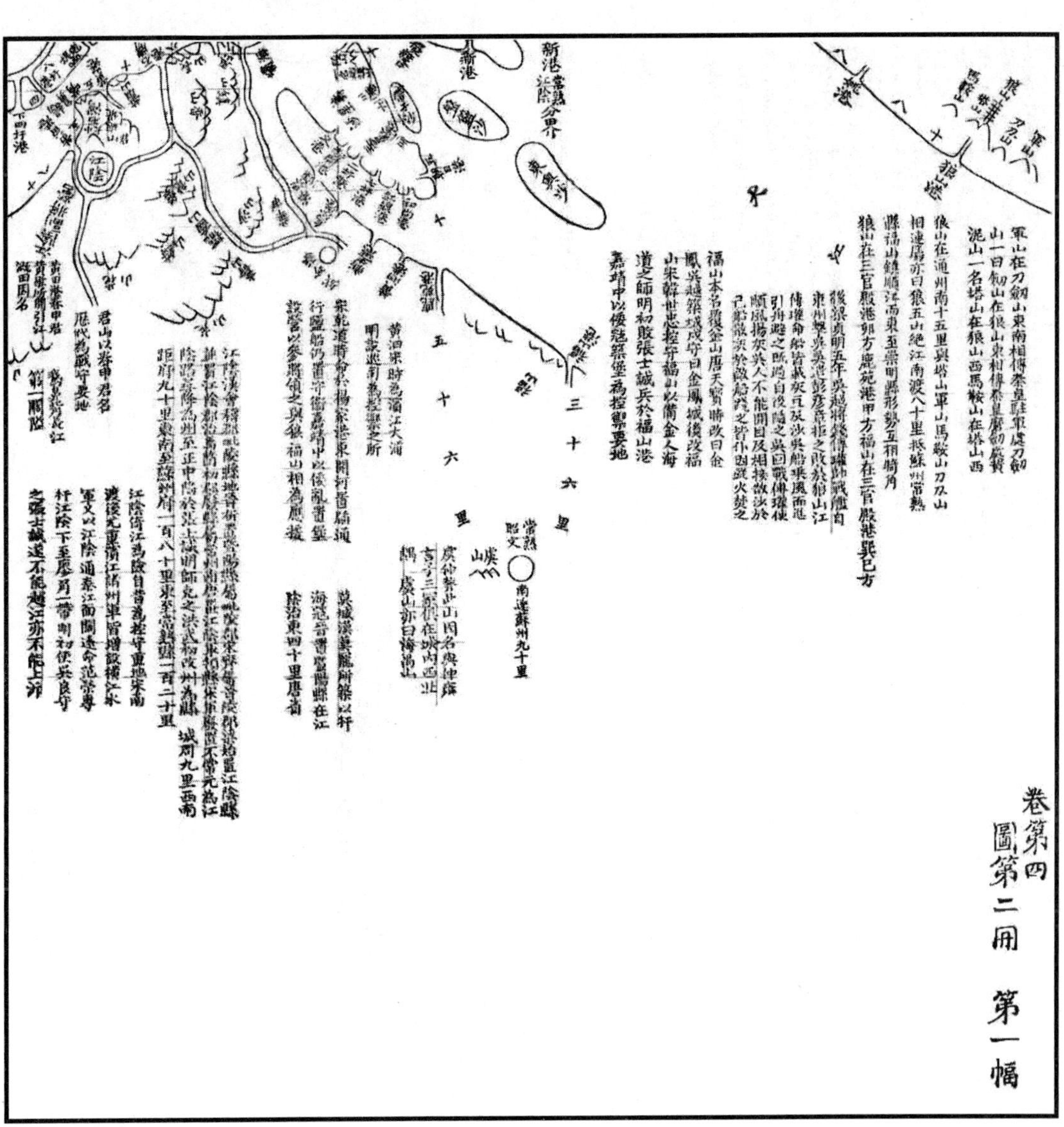

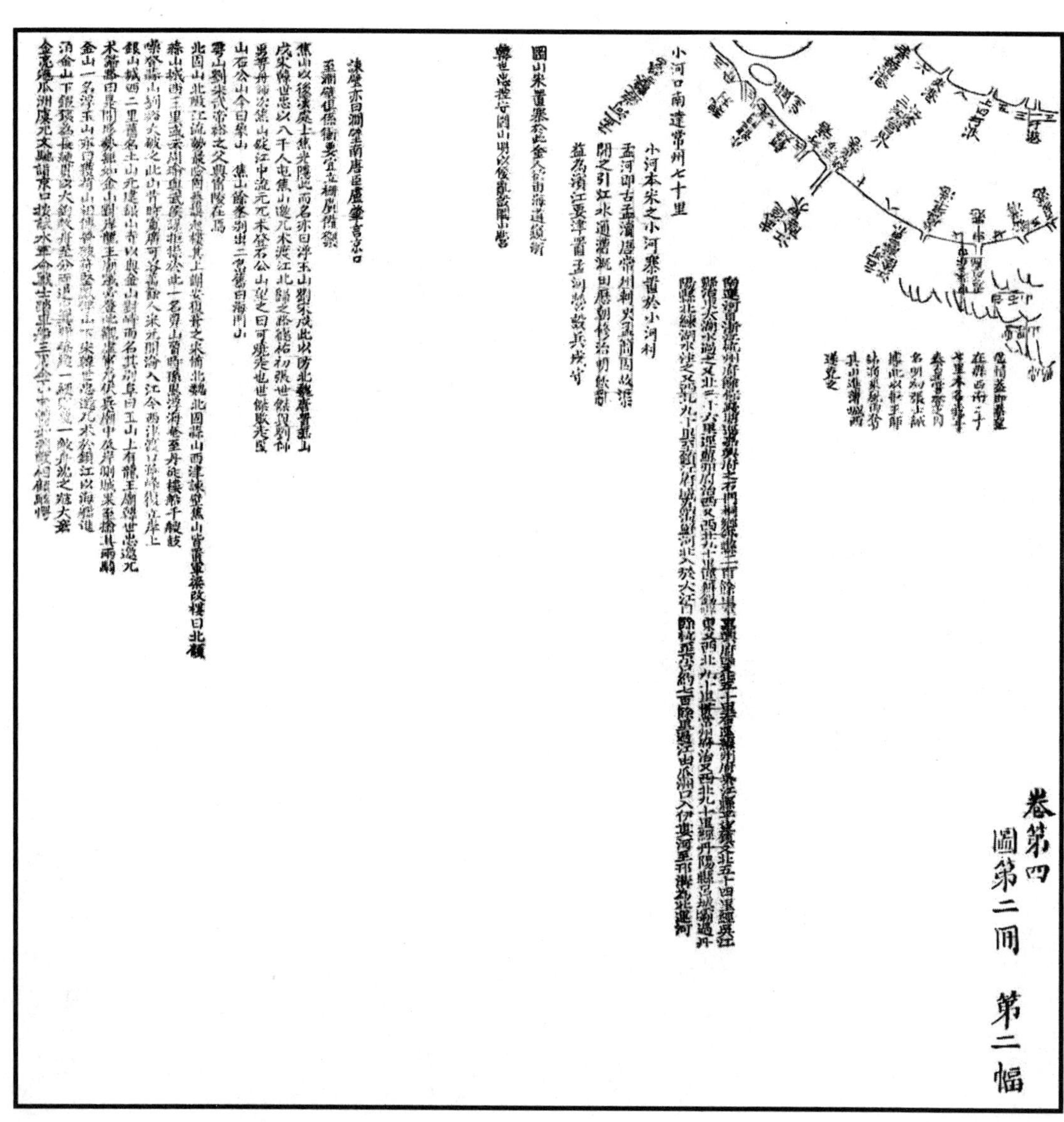
卷第四
圖第二十二 第二幅
小河口南達常州七十里
小河本宋之小河寨置於小河村
孟河即古孟瀆唐常州刺史孟簡開之引江水通漕

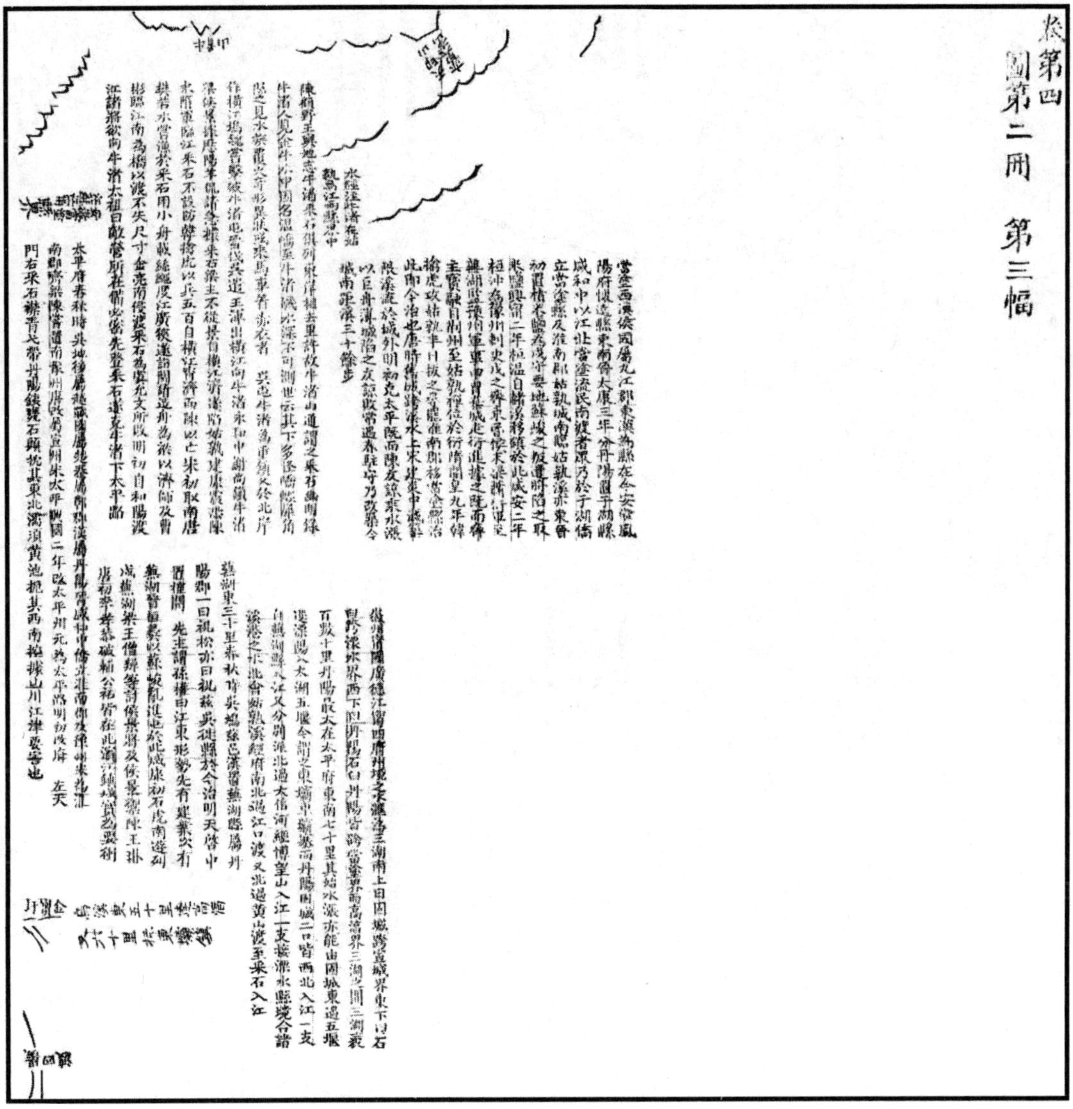

卷第四

圖第二冊　第三幅

當塗西漢侯國屬九江郡東漢為縣在今安徽鳳陽府懷遠縣東南晉太康三年分丹陽置于湖縣成和中以江北當塗流民南渡者衆乃於于湖僑立當塗縣及淮南郡姑孰城南臨姑孰溪亦東晉初置桓溫鎮為戍守要地蘇峻之叛遣將陷之琅邪興寧二年桓溫自赭圻移鎮於此咸安二年桓沖為豫州刺史戍之齊永明末梁蕭衍軍至難湖監豫州軍事由此城走衍進據之陳而降主寶融自荆州至姑孰禪位於衍隋開皇九年韓擒虎攻姑孰半日拔之宋時淮南路移治當塗縣治此即今治也唐時徙城路治於水上宋建炎中為根浚濠於城外明初克太平陳友諒乘水漲以巨舟薄城陷之友諒敗常遇春駐守乃改築今城南距濠三十餘步

水經注此渚在姑孰烏江兩縣界中

陳顧野王輿地志牛渚山北謂之采石曲岡明緣牛渚人見金牛出水中因名温嶠至牛渚機水深不可測世云其下多怪嶠燃犀角照之見水族覆火奇形異狀或乘馬車著赤衣者　吳也牛渚為重鎮又於北岸作橫江塢與晉擊破牛渚屯營伐吳道王渾出橫江向牛渚來和中謝尚鎮牛渚隋使韓擒虎陽夜諸倉渡采石擒主不從從自橫江濟遂陷姑孰建康震懼陳主陳叔寶臨江采石不設防韓擒虎以兵五百自橫江宵濟而陳以亡宋初取南唐樊若水嘗漁於采石用小舟載絲繩度江廣狹遂詣闕請造舟為梁以濟師及曹彬臨江南為橋以渡不失尺寸金亮南侵渡采石為虞允文所敗明初自和陽渡江諸將欲向牛渚太祖曰敵營所在備必密先登采石遂克牛渚下太平路

丹陽湖隋廣德江寧南州境之水匯為三湖南上曰固城湖界東下曰石臼湖溧水界西下曰丹陽石臼丹陽皆跨當塗高淳界三湖之間三湖表百數十里丹陽最大在太平府東南七十里其始水漲亦能由固城東過五堰從溧陽入太湖五堰今謂之東壩中壩歟而丹陽湖城二口皆西北入江一支自蕪湖縣入江又分別派北過大信河經博望山入江一支接溧水縣境合諸流港之水北會姑孰溪經府南北過江口渡又北過黄山渡至采石入江

蕪湖東三十里春秋時吳鳩茲邑漢置蕪湖縣屬丹陽郡一曰祝松亦曰祝茲吳徙縣於今治明天啓中置權關　先主謂孫權由江東形勢先有建業次有蕪湖晉桓彝以蘇峻亂退走於此咸康初石虎南遊列戍蕪湖梁王僧辯等討侯景將及侯景將陳王琳唐初李孝恭破輔公祏皆在此蕪湖鎮城實為要衝

太平府春秋時吳地後屬越戰國屬楚秦屬鄣郡漢屬丹陽郡咸和中僑立淮南郡及于湖縣屬於江南郡隋屬宣城梁陳嘗置南豫州唐改屬宣州宋太平興國二年改太平州元為太平路明初改府　左天門右采石據青戈帶丹陽鍾覽石顛枕其東北濱須黄池扼其西南控據山川江津要害也

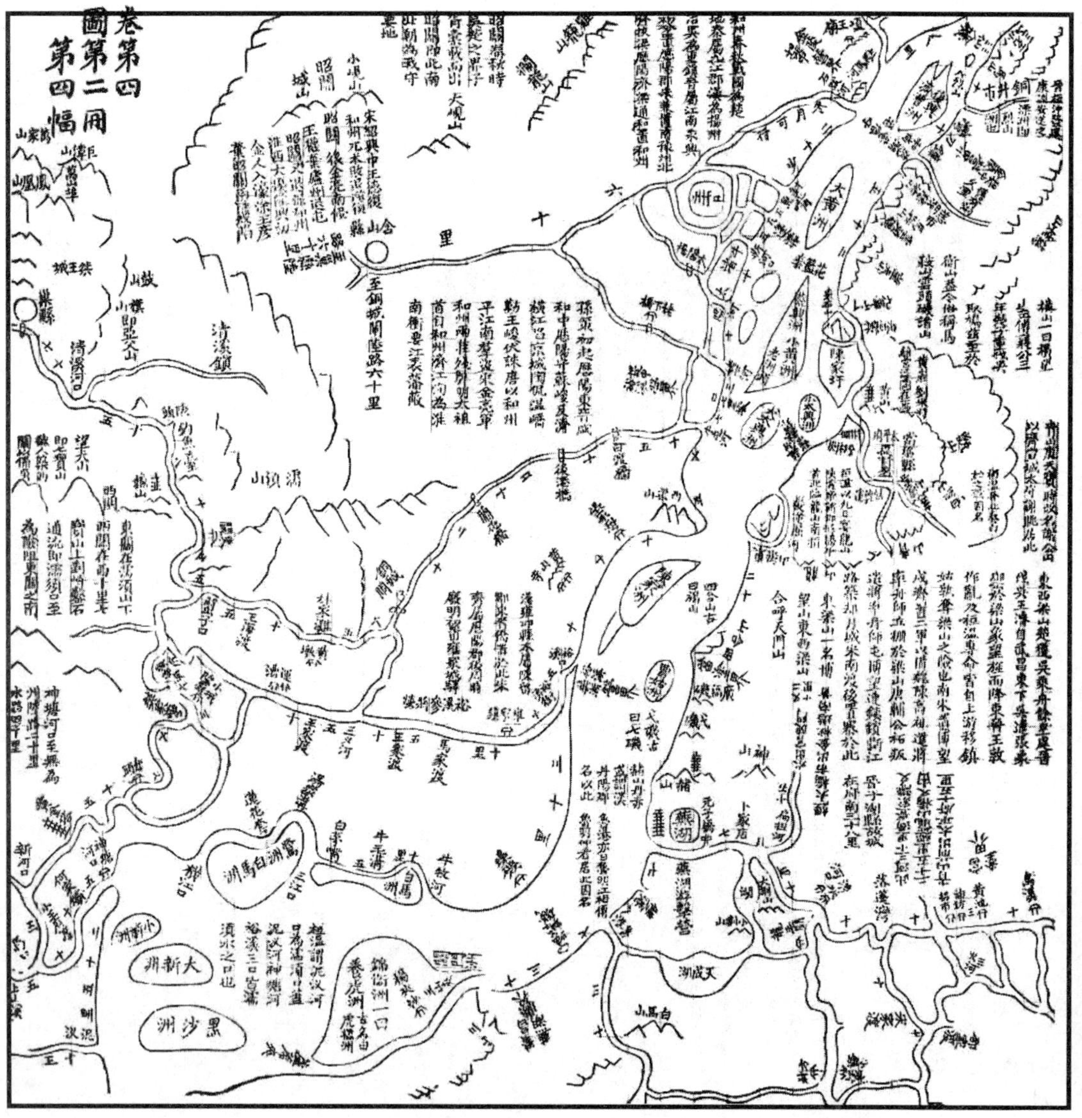

卷第四
圖第二冊
第四幅
清溪鎮
至銅城閘陸路六十里
大新洲
黑沙洲
天成湖
白馬山

卷第四
圖第二册　第五幅
焦湖
巢湖
巢湖口北抵柘皋鎮六十里西南抵三河鎮一百十里
西北至西口一百二十里入西口至廬州府城六十里
廬江縣
無為州
鳳凰頸至襄安水路
三十里旱路十五里

卷第四
圖第二冊
第六幅空

卷第四
圖第二册
第七幅空

卷第四
圖第二冊
第八幅空

卷第四

圖第二册

第九幅空

卷第四
圖第二冊
第十幅空

卷第四

圖第二册

第十一幅　壹

卷第四
圖第二冊
第十二幅空

卷五　圖第三册

卷第五　圖第三册　第一幅空

卷第五
圖第三冊
第二幅空

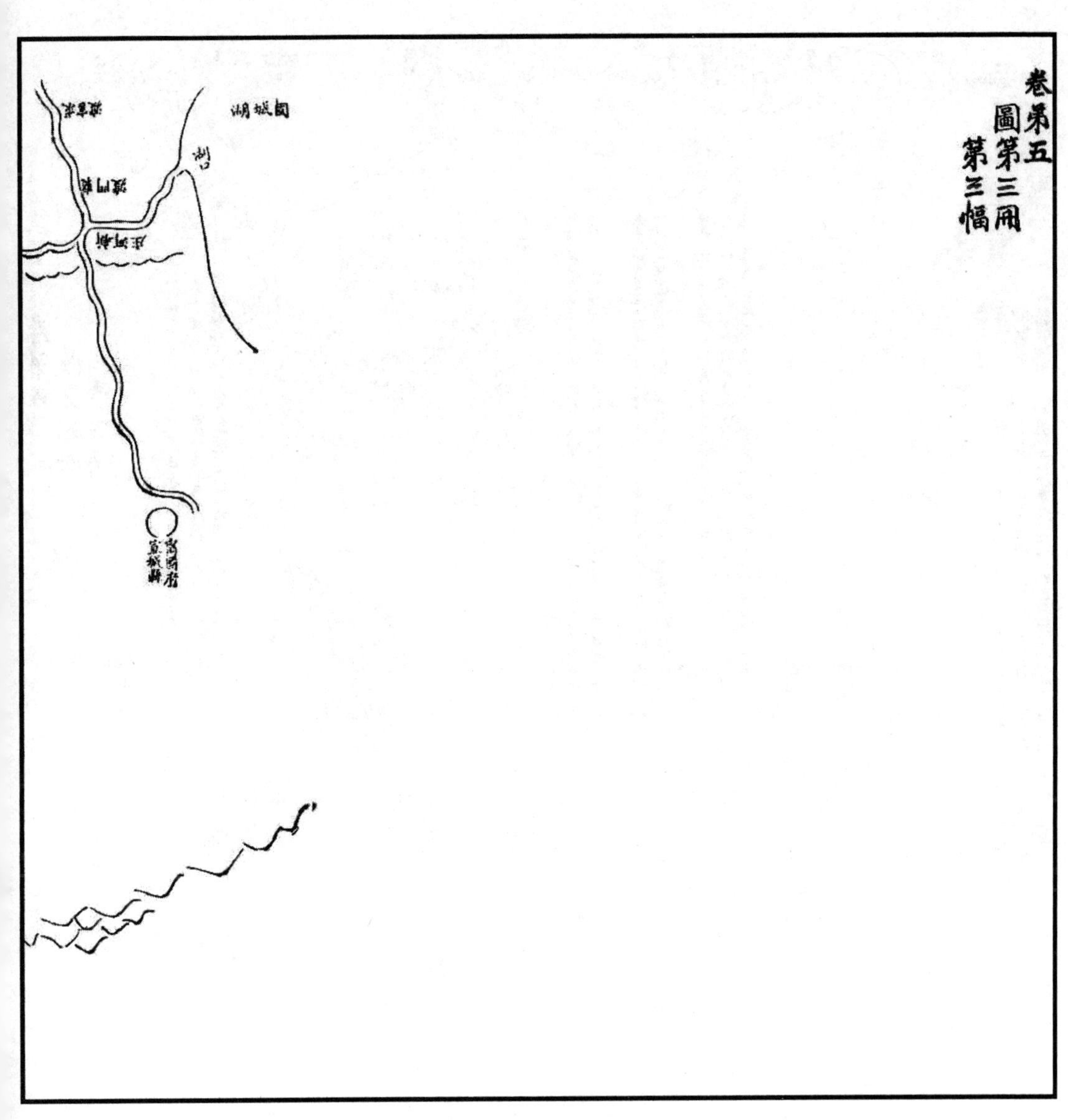
卷第五
圖第三冊
第三幅
寧國府
宣城縣

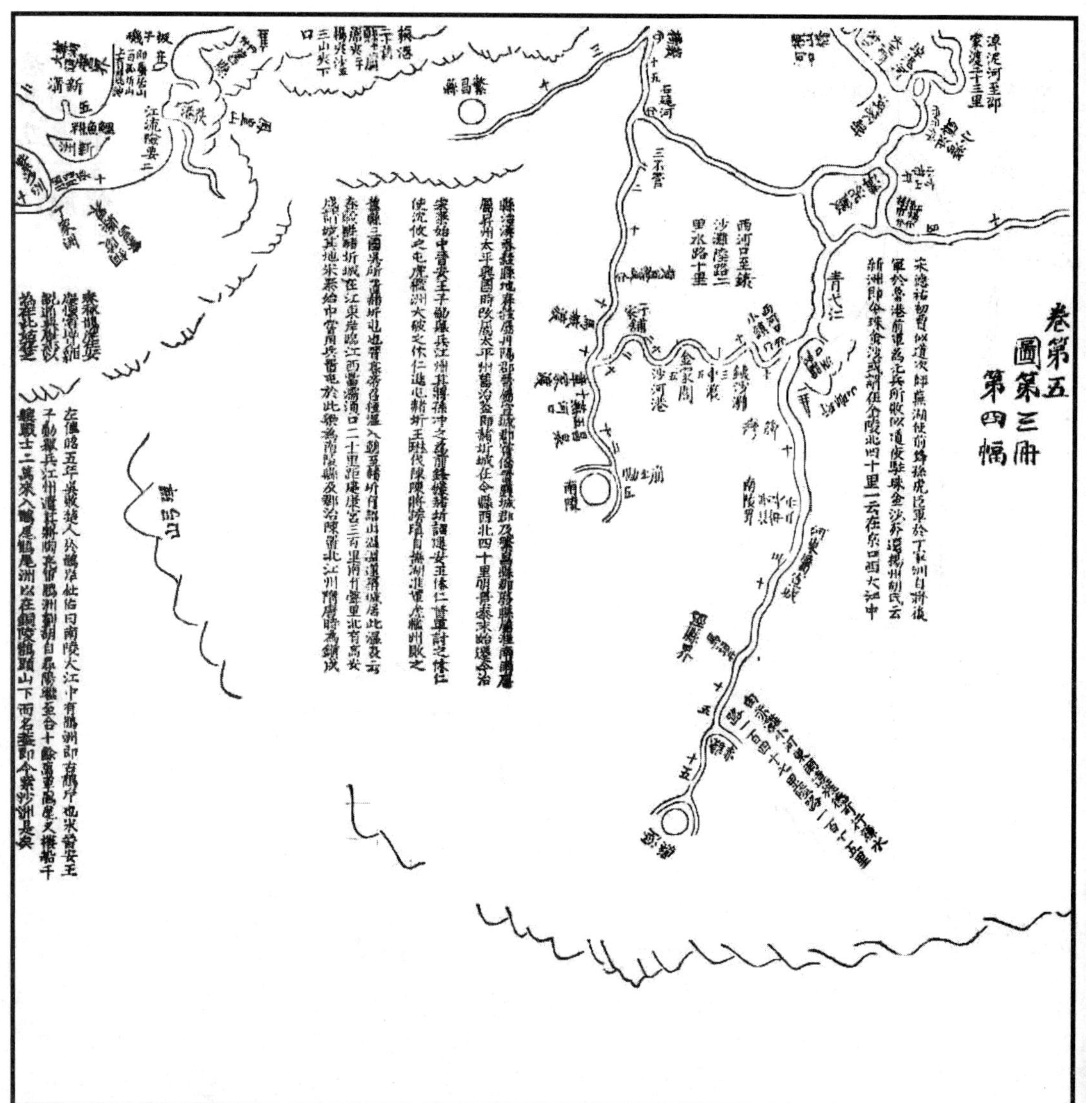
卷第五
圖第三冊
第四幅
青弋江
西河口至鎮
沙灘陸路二
里水路十里
三不管
金家閘
南陵
繁昌縣
淳泥河至邵
家渡十三里

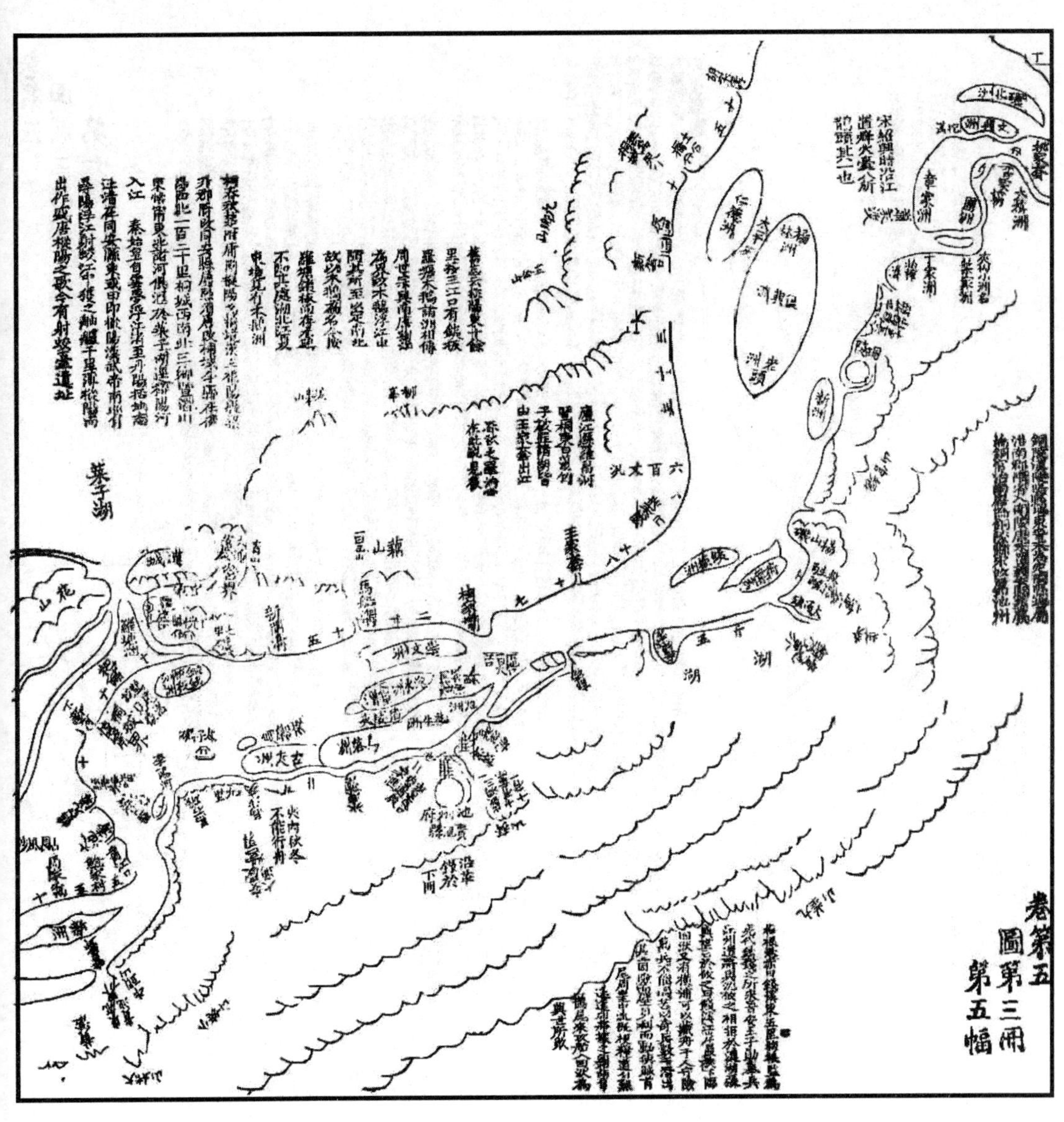
卷第五
圖第三冊
第五幅

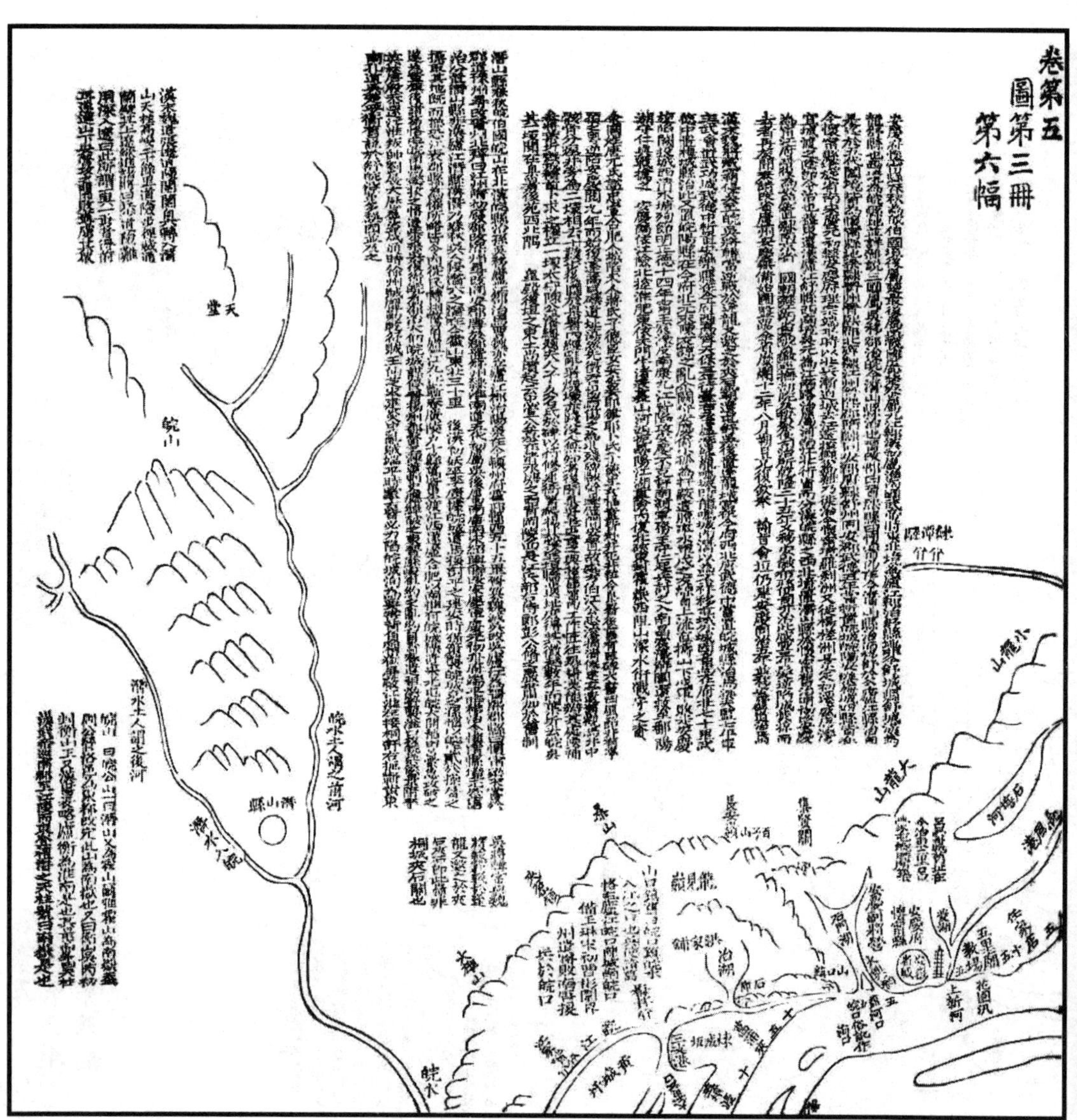
卷第五
圖第三册
第六幅
天堂
皖山
潛山縣
皖水
小龍山
大龍山

卷第五

圖第三册

第七幅空

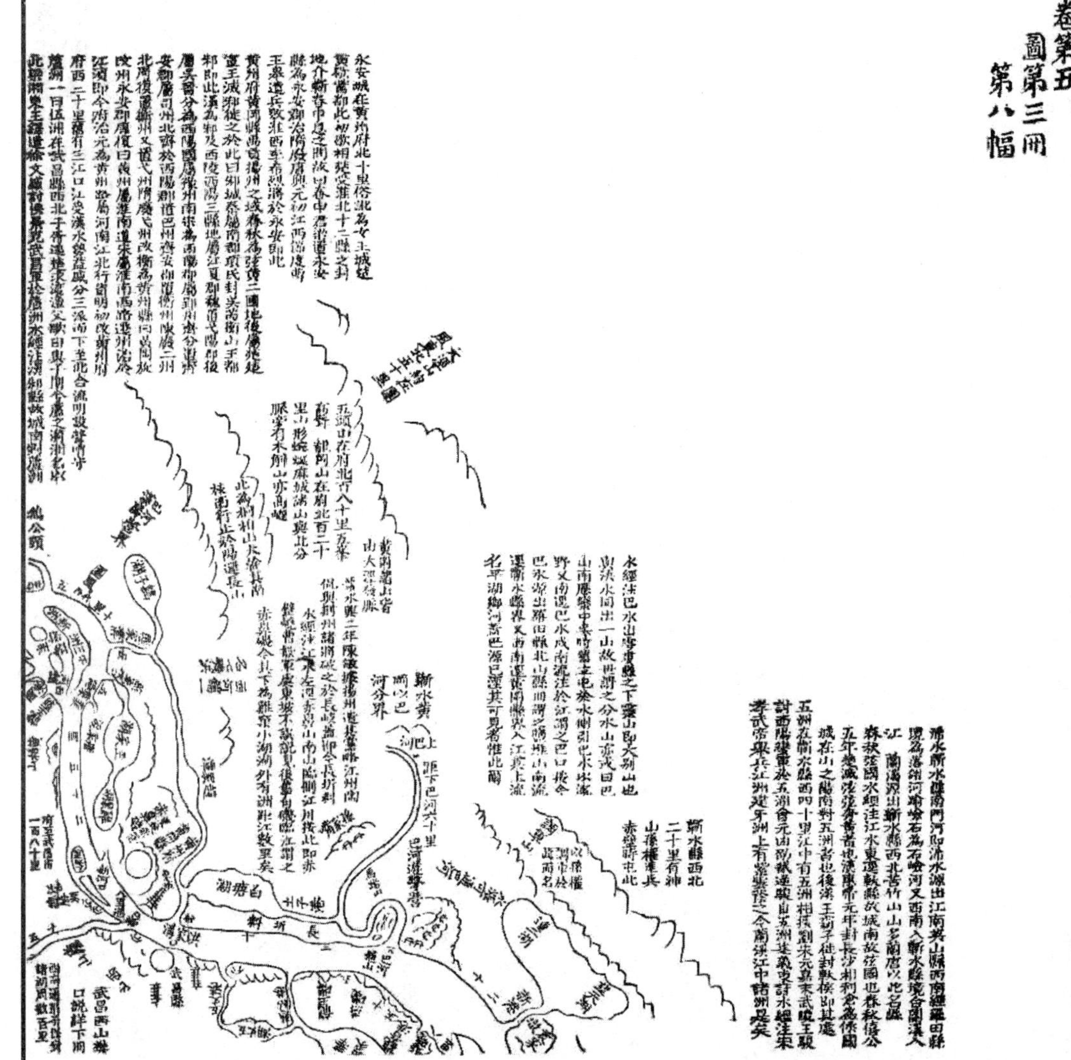
卷第五
圖第三冊
第八幅

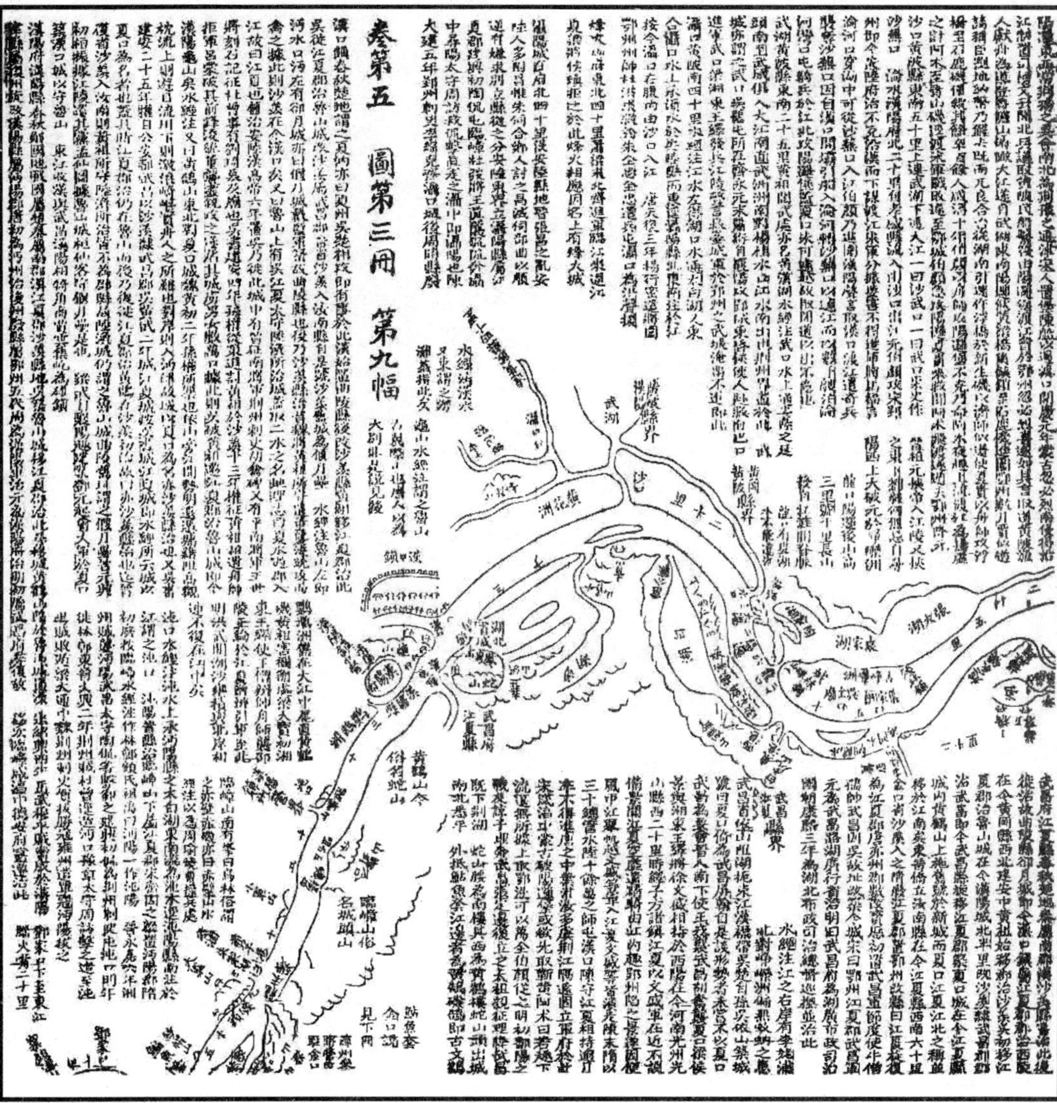
卷第五　圖第三册　第九幅
武湖
沙口
二十里
漢鎮
黄鶴山
蛇山
漢陽府
武昌府
江夏縣

卷第五
圖第三册
第十幅空

卷第五

圖第三册

第十一幅空

沙市一曰沙頭市一曰沙市城南宜瓶石相傳楚時故城也梁開平二年楚王馬殷遣水軍襲荊南至沙頭高季昌擊而請和後唐招殷進討荊南殷遣軍次沙頭宋志堤木沙渚安蜀江漲瀰起翼南中鄭獬作守始築長堤捍御地形恃水為固德祐初一旦水涸蒙古兵攻屠之江陵遂陷　沙市南曲汀津戍

荊州府江陵縣春秋之前楚自荊山遷此命曰郢都一曰紀郢秦置南郡項氏封共敖為臨江王國漢改江陵縣為南郡治武帝時為郡隸荊州刺史三國初屬蜀漢後屬吳魏別立荊州都治宛今河南南陽郡也兩晉宋齊如漢制梁元帝丁建康都此陷於西魏以封後梁主為附庸隋江陵總管府唐之隋改荊州總管復曰南郡唐曰荊州改江陵郡後為荊州大都督府後置荊南節度上元初升為江陵府五代時高季興據此為南平國亦曰荊南宋曰江陵府為荊湖北路治所曰江陵郡荊南節度元初為上路總管府改中興路明為荊州府　國朝因之領守將軍駐副都統及分巡荊宜施道並駐此

荊州左吳右蜀跨江負漢西倚巫巴之固東有雲夢之饒顧氏祖禹曰江陵之得失南北之分合判焉東晉之強弱係焉信然哉在昔齊桓未興楚横南服從屬遷郢以立根基取羅邦定襄陽為門户至滅申呂北向以抗衡中夏稱行淮泗雖有吳亂傳六七百年亦地勢得也頃襄王時秦拔西陵遂拔郢燒夷陵而楚乃播遷削弱以亡秦漢末劉表據荊州牧劉表曰南據江陵北守襄陽荊州八郡可傳檄定表遂據之坐談西伯武侯對先主曰荊州北據漢沔利盡南海東連吳會西通巴蜀用武之國也魯肅說孫權曰荊楚與國鄰接水流順北外帶江漢内阻山陵有金城之固沃野萬里帝王之資也表死子琮乞降先主勸先主劫琮先主不忍琮降操既而為赤壁所敗曹仁鎮守江陵屢為周瑜所敗委城走權以瑜守南郡瑜卒肅勸權以荊州假先主遂以三分天下先主既得益州吳求還荊州不得遂來伐關羽城新壽亭侯所據徙北圍曹仁於樊權潛以江陵内叛呂蒙襲而據之侯曰此城蓋所繫不可攻也乃引退而孫氏遂得抗衡中國晉荊州都督羊祜鎮襄陽吞荊州北三百餘里陸抗都督諸軍治樂鄉在荊州西對境相屯大宏信義懷者以為華元子反復見晉祐密表王濬如龍驤將軍治舟楫益重大作舟艦抗卒祐請伐吳及祐疾篤舉杜預自代而卒孫皓淫昏疏南郡之備預一舉取之流湘以南望風解散東晉而後以揚州為京師根本荊州為上流重鎮比周之分陝號為西陝財富兵甲當南朝之半宋武帝以諸子居之不以屬人至若蕭梁元帝棲據荊州而命懸於宇文氏十五國之兵猶荊州而敗不能保守者謂襄陽不守則北虜之喉不固明兩病此其明驗矣唐以中原多故建都置府南以節鎮南服然五代唐時盡取荊南兵隨之矣將王琚曰江陵在中四及吳蜀之間四戰之地宜存之以為扞蔽宋初荊南歸命而南漢南唐遂不能支靖康既失中原而荊南無恙猶得藉以西圖巴蜀北顧襄鄧以大明為脅謂兵巨鎮宜在荊襄議者言荊襄左顧川陝右控湖湘下瞰京洛三國所必爭宜以公安為行闕而屯重兵於襄陽運江浙之粟資川陝之兵經營中原蒙古據襄陽由荊州西眺梁益南控交廣據江淮上流欲得湖南不可不先下荊州也於是宋之湖南兩廣無全城矣　杜預之攻江陵也城上人以瓠繫狗頸示之預病癭故也城陷殺老弱血流沾足論者薄之　江陵城地東南傾緣以金隄自靈溪始桓溫令陳遵造遵善於方功使人打鼓遠聽之知地勢高下依傍創築略無差矣

水經江水又東過江陵縣南注縣西有枚回州江水自此兩分為南北北江有故鄉洲馮遷相元於此下有龍洲洲東有寵洲洲頭者張待往往經過有潛藏沫而視之見水下有兩石牛為營事　水經注枚江縣舊治沮中後移出百里洲西去郡百六十里縣左右數十洲槃布江中百里洲為最自縣西至上明東及江津其中有九十九洲楚諺云洲不百故不出王者桓玄有問鼎之志乃增一洲以充百數僭號旬有數日身屠洲亦消歇今上在西忽有一洲自生未幾龍飛江漢矣　按鄉宙先北朝西魏入今上蓋謂南朝梁元帝即位江陵地處南則故云今上也　衡實經在北江之上流沮漳二水出西北經荊山遂漳出以會於北江沮漳楚昭王所謂江漢沮漳楚之望也沮有二源西源發於南條荊山遂遠安當陽二縣東源為清溪河俱南流至古麥城南滙入於沮復東南流入於江

紀山在城北四十里郢之主山也西北與荊門當陽諸山相接紀南城以此名近郡樂山為陵故名江陵

龍山一阜在城西里許為高隆溫九日登高孟嘉落帽處也又西山相連有八十八嶺沮漳合流由此入江

荊州副將營

皇堤

天鵝龍洲

荊州府

江陵縣

大江

枚回洲

爲遂城江所謂東別為沱又東至于澧者當在今枚江縣東分為沱由今荊州沙南下至岳州府北城陵磯還入大江今俗所謂南江者也其經流應由枚江縣東南流逕公安縣東南以至於澧自周秦以後大江漸就湮塞遂自荊江為正流而大江為枝為沱今枝江之沱無復上口又移東而為虎渡河口水經注所稱枚回洲江水自此兩分而為南北江者也

卷第五　圖第三冊　第十二幅

卷六　圖第四册

卷第六
圖第四册
第一幅空

卷第六
圖第四冊
第二幅空

卷第六
圖第四册
第三幅空

卷第六
圖第四冊
第四幅空

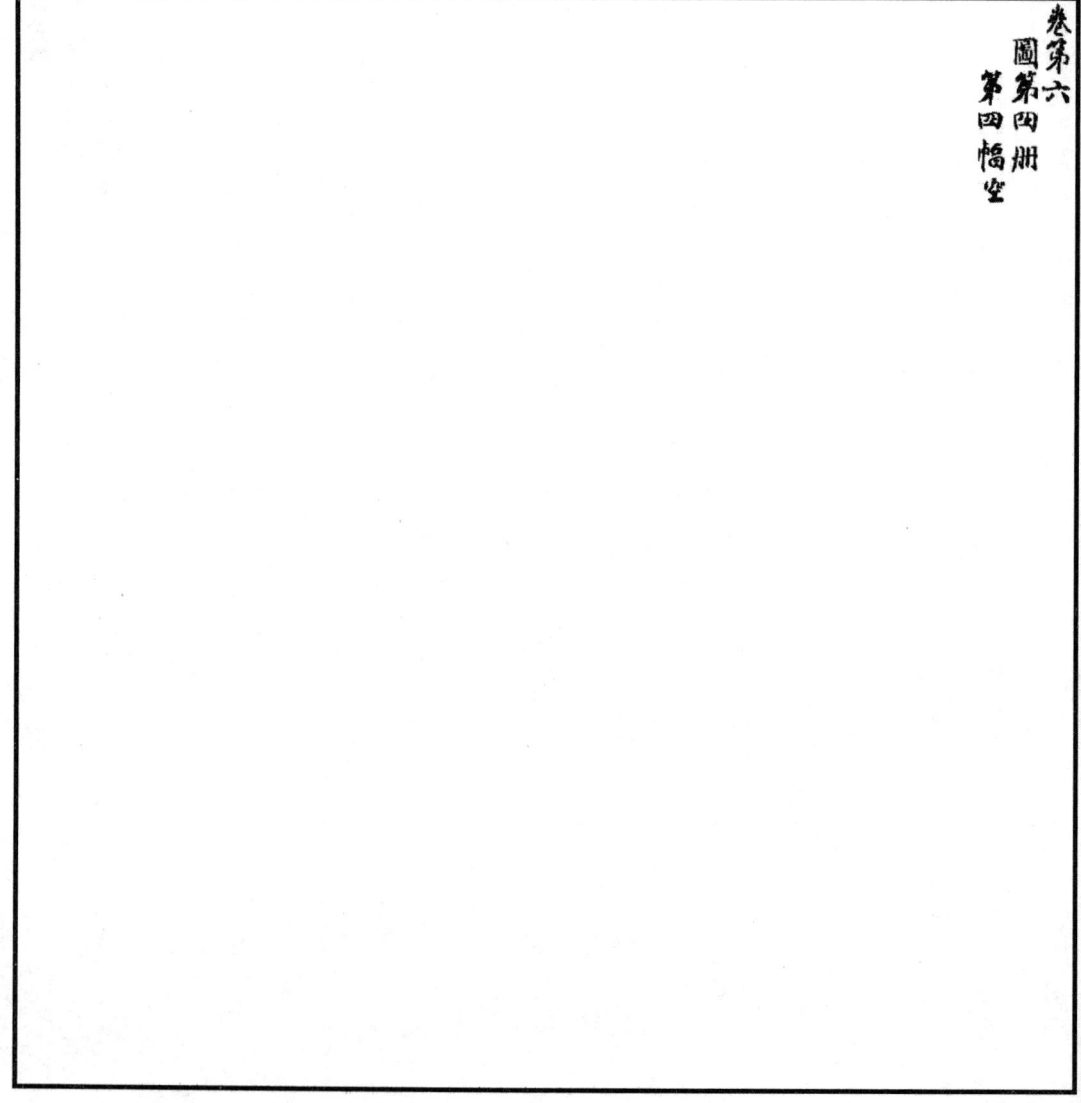

卷第六
圖第四冊
第五幅

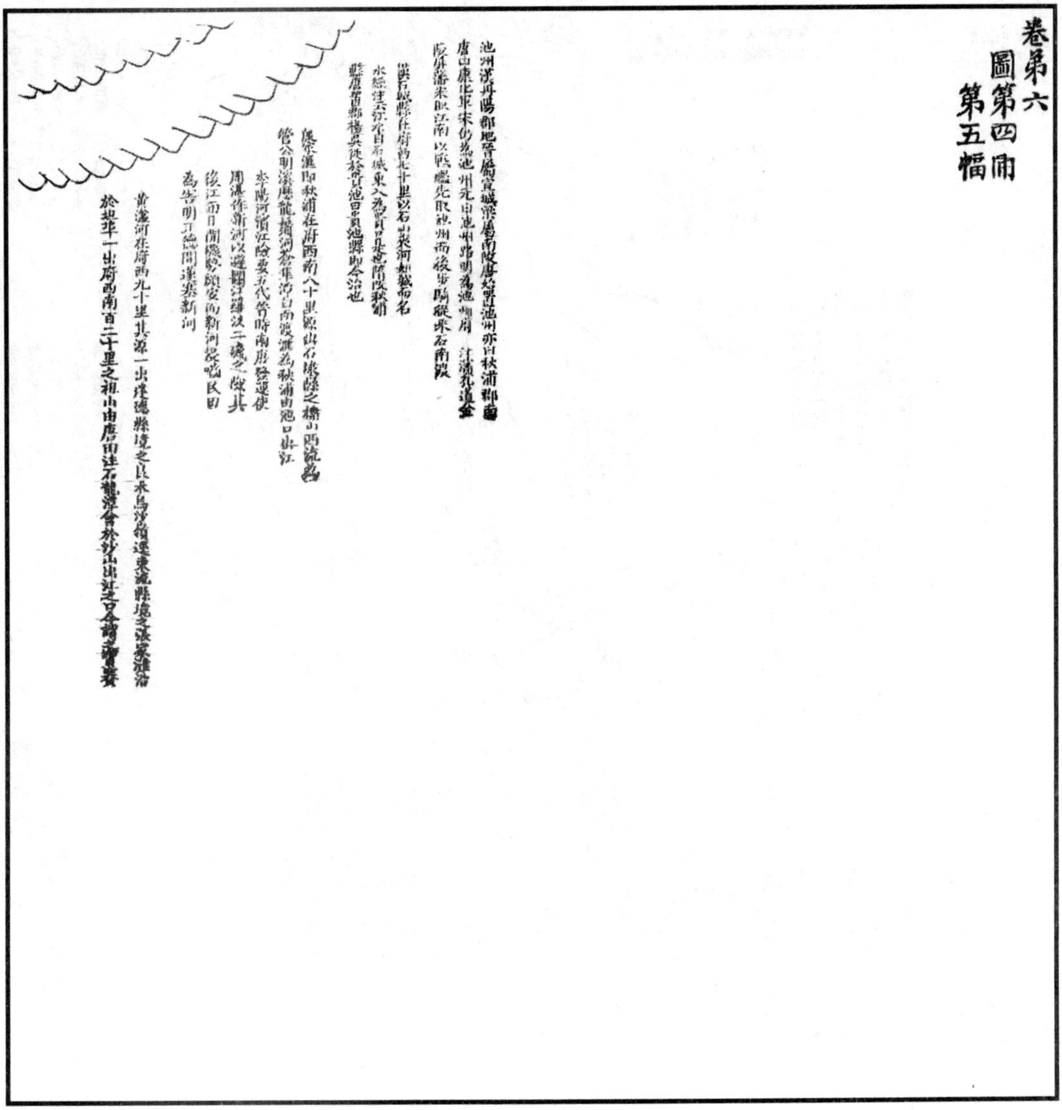

池州漢丹陽郡地晉屬宣城梁屬南陵唐始置池州亦曰秋浦郡南
唐改康化軍宋仍為池州元曰池州路明為池州府　江源孔道金
陵屏藩米取江南以戰艦先取池州而後步騎從采石南渡

漢石城縣在府西七十里以石山象河城而名
水經注云江水自石城東入為貴口是也隋改秋浦
縣唐嘗置郡楊吳改秋浦曰貴池縣即今治也

秋浦水即秋浦在府西南八十里源出石埭縣之櫟山西流為
管公明溪歷龍揭河至乍浦口而渡匯為秋浦由池口出江

李陽河有江險要五代時南唐發運使
周濛作新河以避關口鎮汶二磯之險其
後江面日闊幾為頗安而新河漲嚙民田
為害明正德間遂塞新河

黃湓河在府西九十里其源一出建德縣境之良禾烏沙嶺逕東流縣境之張家灘治
於坦埠一出府西南百二十里之祖山由唐田注石龍潭會於沙山出江之口今謂之黃湓

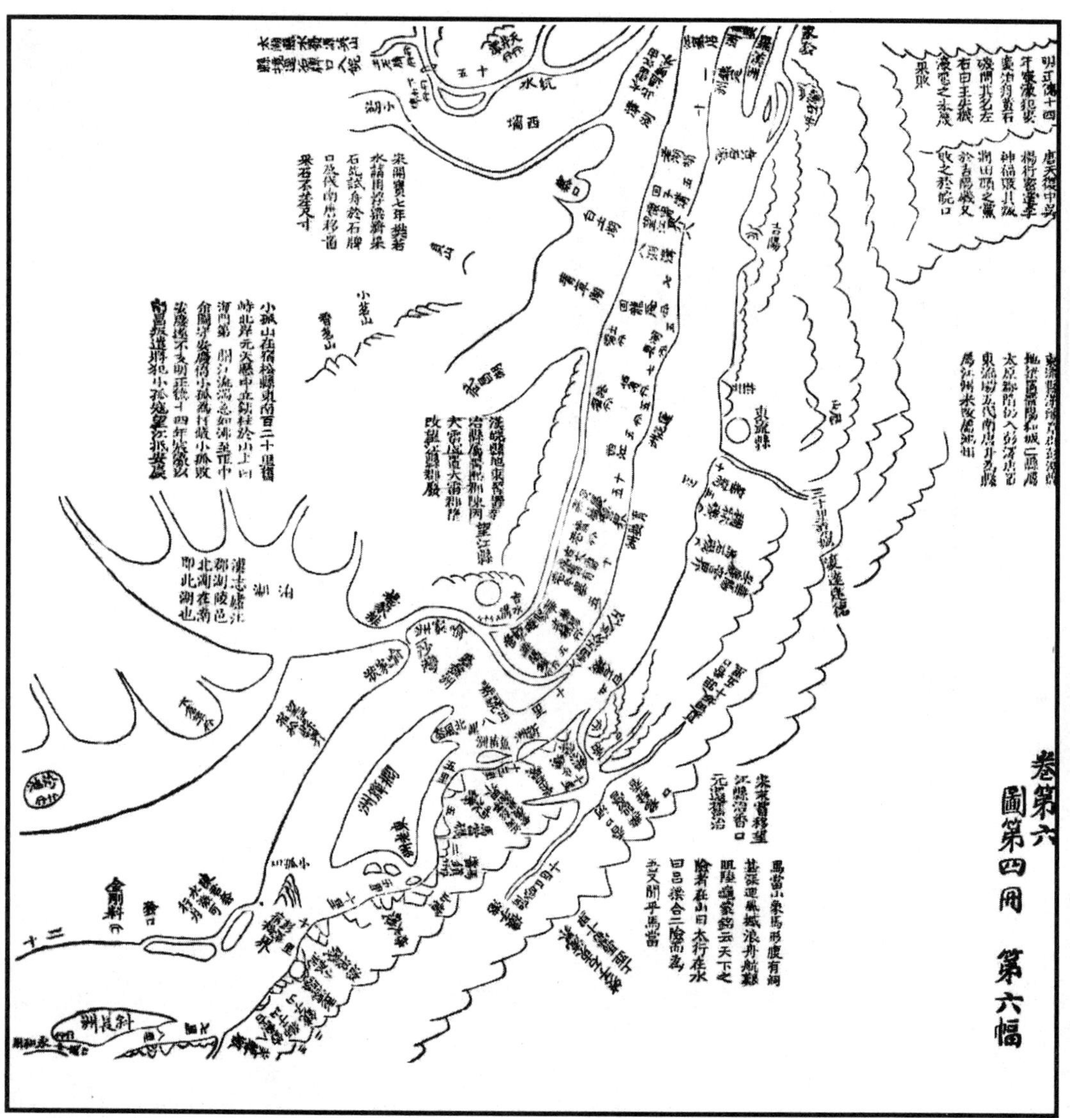
卷第六
圖第四冊　第六幅
宋末嘗移望江縣治香口
元還舊治
漢志盧江
郡湖陵邑
北湖在南
即北湖也

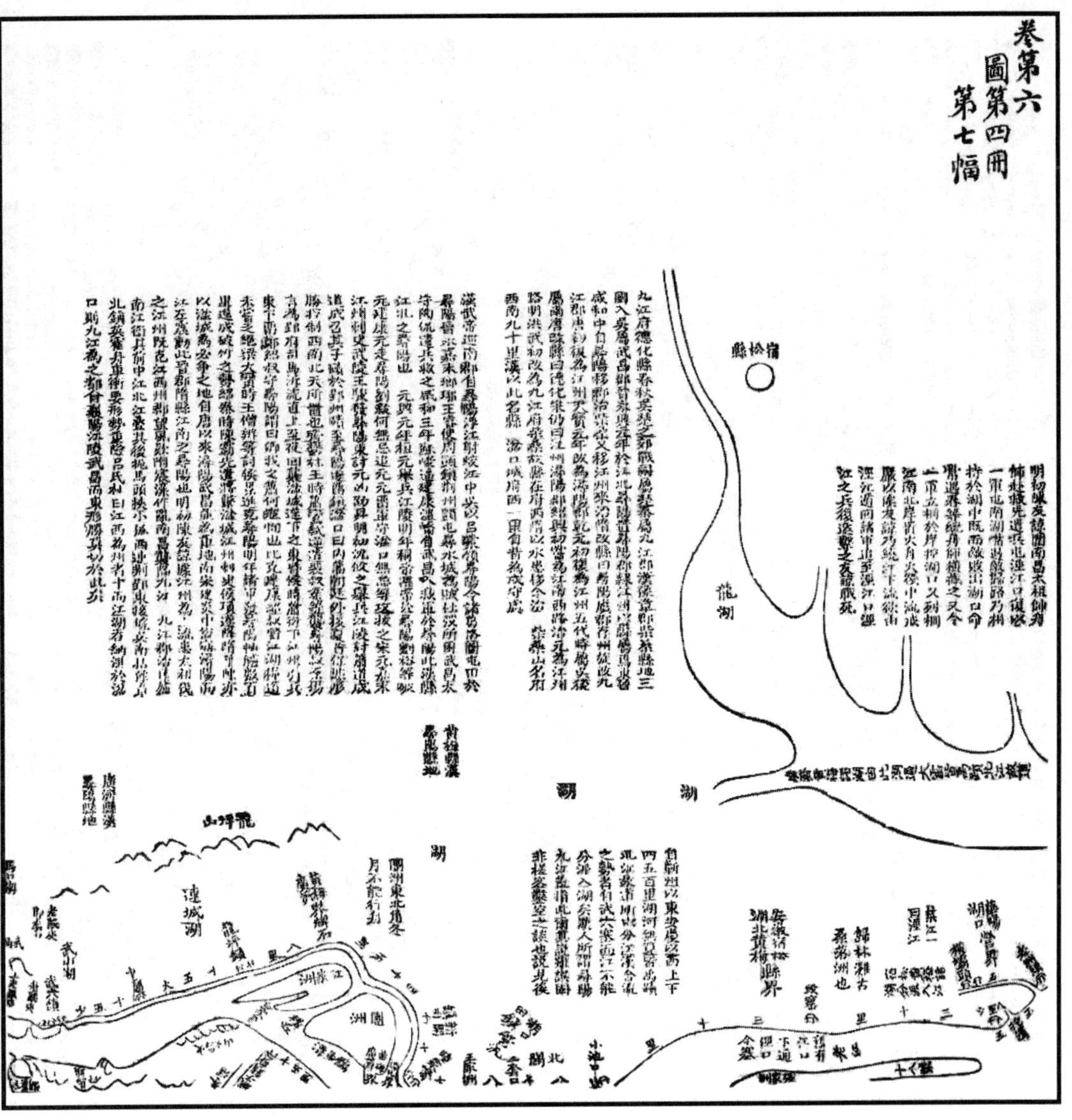
卷第六
圖第四册
第七幅
宿松縣
龍湖
湖
湖
湖
龍坪山
連城湖
團洲
武山湖

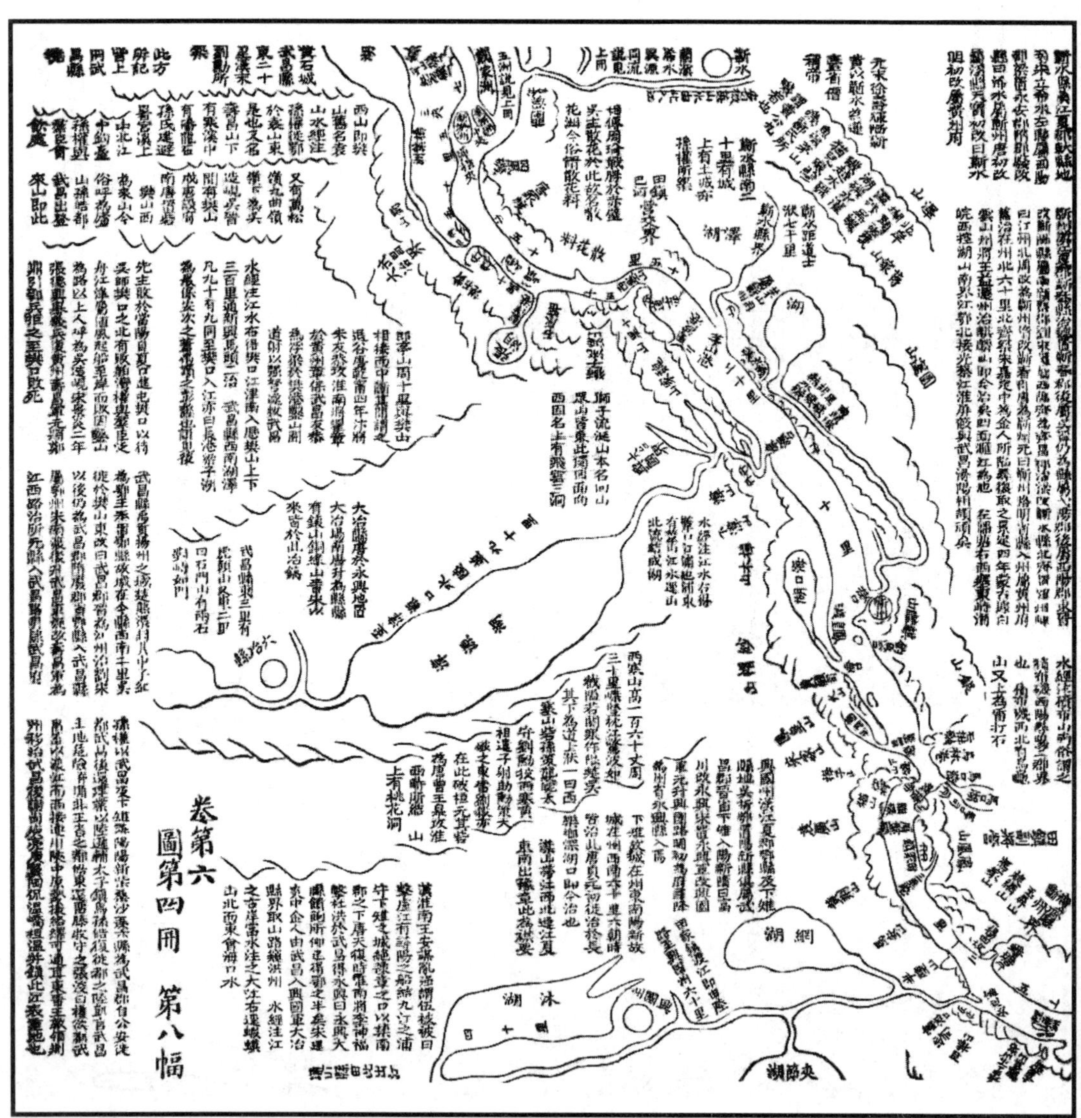
卷第六
圖第四冊 第八幅
網湖
沐湖

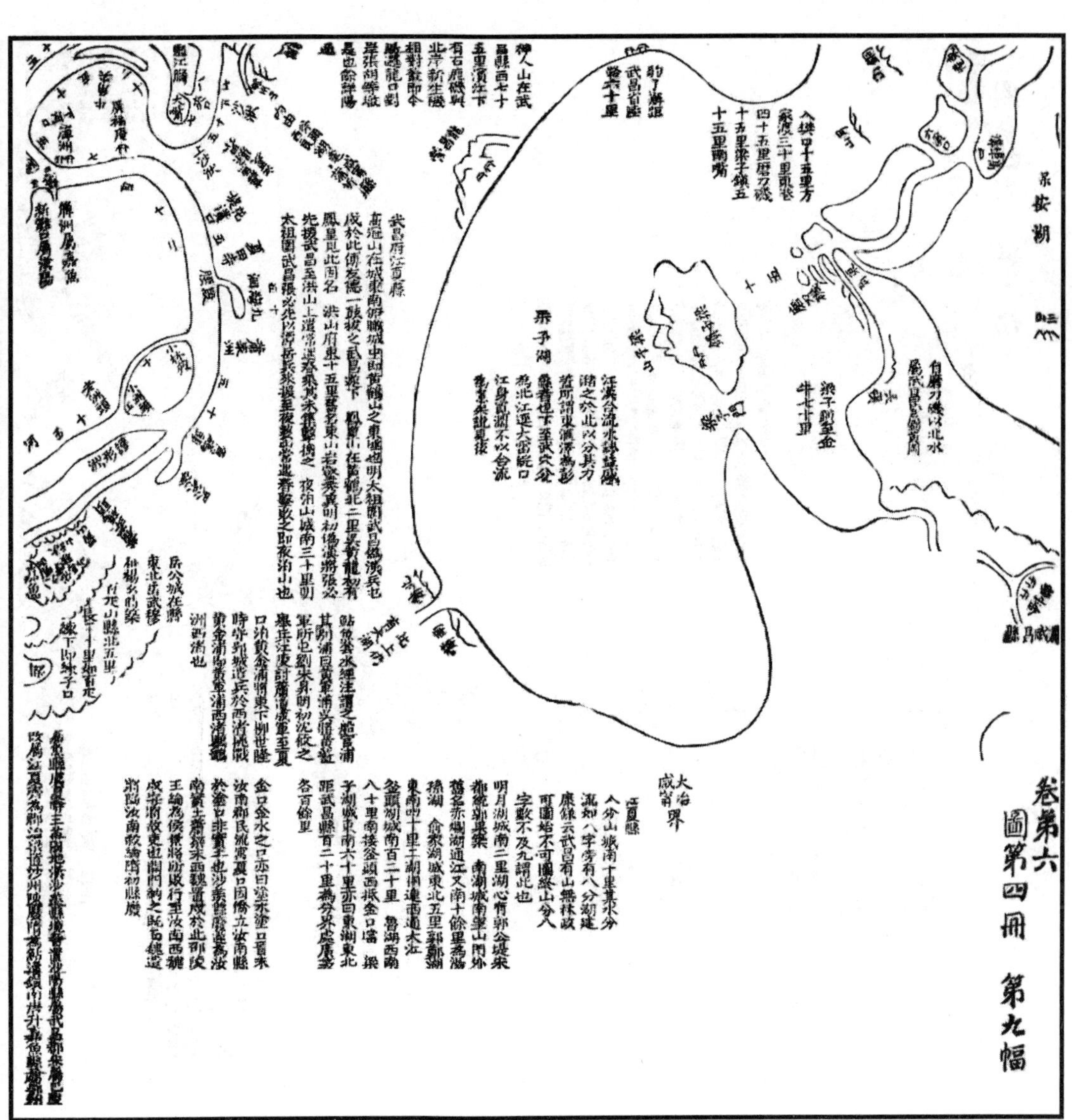
卷第六
圖第四冊
第九幅
大冶咸甯界
武昌府江夏縣

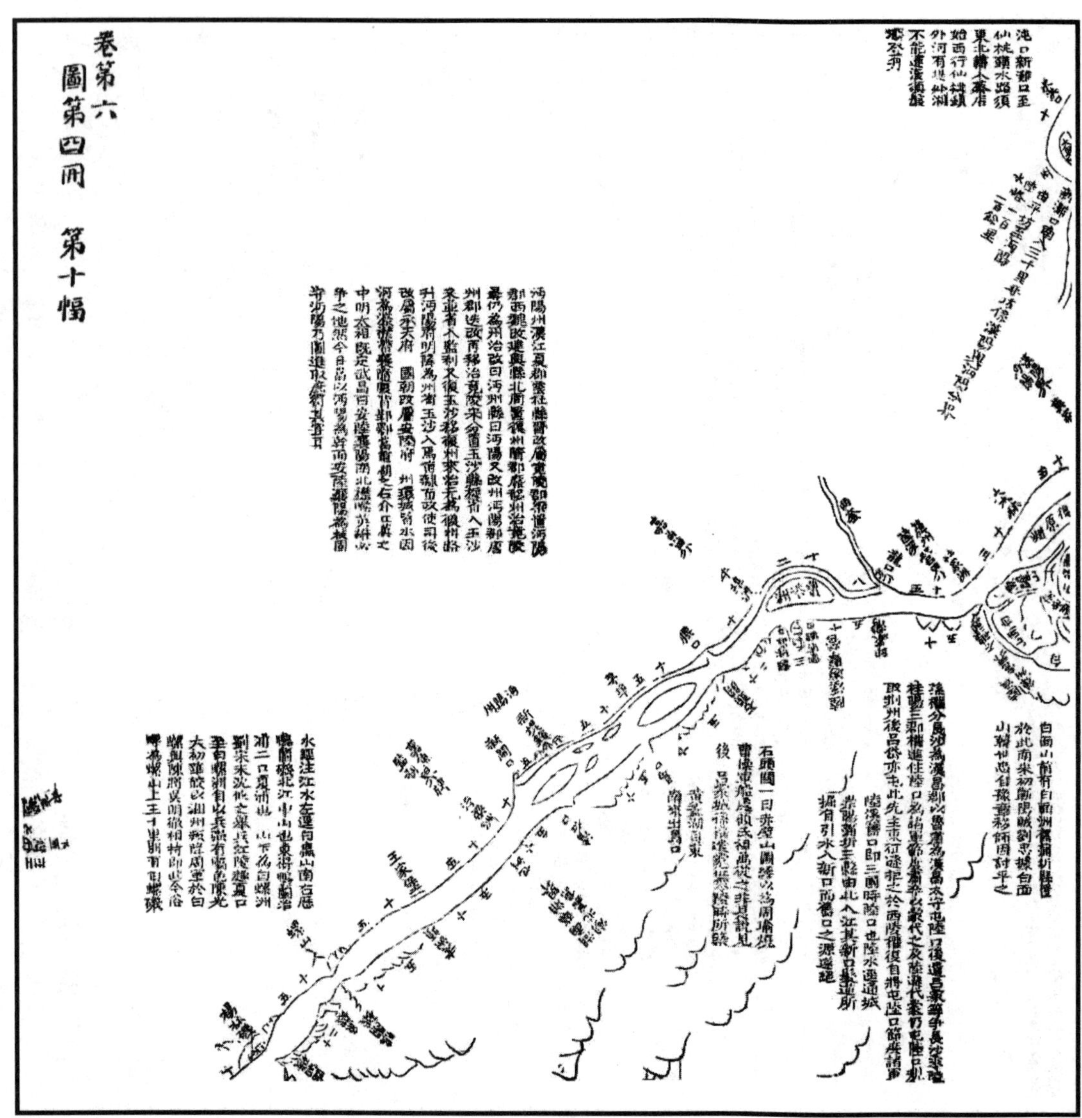
卷第六
圖第四冊 第十幅

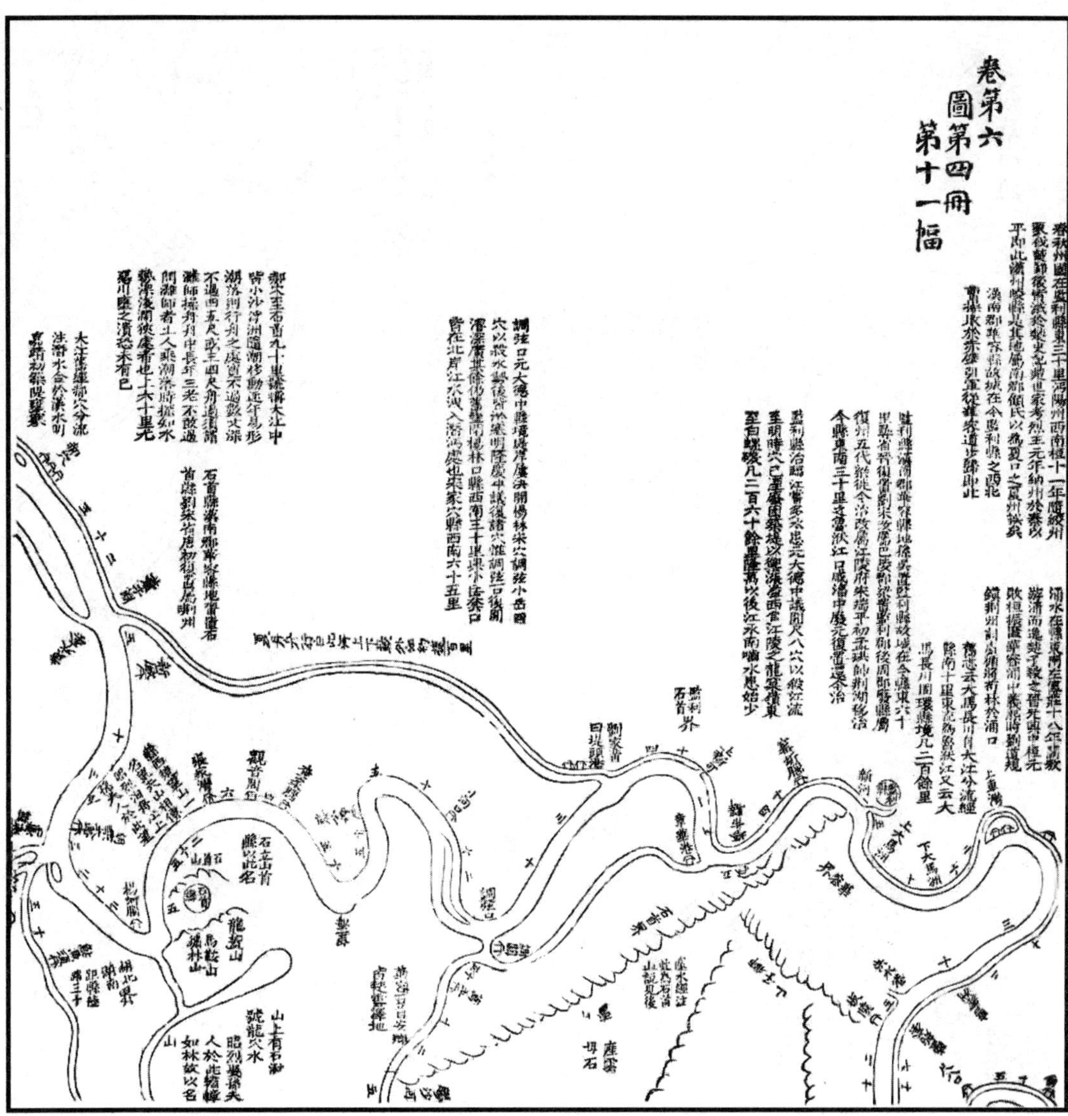
卷第六
圖第四冊
第十一幅
龍穴山
馬鞍山

卷第六
圖第四冊　第十二幅
湖北公安界
湖南安鄉界
澧州

卷七　圖第五册

卷第七
圖第五册
第一幅空

卷第七

圖第五冊

第二幅 空

卷第七

圖第五冊

第三幅空

卷第七
圖第五冊
第四幅空

卷第七
圖第五册
第五幅空

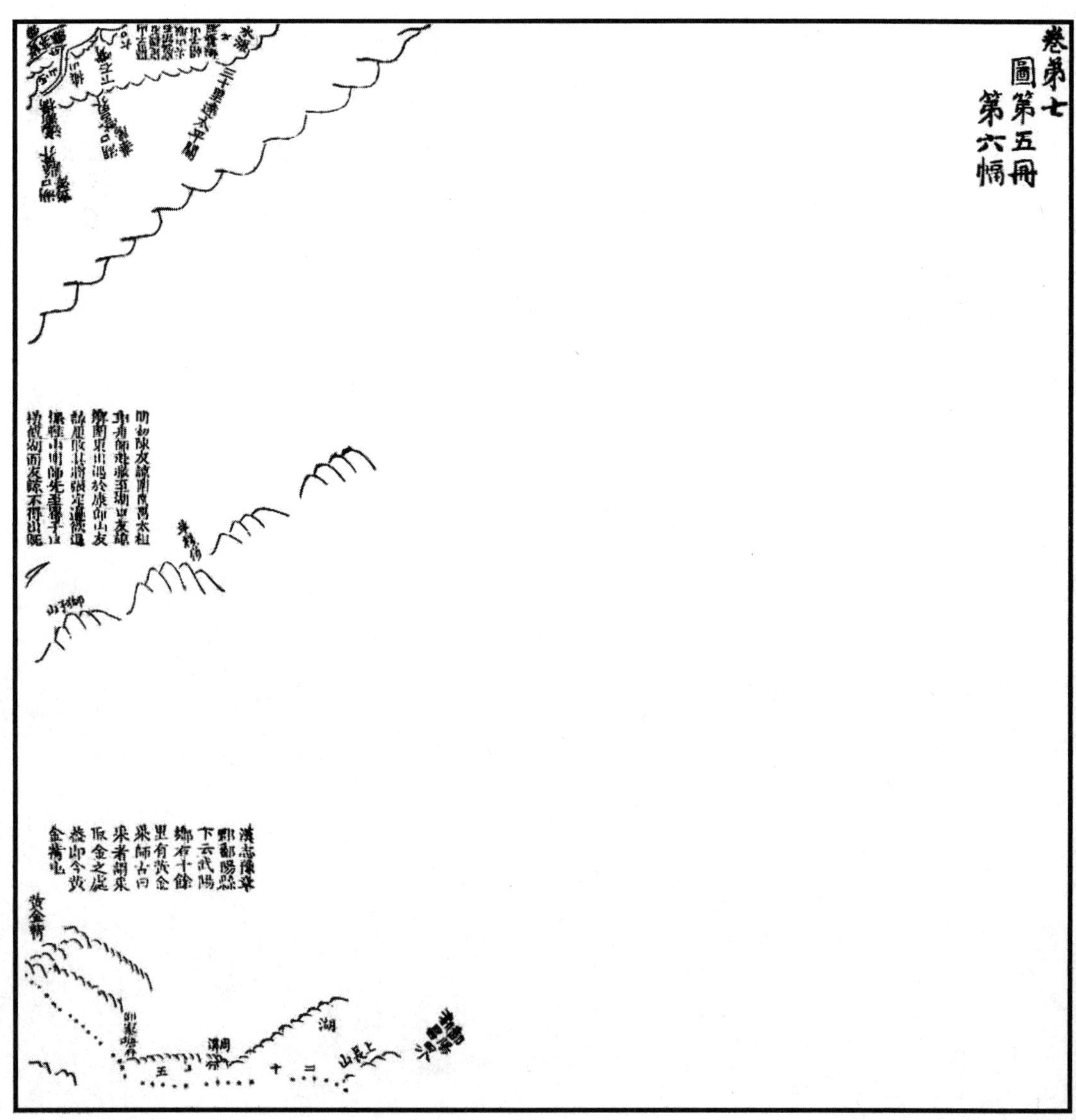
卷第七
圖第五冊
第六幅
漢志豫章
鄡鄱陽縣
下云武陽
鄉右十餘
里有黃金
采師古曰
采者謂采
取金之處
金觜也
黃金觜
湖
上長山

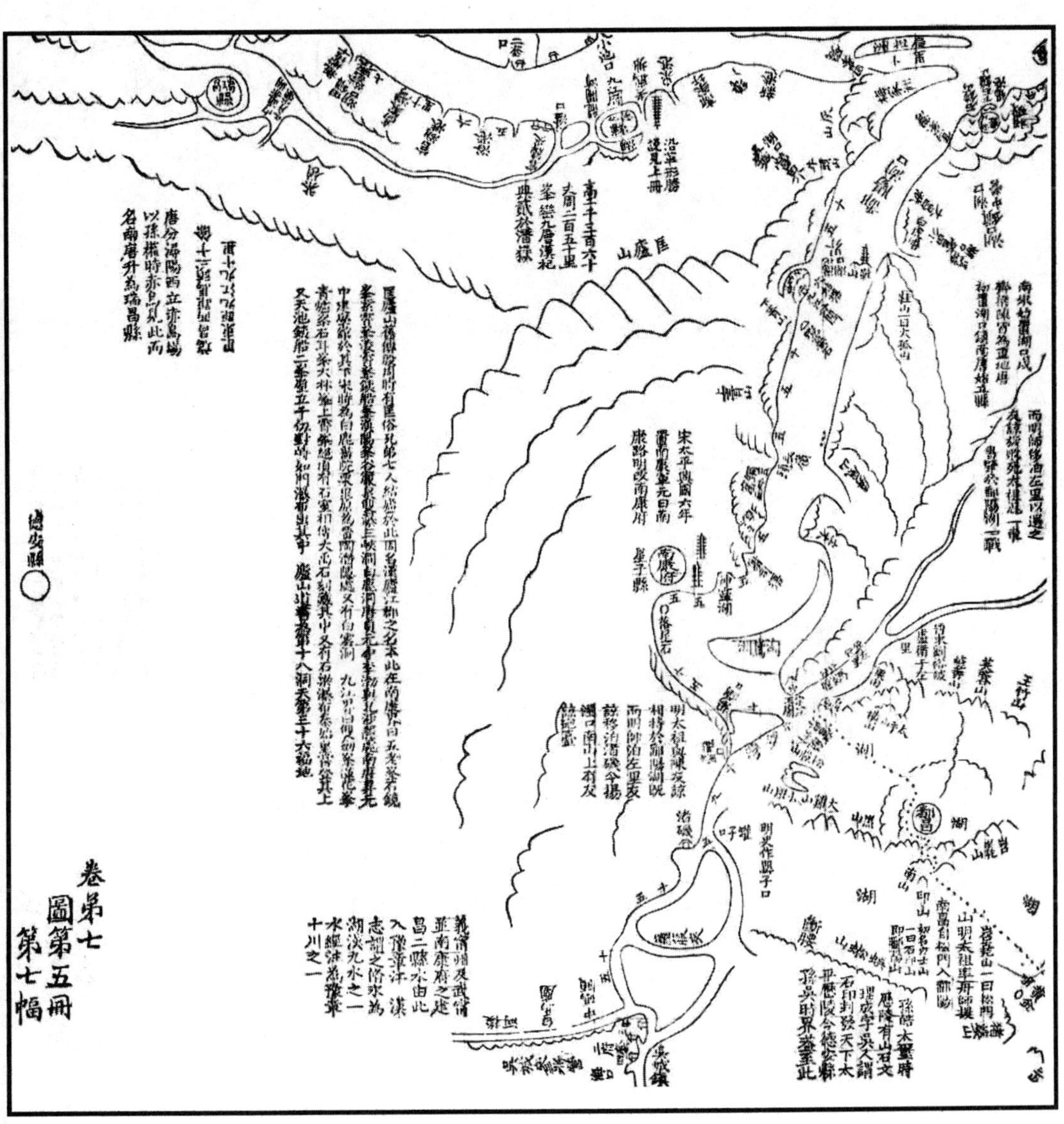
卷第七
圖第五册
第七幅
匡盧山
南康府
都昌
漢陽鎮

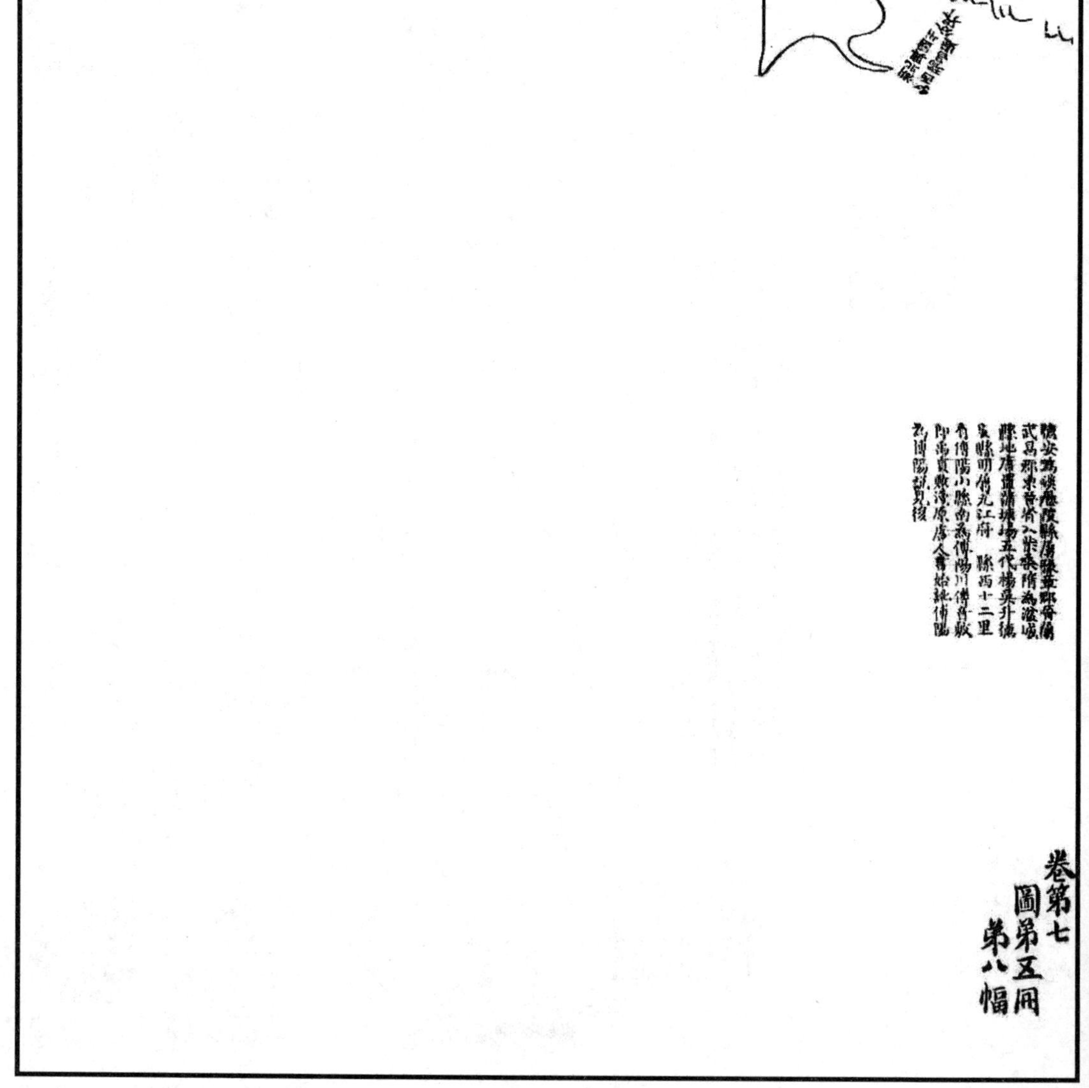
卷第七
圖第五冊
第八幅

卷第七
圖第五册
第九幅空

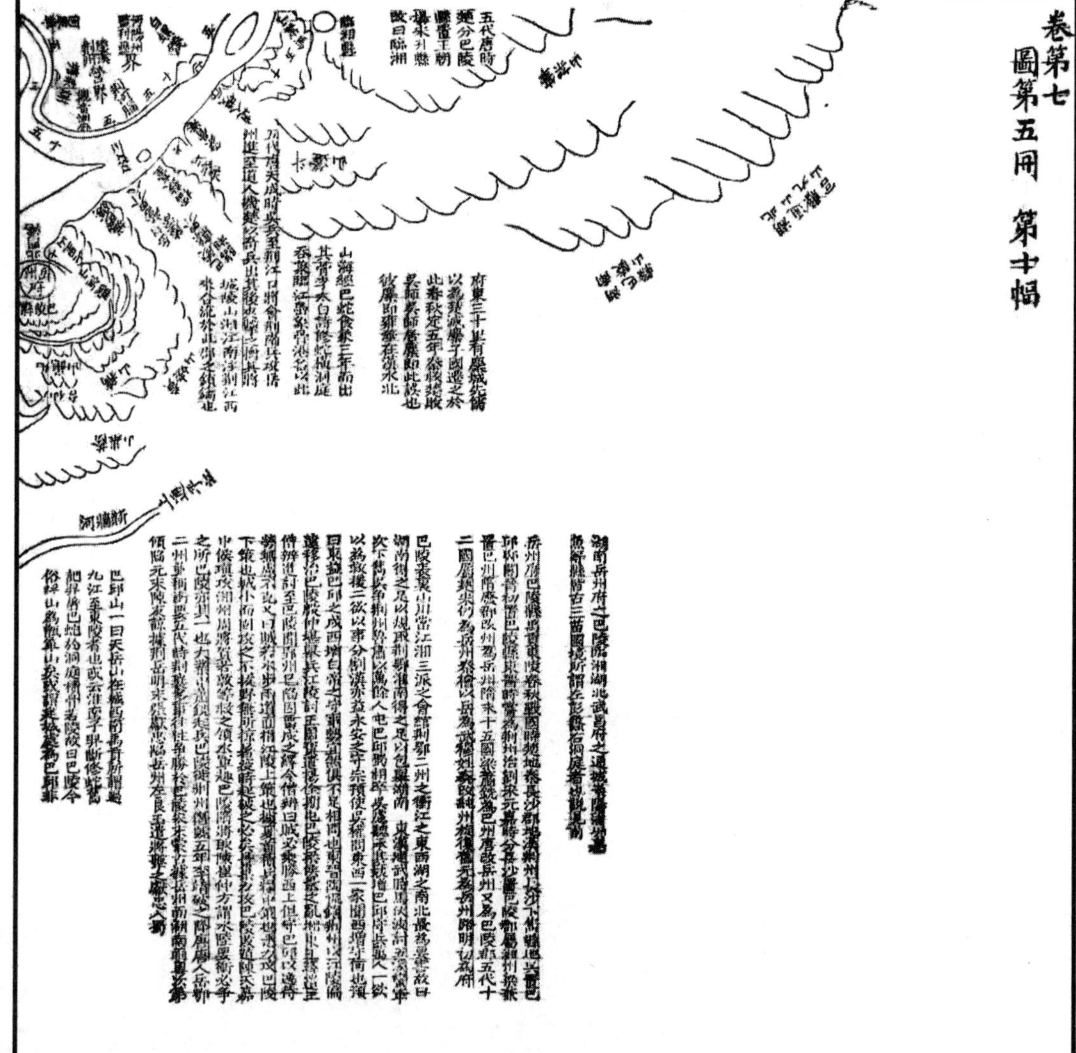
卷第七
圖第五冊 第十幅
臨湘縣
五代唐時
析分巴陵
縣置王朝
場宋升縣
改曰臨湘

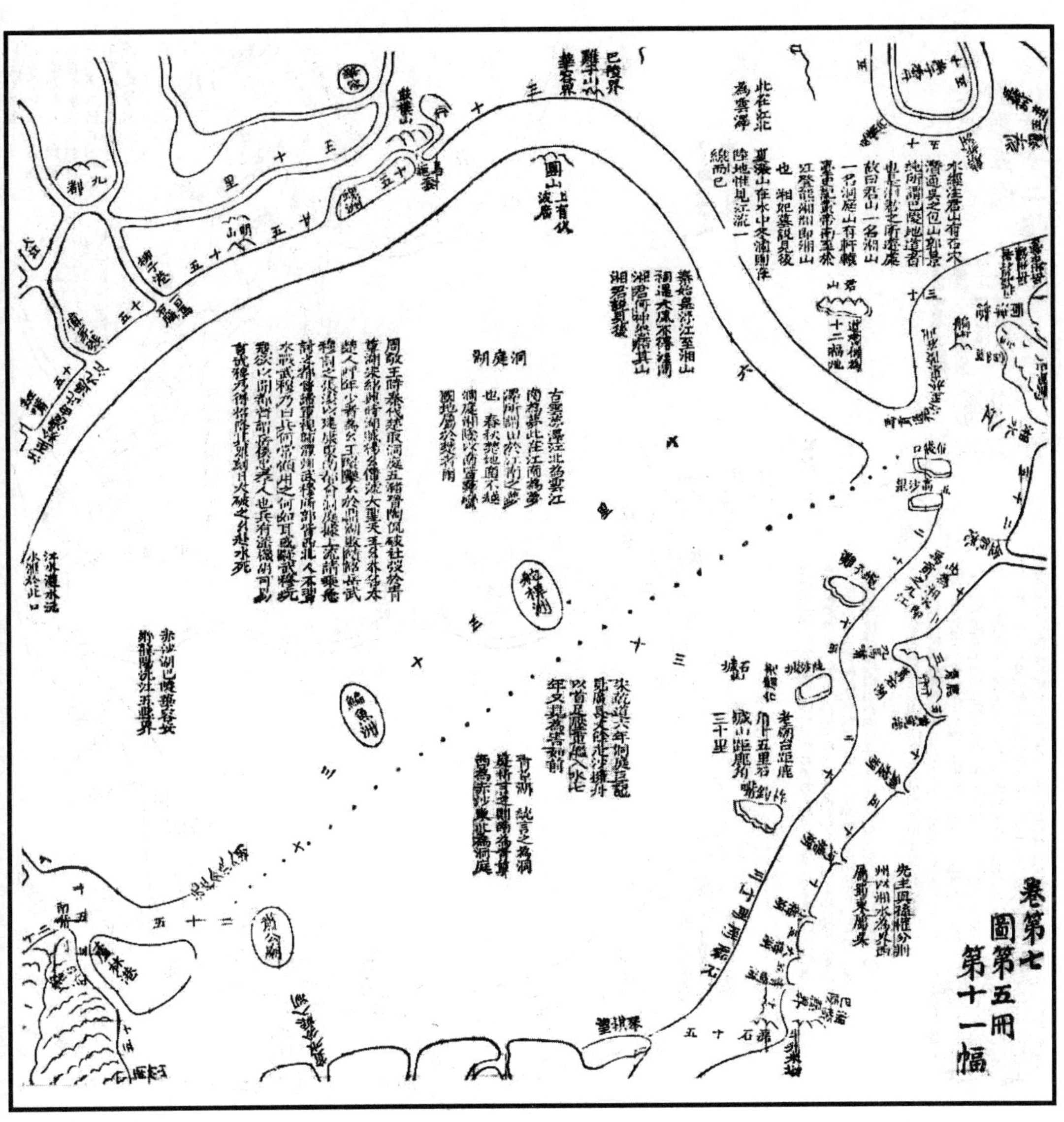
卷第七
圖第五册
第十一幅
洞庭湖
君山
明山

卷第七
圖第五冊
第十二幅
沅水
老河口

卷八　圖第六册

卷第八
圖第六册
第一幅空

卷第八
圖第六冊
第二幅空

卷第八
圖第六册
第三幅
空

卷第八 圖第六冊 第四幅空

卷第八
圖第六册
第五幅空

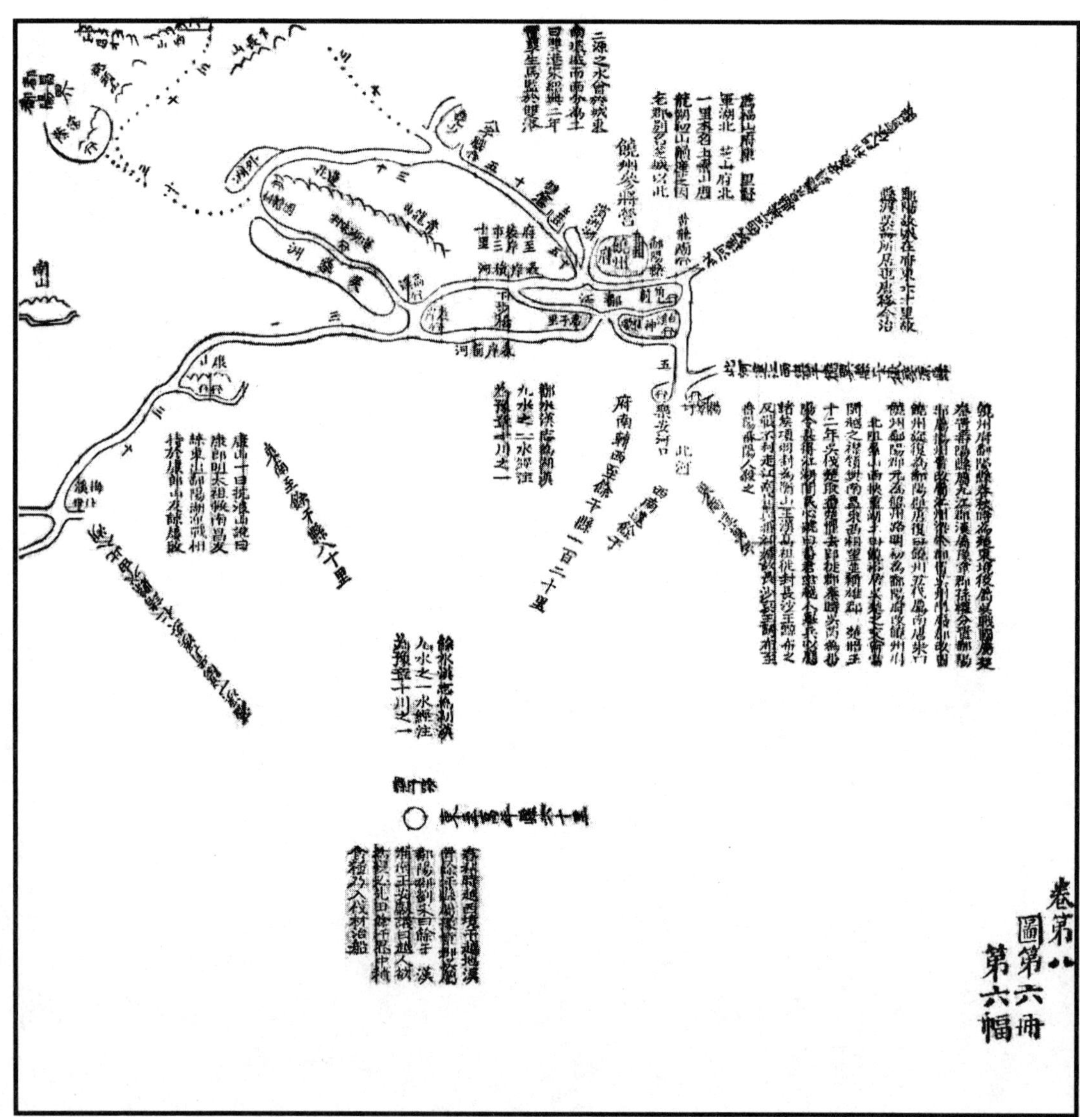
饒州參將營
府南朝西至餘干縣一百二十里
南山
卷第八
圖第六冊
第六幅

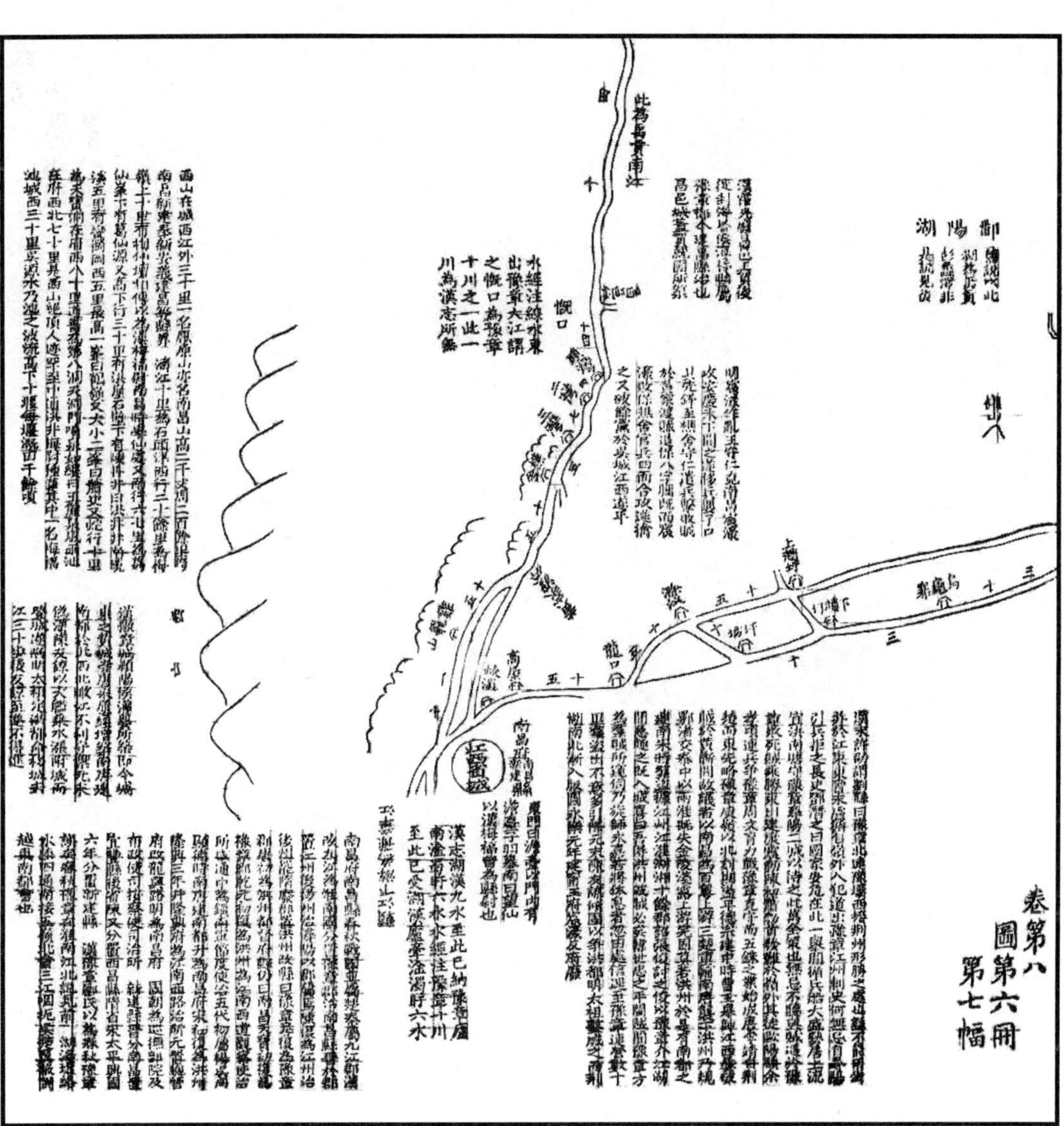

卷第八
圖第六册
第七幅
水經注繚水東出豫章大江謂之慨口爲豫章十川之一此一川爲漢志所無
慨口
龍口

卷第八
圖第六册
第八幅空

卷第八

圖第六册

第九幅空

卷第八
圖第六冊
第十幅空

卷第八
圖第六册
第十一幅
湘陰
資水自益陽縣東分二派
南派東流由喬口入湘北
派東流由臨資口入湘

星沙黃翼升昌岐閲定

右圖六冊附綴雜說數卷麤論長江形勢次及水道遷變利病每念周官司險掌九州之圖以周知山林川澤之阻職方氏掌天下之圖以周知其利害皆所以佐大司馬九伐之灋也而大司徒之職則掌土地之圖以安擾邦國圖一也體國經野禁虣安甿其用无方故敢竊師禮意用備府史之司統六師阜萬民倘亦有郢書燕說之資焉

懷甯馬徵麟素臣並識

卷第八

圖第六冊

第十二幅

卷九　雜説一

〔長江津要十三則〕①

兵家重地利，得其阨塞則門户完固、堂奥自安。江防門户，舊稱廖角觜、“廖”，荆川宛溪作“蓼”，《利病書》作“料”。海門廳境。營前沙，屬崇明縣。南北相對，爲第一重；狼山、福山相對，爲第二重。然皆江面遼闊，瑾塞爲難。今已另立内洋五營主之。至長江汛防起自江陰之蝦蟇山，則鵞鼻觜一帶在通局爲内户，而於長江營制實爲第一關鍵。南岸大、小石灣與北岸劉聞沙相距不過三里許，礮堤礮臺緜亘如堤，每堤可施礮數十位。兩兩相屬，此《易》所稱“地險大塊，資我守禦”者也。

泝洄而上，則圌山爲鎮江門户，屹立南岸江中，順江洲亘數十百里，與北岸三江營互相犄角，舟行其間，東折而南，層峰峭壁，重重險隘，此所謂“表裏山河”者也。京口、邗溝，互通南北，東南漕運之所經、鹽課之所出，咫尺之地，半壁咽喉，顧不重與！

又上則划子口，其南岸對出者爲石埠橋，前扼長江，後控滁口。烏龍山與沙洲圩，礮堤對出，爲金陵之門户，古稱宣化鎮。在六合縣南。南岸對建康之靖安鎮，最爲衝要，當即此矣。

礮堤之設，居陸地以制江面，與水師有脣齒之依，勝於濡須②夾水置塢矣。究非陸居不守，且無以專責成。水師以船爲家，新章水兵住岸，疊有厲禁，勢不得越俎以代，則肝膽楚越矣。牖户綢繆，宜迨未雨。

---

① 底本正文原無此標題，據總目加。餘同，不再逐一出校，加六角括號表示。

② 濡須：相傳三國時孫權爲從淮南進攻曹操而特設的一據點。

又上則牛渚、采石，中權之津要；東、西梁山，安徽之屏翰；小孤、澎浪、湖口、九江，豫章之喉吭；田家鎮西塞山一帶，全楚之鎖鑰；陽邏堡、沙武口，荆、揚、豫三州之關塞；岳州爲楚南閈閎，而全楚之腰膂；螺山、鴨闌、楊林、臨湘、白螺、道人諸磯，兩兩相對，又荆州、岳州之扃鐍也。

又上則筲箕窪，爲沮、漳之口，春秋時與江、漢二瀆同爲楚望。虎渡河别而爲沱，當在周、秦以後，求之禹蹟，實爲長江之幹水。荆河、虎渡，二江雙流，互爲本支，據鄢郢之勝，握全楚之樞，上游有故，則操之有要矣。

岳州一鎮，勢如高屋建瓴；水瓜州一鎮，形若丸泥封函關。其間湖、漢各營，絡繹不絶，呼吸相通。姑孰山川阻險，扼要江津，居中馭駛，勢若率然，觸處爲首尾。是故無事散之五標而不見多，有事聚之一隅而不見少。

瓜州固、裕溪守則淮南有蔽，九江固則利盡南海，漢陽固則鄖襄高枕，岳州固則滇蜀安堵。長江天塹，限南北而扼東西。長江之防，專防長江云乎哉？

章氏《山堂考索》曰："江出岷山，經夔峽而抵荆楚，則江陵爲一都會。沅、湘衆水，合洞庭而輸之江，則武昌爲一都會。豫章江與鄱陽之浸匯於湓口，則九江爲一都會。"今按：皖南、皖北衆水合於牛渚，則姑孰爲一都會。南連吴越，北接淮揚，則鎮江爲一都會。疆域雖遠而險要必争之地不過數四，猶人八尺之軀、筋脈之會亦數處爾。宋吴表臣云："大江之南，上自荆、鄂，下至常、潤，其要不過七渡。上流最緊者三：荆南之公安、石首，岳之北津。即今荆河腦，一曰三江口。中流最緊者二：鄂之武昌，太平之采石。下流最緊者二：建康之宣化，鎮江之瓜洲。兵家因敵制變，猶水因地制形，未可刻舟膠柱以求。"録此以當舉燭。

自昔江流壯闊，在在緣以爲險。近代漸就淤填，一葉可矜飛越。江固非復昔日天險也，然分南北者利於寬，扼東西者利於狹，則今日之用長江與昔日之用長江，移宮换羽矣。

地扼東西，忽則鐵絚皆斷，風利不泊；天限南北，忽則浮梁不差，甚且擣虚飛渡。此亦一長江，彼亦一長江，豈伊地利？抑亦人謀也？是故得其道則洪流障於一葦，違其道則江河潰於蟻穴。

或謂長江之師不爲寡矣，將以彌巨寇，在示形便以握其樞。若夫江湖數千里分地設守，散之若無會哨巡防袛禦，小偷不知會哨捕偷，所以肄勤勞、便舟楫、擾風濤也。調防以馭之，會操以聚之，所以操縱自如也。木石之轉，群羊之驅，風帆之利，非若陸營之居重鎮，阨其都會，寓合於分，不亦可乎！又況楚有七澤，吴浸五湖，沮洳空曠，號爲萑苻，萌芽不翦，滋蔓難圖，戢小偷亦以弭内患，又可忽諸！

狼山五阜，舊隔江水，不相連屬。《讀史方輿紀要》云：軍山與刀又山隔江數里，塔山有兩石門相對，即元張瑄、朱清海運故道。今五山斷續相連，皆在陸地。江陰浮山，一名巫山，舊在江中，所謂巫門之隘也，今則壽興沙壅爲海壖，浮山附屬南岸。靖江東北之孤山，舊在北岸，屬泰興縣，其後岸圮，山入江中，去岸五六里，與江陰浮山相對。成化八年，潮沙壅積，化爲膏腴，而山復居平陸。靖江縣，舊爲江陰之東、西馬駝沙，在大江中，天啟後沙壅，連屬北岸，因開界河，與泰興緣河爲境。揚子江舊闊四十里，瓜洲本江中一洲，後乃北與揚子橋在揚州府城南十五里。相連，而江面僅寬七八里，瓜洲狀如瓜字，唐開元以後漸爲南北襟喉，宋乾道四年始築城置守。近年以來，江濤震撼，五門已淪其四。今和州治爲秦歷陽，《歷陽典録》云："歷陽未縣以前，江水泛濫，舊圖謂漁邱渡爲伍員入吴濟渡處。"是昔時江流由今城中，而後乃徙而東也。安慶屬縣之小孤山，舊峙江北岸，與南岸群山對立爲控扼處。成化二十年，江水忽分流於山北，而小孤遂有砥柱中流之勢。黄州赤壁，舊側江濆，今其下爲湖，湖外爲洲，去江數里。江夏鸚鵡洲，舊在江中，洪武時連屬北岸，又云崇禎間蕩決無存。今之稱名，非復故址。枝江百里洲，嘉靖時衝決爲二。高岸爲谷，深谷爲陵，可勝道哉！

〔江勢變遷二則〕

茫茫禹蹟，幾易滄桑，四瀆變遷，大河爲最，江漢次之。顧大河移徙，歷歷可稽。江漢之變，幾無可考。緣近日之情形，飾昔年之名號。違戾經旨而不知，陵亂删夷而不顧。或一唱而百和，或聚訟於千秋。以今所履求之，其大端之誤有六：曰三江，曰彭蠡，曰大别，曰漢口、夏口，曰九江，曰江沱。六端既晰，而經文之簡括、字法之諦當，焕乎改觀，禹迹亦因之可尋矣。禹蹟可尋，而洪水方張之勢，庶或可弭乎爾！

〔三江舊説〕

三江之説，何多端也？始猶總三江、中、北爲一貫，繼乃截三江、中北爲兩宗矣。孔《傳》："自彭蠡分爲三而入震澤，自震澤復分爲三入海。"其説久，無足據。由今蕪湖城南，東經黄池，越東壩，過宜興，入震澤，出松江，松江自蘇州府吴江縣東長橋東行二百六十里入海。自元立松江府於水南，而此江遂名吴淞江。爲中江。《漢志》"丹陽郡蕪湖縣"下云："中江出西南，東至陽羨入海。"陽羨，在今宜興南五里。震澤南有南江。"會稽郡吴縣"下云："故國周太伯所邑，具區澤[①]在西，古文以爲震澤。南江在南，東入海。"或謂班氏"南江"，蓋謂"浙江"。然"錢唐縣"下云："武林山，武林水所出，東入海，行八百三十里。""丹揚郡黝縣"下云："漸江，水出南蠻夷中，東入海。"俱不云"南江"。是班"南江"别謂一水，蓋即王介甫所云"一自平江吴縣南入海"者。大江爲北江。"毗陵縣"下云："北江在北，東入海。"此班孟堅之説也，司馬彪《郡國志》因之，而王介甫襲之。左合漢爲北江，右會彭蠡爲南江，岷江爲中江。此鄭康成之説也，而蘇氏因之，胡氏《禹貢錐指》墨守之。江至石城縣在今池州府貴池縣西。分爲二：過毗陵縣在今鎮江府丹徒縣東南十八里。北，爲北江；自石城東出，逕吴國南，爲南江。今貴池水皆西北入江，其東南崇山峻嶺，延接宣、歙，安有分江東出吴國之理？《漢志》"丹陽郡石城縣"下云："分江水，首受江，

① 具區澤：古吴縣北之太湖。

東至餘姚入海，過郡二，行千二百里。”尤爲荒誕。而中江蓋闕。漢、魏時胥河久湮，蕪湖不能達震澤，故無中江胥河。説見後《水經》：“《禹貢》‘山水澤地’：中江，在丹陽蕪湖縣西，至會稽陽羡東入海。”與此不合，疑出兩手。此《水經》及注之説也。三江者，岷江、松江、浙江。此郭景純之説也，而《水經注》亦引之，亭林顧氏取之。江出岷山，至楚都今荆州府。名南江，至潯陽今九江府。爲九道名中江，至南徐州今鎮江府。名北江，入海。此盛宏之《荆州記》之説也，而徐鉉宗之。巴陵城對三江口，岷江爲西江，澧江爲中江，湘江爲南江。此《元和志》之説也。而近世又有荆江爲中江、漢爲北江、洞庭爲南江之説。岷山，大江所出；崍山，中江所出；崌山，北江所出。皆東注大江。此郭氏《山海經注》之説，非爲《禹貢》言也，而後人亦據之。凡此，皆總三江、中、北江爲一貫者也。三江謂吴江、一曰浦陽江。松江、錢唐江。此韋昭之説也，而羅氏《路史餘論》申之，以爲“三江非中、北之江，中、北之江初無‘三江’之名，三江元不入震澤也”。淞江東北行七十里，得三江口分流：東北入海者爲婁江，婁江自蘇州府城東經崑山太倉入海，今名劉家河，府城東門名婁門是其證也。元海運由此。東南流者爲東江，元潘應武曰：太湖水出白蜆江急水港下澱山湖東，自小漕、大瀝諸港以入海者，即古東江。明王圻曰：東江疑在華亭海鹽平湖界中，後爲扞海塘所截。並淞江爲三江。此顧夷《吴地記》、庾闡《揚都賦注》之説也，亦孔《傳》震澤分三入海之意。而張守節《史記正義》、蔡氏《集傳》皆主之，黄氏《日鈔》疑信參半焉。三江不必涉中江、北江之文，而止求其利病在揚州之大者，莫如揚子江、松江、浙江。此蔡《傳》旁通之説也，而全氏紹衣遵之。凡此，皆離三江、中、北江爲兩宗者也。就二者言之，則總爲一貫者爲優。或謂《國語》子胥曰“三江環之，民無所移”、范蠡曰“與我争三江、五湖之利者，非吴邪”、《戰國策》黄歇上秦王書曰“越王禽之三江之浦”、《吴越春秋》“范蠡乘舟出三江之口”、《越絶書》曰“出三江之口，入五湖之中”，即蘇、浙言三江，不爲有據乎？不知此自吴、越間之三江，非所論於《禹貢·職方》揚州之三江也。吴、越在揚州，祇東南一隅爾，詎可截趾以適屨乎？嘗試統二者之説論之，夫三江既入繫於揚州彭蠡既豬之下，彭蠡已在揚境，《水經注》“荆州界盡於武口水”，今武湖沙口也，當黄陂、黄岡之交，則揚州之首起於此矣。三江何復於荆、梁求之乎？此漢爲北江、洞庭及湘爲南江，與夫荆楚岷崃諸説爲不合矣。彭蠡既豬據揚州之首言之，震澤底定據揚州之尾言之，則三江實居揚州之中。若松江云云，則在震澤下游，“震澤底定”一語已足該之，不應詳略失宜、上下陵亂乃爾！且婁江、東江並是松江支流，祇爲一江，無三江也。此韋昭、庾闡諸説爲不合矣。浙江源流不越數百里，西出山谿，東近大海，無泛濫之虞，非治水所及，安得與岷江并言之？此郭景純之説爲不合矣。詳玩經文“三江既入震澤底定”，語不相蒙，則三江與震澤亦絶不相干，《路史餘論》云“此自二事，非謂其入震澤”是也，不應中江過震澤、南江復出自震澤也。今安徽之甯國府廣德州二屬，暨江蘇之高淳諸水皆北流，趨蕪湖、姑孰二口入江，實地勢使然。其下通震澤，始於春秋時吴伐楚用伍員計，開運道，由太湖入江，故名曰胥溪，即今之東壩，東有伍牙山，其明徵也。春秋後胥溪漸湮，隋煬帝嘗鑿江南河與江通。唐景福三年，孫儒圍楊行密於宣州，行密將臺濛作魯陽五堰，施輕舸饋糧，故得不困。宋時改爲東、西二壩。明初，定鼎金陵，以蘇、浙糧道自東壩入，可避江險。洪武二十五年，復胥河，設廣通鎮。永樂初，蘇、松水災特甚，時運道已廢，於是復築東壩，高厚數十丈，嚴禁開決。詳韓邦憲《東壩考》，《郡國利病書》“高淳縣”内載之。山脈之行，有起有伏。東壩者，南幹山勢之伏處也，然猶墩阜隆起。丹陽陽羡，水分東西。此果爲中江，則金陵常潤、姑蘇山脈之盤礴發育，將安自來哉？明復胥溪，而龍蟠虎踞。煲令燕子飛來，無亦地脈之有損與？且烏有大江之勢而一壩截之，遂安瀾而無衝激之患者哉！況以大江爲北江，與“導江”之文尤爲刺謬。此班掾之説爲不合矣。或謂“經中止有北江、中江，言‘南江’者爲蛇足”，則經中固明言“三江”，又自疏其下曰“爲北江、爲中江”，則“南江”自可反隅。有“北”無“南”，“中”何以稱？或謂“中江、北江止是一江”，則經固已有三江、中江、北江諸名，豈徒爲是紛紛辭費也？又有謂“三江止是一江，南岸爲彭蠡水爲南江，北岸爲漢水爲北江，中流爲大江水爲中江”，此祖蘇氏“嘗水别味”、羅氏“合流不混”之意，則其説愈窮而不足辨矣。《路史餘論》“贑自豫章入彭蠡泯漢，自漢陽合入彭蠡”，則合爲一不爲二矣。然《禹貢》猶有“中江、北江”之名者，水性不同，各自爲道，如涇、渭之分流，流雖合而水不混。唐許敬宗謂“濟入河，洑地南出”，亦以味别，以今揚子江心有南零、北零之異，則知其入而不合，正不疑也。古有五行之官，水官得職，則能辨其性味。潛而復出，合而復分，皆可辨之。此陸羽所以於揚子江心候南零之水，而張江州亦記嚴瀨[①]、揚子南零水之不同。劉伯芻、李季卿品天下之水各有不同。昔師曠、易牙、俞兒、張華、王劭，皆能辨淄澠。蘇子瞻謂“中江、北江，以味别之”，亦本乎是。以爲江漢入澤，合而更分，非矣，入固未嘗合也。羅氏謂“豫章有南江之號，爲禹所不至”，《禹貢》不見。此非以“豫章泯漢”解“三江”，乃以江漢釋中、北二江也。經文明晰，盡人可知。然猶群言淆亂者，良由鄱陽爲彭蠡之説牢不可破，北江繫於彭蠡之下，因不得北江之所在也。彭蠡之誤，又由於江、漢宜分之勢不明也。知江、漢之勢之宜分，而又知江、漢宜分而不能遽分之勢，而後彭蠡之誤可覺。彭蠡之誤覺，而後北江可求。東匯澤爲彭蠡，東爲北江，所以分江、漢合流懷山襄陵之勢也。漢既入江，水自江分，地在江北，故謂之“北江”。有“北江”之名，而對待者爲“南江”。有“南江”“北江”之名，而“中江”以稱。經不言“南江”者，於“三江”見之。要之，北江之處得，則中江、南江可知，而後“三江”之説可得而定也。

〔彭蠡〕

請言“彭蠡”。漢爲大别所遏，勢不得不入於江而合流。江自呑雲夢、過九江而下，已有沛然莫禦之勢，益以漢水之渺瀰，愈相濆薄，疾於下流，分派疏瀹以殺其勢，自然之理也。及察其地勢，北岸自黄岡之陽邐至廣濟之蟠塘，南岸自江夏之黄鵠至瑞昌之馬頭，凡五百餘里，巑

① 嚴瀨：即嚴陵瀨，在今浙江桐廬縣南，相傳爲東漢嚴光隱居垂釣處。嚴光，字子陵，會稽余姚人。

峴結絡，嵬嵋複陸，水爲山制，束縛不開。疏播既無所施，開鑿亦無所措，於是有“豬之”之策。“豬之”云者，有所蓄無所洩之謂，可暫不可久之計也。然以紆展湍湱㶚潏之勢使之舒緩安恬，以徐議分洩於其繼，則匯澤之舉不容稍緩，而匯澤之處不利於遠，益可知矣。若如漢人以饒州之鄱陽湖當彭蠡，《漢志》“豫章郡彭澤縣”下云：“《禹貢》：彭蠡澤在西。”《水經》云：“彭蠡澤在豫章彭澤縣北。”按：漢彭澤縣在今湖口縣東三十里。則湖口距漢入江已六百餘里，又復泝洄而上二百餘里始得停蓄之所，則上游之渟潏凋瘵已不可問矣。其謬一也。若云必至是而後得其處，則請問諸水能逆流而上否？其謬二也。即使百倍其功，必使逆流倒灌而後已，而所謂“湖漢九水”者，不次於荆州之九江孔殷也。若劉歆者，方將畀以“九江”之名，固導之洩之之不暇，而又可分江、漢以鬬之乎？其謬三也。若謂内水枯外水以豬、外水涸内水以洩，假令内、外同時漲起，則將何道而使順軌乎？其謬四也。且既已云“江至潯陽，流爲九派”，則江、漢之勢已分於上游，又安用匯澤於其下以徒勞胼胝爲也？其謬五也。且北江失其處矣。其謬六也。導江之難，莫難於江、漢之會，其來也大，其去也隘。彭蠡之豬，最爲得計，陽鳥志幸於揚州，導漢書其“匯澤”、導江書其“會匯”，所謂一篇之中，三致意焉。若湖口以下，江勢寬展，固無勞於四載。一言以蔽曰：三江既入，所以言其易易，乃猶於湖口求彭蠡，更於其下求北江，如盲如寐，何其戾也！至若《集傳》欲以“巢湖”爲言，亭林顧氏謂“‘東迤北會於匯’蓋指固城、石臼等湖”，則去之愈遠矣。

然則彭蠡安在？曰：咸甯之東，武昌、大冶之西，通山之北，江夏之南，岡巒四帀[①]。四山之外，長江如帶，環其西北。而東三面，四山之間，無大水源，而湖澤以百計，周數百里，皆由武昌樊山一口爲吐納，上距禹迹漢水入江，百有二十里，江水東南而流，湖水西南而豬，《水經注》所云“江水右得樊口，江津南入，歷樊山上下三百里，通新

① 帀：周，圈。環繞一周叫一帀。

興、馬頭二治”者。夫惟江津南入，故能分江、漢合流之勢，亦惟能蓄不能洩，此其所以爲匯澤也。禹蹟所謂“東匯澤爲彭蠡”者，蓋在此不在彼矣。其湖之最鉅而著者曰梁子。梁、彭，古皆商音。子、蠡古皆徵音。“梁子”之與“彭蠡”音相近，而文傳訛“彭蠡”久，衆著於“鄱陽”，遂無有能正其説者，且由荆、揚之界不明故也。知求彭蠡於揚境，而不知武昌樊口之入揚境也久矣。説見後。“導江”云：“至于東陵，東迆北會于匯。”東陵，巴陵也。匯，彭蠡之匯也。江自至澧，過洞庭，至巴陵，皆東南行，過巴陵始折而東北，其勢斜側，直過武漢，至沙口之下，東北行五百餘里，會於漢水。説見後。而後復折而東南百餘里，會於匯。曰“東迆北會于匯”者，舉大勢言之。且東迆北行，已環匯澤西、北兩面也。先“匯澤”後“會匯”者，治水之序先下流而後上流也。

彭蠡豬矣，江、漢湍沛之勢，蓄之雖舒，洩之未暢，遂可安流順軌而無憂，汎濫已乎未也。此分疏之役，必與匯澤並舉而不可以或緩者也。夫爲下因川澤治水行無事，然則神聖施工之處，其可知矣。南岸瑞昌馬頭以下，九江府治南距匡廬之麓三十里地步，較爲開展。而東隅已束於灰山，越鄱湖之口而下，盡於繁昌，又復巉壑嶛刺，逼側江濆。惟北岸自廣濟之武家穴，下至望江之雷池，《寰宇記》謂之大雷江。迄於安慶之皖口，上下四五百里，曠遠平夷，陂澤相屬，疏洩之工，於兹可施。嘗以夏時漲發，登匡廬之陰，以望廣、黄宿望之郊、瀰漫浩汗，横無際涯，曰：“嗟乎！此必禹蹟之所謂‘東爲北江’者也，何爲二千年來莫得其處乎？”昔者漢人嘗以是爲九江矣。夫九江爲荆州之水，尋陽爲揚州之域，其爲謬戾，固不待言。然自漢迄晉，言之鑿鑿。太史公曰：“南登廬山，觀禹疏九江。”《漢志》“廬江尋陽縣”漢尋陽縣在江北。説詳後。下云：“《禹貢》九江在南，皆東合爲大江。”應劭曰：“江自尋陽分爲九。”郭璞曰：“流九派乎尋陽。”陸氏《釋文》“九江”載《尋陽地記》云：“一曰烏白江，二曰蜯江，三曰烏江，四曰嘉靡江，五曰畎江，六曰源江，七曰廩江，八曰提江，九曰箘江。”張須元《緣江圖》云：“一曰三里江，二曰五州江，三曰嘉靡江，四曰烏土江，五曰白蚌江，六曰白烏江，七曰箘江，八曰沙提江，九曰廩江。參差隨水，長短或百里，或五十里，始於鄂陵，終於江口，會於桑落洲。按：孔氏穎達以爲其名起於近代，未足爲據。”是也。雖其定以“九”而爲之名，傅會失實。而神功疏鑿，畢竟傳聞有自，非向壁虛造之比。何乃後之議之者絀其“九江”之説而猥以“地無所容”，竟並置尋陽上下數百里汪洋緜渺之水於不察邪？甚矣！其疏也。推原其故，蓋有二焉：始則由於“鄱陽爲彭蠡”之説誤之也，繼則由於“武穴之塞”蔽之也。“鄱陽”爲“彭蠡”，則必於湖口之下求北江。此所以多爲異説，终屬齟齬不安，而不知向之所訾者之即是也。佛氏云：“騎驢覓驢，可爲一噱。”武家穴者，北江所由分。蓋古者大江，九穴之一，其漸就湮滯，不知始於何時？然自宋人大興圩田，當時無不塞之穴矣。武穴一塞，而江行者不復知其間之别有一巨水矣。神聖疏之鑿之之不暇，後世壅之塞之之不遑，孰利孰害，無有能辨之者，又孰知其爲九江、爲北江哉？北江，江也，而繫於“導漢”之下者，明其所以終漢水入江之事也。自安慶以下，江面寬於上游不啻倍蓰，古無隄防壅遏之患，則江之赴海有噴箭之勢，不勞致力矣。

〔北江三則〕

北江未疏之先，其地蓋亦水草蒙昧之區。禹因濬而深廣之，自武山之前，導江水入之，因號曰“北江”。今武穴雖塞，而五百里湖澤結絡，猶可略舉其概。其在湖北廣濟界者，自蘄州東三十里爲馬口湖，在縣西南八十里；又東爲武山湖，縣南六十里湖濱有武山；舊有樊噲城，城東西各有小城，相傳爲漢九江王英布宅，其湖曰連城湖。在黄梅界者曰五阜湖，縣西百有十里；曰黄泥湖，縣西五十里；曰太白湖，西南四十里；其相近者曰南柴池湖、曰北柴池湖；曰濯港，縣南十五里；曰源感湖，東南三十里；曰桂家寨湖，東南百十有五里。在安徽宿松界者曰鱤湖，縣西南八十里；曰灄湖，西南四十里；曰麻湖，西南十里；其相接者爲牌湖、周泊湖；曰龍南蓮若湖，縣南三十里；中有浮洲曰黄湖，東南十里；曰白荆湖，東南三十里；其相接者曰洿池，有山有市，分三十六段；曰棠梨湖，曰小黄湖，皆相接；曰浮湖，東南六十里；曰茅湖，東南百里；曰大、小伯勞河，東六十里；曰張富湖，東八十有五里；曰大、小豆溪，東三十里。在望江界者曰泊湖，縣西四十里，宿松以西諸水俱匯於此，分二道入江，一由皖口，一由雷港，即雷池，一曰大雷戍。雷港口今填，其分洩入江處曰華陽鎮；曰慈湖，縣北十有八里，承大、小豆溪之水達武昌湖；曰武昌湖，東北三十里；其東北曰青草湖、曰白土湖、曰漳湖，入懷甯境，合皖水入江，上下四五百里，蓋皆《禹貢》“北江”故道也。黄梅以西爲漢尋陽縣地，宿松爲漢松兹縣地，望江及懷甯之西境爲漢皖縣地。

《水經》：“江水又東，過下雉縣北，利水從東陵西南注之。”《注》：“江之右岸，富水注之。”又東，左得青林口，江水左傍青林湖，水出廬江郡之東陵鄉，西南流積爲湖，湖之西有青林山。又西南歷尋陽，分爲二水：一水東流通大雷，一水西流注於江。經所謂利水也，右對馬頭岸。按：下雉，漢縣，隸江夏郡，在今武昌府興國州。東南青林口，即武穴也。馬頭鎮，今屬九江府瑞昌縣。利水西流注江。青林水東流通大雷者，即禹迹北江故道，漢人所謂“尋陽九派”者也。經、注知“尋陽九派”之非，故但稱利水爾。自武穴塞，而人並利水、青林亦莫之知矣。

因北江有“南江”之名，因南江、北江有“中江”之名，三江雖非截然均齊，然必其地參差不甚相遠，故可統呼爲“三江”也。若鄭以漢爲北江、鄱陽爲南江，一荆一揚，牽混已甚。然其以漢爲北江、以鄱陽爲彭蠡則非，而以鄱陽爲南江則是。南、北必遥遥相對，北江在尋陽，故知南江在豫章矣。漢豫章非春秋豫章。説見後。荆州之域亦有似於三江者矣。荆江下口，今亦曰三江口。澧江在中，荆江在北，湘江在南，荆江何以不曰北江？《水經注》亦有“北江”之目，非以解《禹貢》“北江”也。説見後。曰：彼自江出復入，其名爲“沱”，説見後。有例名矣，不必别命之名也。北江亦自江出復入，何以不名“沱”？曰：沱具於地，北江人所爲，故不爲一例也。湘江何以不名“南江”？無“北江”與對待也。《元和志》：“湘江爲南江。”今不從。說見前。南江舊亦曰“湖漢九江”矣，何以不曰“九江”？曰：數不限於九，《水經》：“十川，並瀘溪爲十一水。”詳見後。故不爲“九江”也。經不言南江，何以謂之“南江”？曰：與“北江”對待，無他稱也。廢“南江”無以符“三江”之目，且未有豫章、鄱陽之大，而治水無所事。經文不之及者，易“南江”而爲之名。若豫章江、鄱陽江之屬，則後起而非古，故必曰“南江”也。

〔南江三則〕

南江者，今豫章江也。上游爲贛江，下游合鄱江。贛有二源：東源出福建汀州府長汀縣西界，逕江西甯都州瑞金縣南，又西南逕贛州府會昌縣北，又西北行百餘里，甯都州石城、雩都二縣水北來注之，又西贛州府興國縣水北來注之，又西桃江水出龍南、信豐二縣三百里南來注之，又西至贛州府治贛縣城東，是爲貢江；《漢志》“豫章郡雩都縣”下云：“湖漢水東至彭澤入江，行千九百八十里。”漢時豫章、湖漢並爲統名，故高帝以豫章名郡，而劉歆有“湖漢九水爲九江”之說，班《志》遂出“湖漢九水”之目。並詳下注。《水經注》專以此節爲“湖漢”，而下又云“皆通稱也”。西源出江西與粵東連界之大庾嶺北南安府大庾縣西界。兩源夾城南北，合於東，東逕南康縣城南，又北至三江口，崇義、上猶二縣水西來注之，又東逕贛州府城西北，是爲章江。《漢志》“贛縣”下云：“豫章水出西南，北入大江。”按：與湖漢異源同流，故並云“入江”，亦統下文諸水之辭也。又“南壄縣”下云：“彭水東入湖漢。”按：彭水，即豫章上流。彭及贛爲湖漢之一水，經贛水出豫章南野縣西。注云：“豫章水東北流，逕南野縣北，又北逕贛縣東，右會湖漢水。”按：《水經》以“贛”爲統稱，注云贛有豫章水，似因此爲其地名。雖十川均流，而此源最遠，故獨受名焉。又云“豫章”及“贛”並通稱也。南野縣在今南康縣西南。章、貢合於城東北隅，是爲贛江，《水經注》劉澄之曰：“縣東南有章水，西有貢水，縣治二水之間，二水合‘贛’字，因以名縣。”是爲謬也。按：今名皆如澄之說，酈氏廢之，亦未爲是也。北逕吉安府萬安縣城西南，自贛州至萬安凡十八灘，唯黄公灘最險，故訛稱惶恐灘。龍泉縣水出於縣西逕城南東北注之；又北逕泰和縣城南，又北逕吉安府治廬陵縣城東，廬水出安福縣西、逕其城北、西北來注之；《漢志》“長沙國安成縣”下云：“廬水東至廬陵入湖漢。”按：安成在今安福縣西六十里。《水經注》：“又西北逕廬陵縣，廬水注之。”按：漢廬陵在今縣南，晉廬陵在今吉水縣東北三十里。又東北逕吉水縣城西，又北逕臨江府峽江縣城南，又東北逕新淦縣城西，又北逕樟樹鎮西南。秀水出於袁州府治宜春縣東，逕其城北，東逕分宜、新喻二縣南，又東逕臨江府治清江縣南，逕其城東，又北至樟樹鎮西南入於贛。此《漢志》所謂“南水”、《水經注》所謂“牽水”也。《漢志》“宜春縣”下云：“南水東至新淦入湖漢。”《水經注》：“牽水西出宜春縣，又東逕新淦縣注於豫章。”按：漢新淦縣在今臨江府東北六十里。又東北逕豐城縣，西北淦水東南來入之；《漢志》“新淦縣”下云：“淦水所出，西入湖漢。”《水經注》：“淦水出新淦縣，下注於贛水。”又北爲劒江，至市汊鎮。蜀水二源，北源出瑞州府新昌縣西，南源出袁州府萬載縣西，東流合於瑞州府上高縣西，逕其城南，又東逕瑞州府治高安縣城南，東過市汊鎮入於贛。《漢志》“建成縣”下云：“蜀水東至南昌入湖漢。”《水經》：“贛水又北過南昌縣西。”注云：“濁水注之。水出康樂縣，東逕望蔡縣，又東逕建成縣，又東至南昌縣，東流入於贛水。”按：康樂，在今萬載縣東二十里。望蔡，在今上高縣西。建成，即今高安縣治。又東迆北爲豫章江瑞河口，當南昌治西南，盱水南來注之。盱水者，今謂之撫河，發源建昌府廣昌縣南境，東北逕南豐縣城東，又北逕建昌府治南城縣城東，新城縣水東南來注之，又西北逕撫州府治臨川縣城北，是爲撫河。宜黄縣水南來，樂安、崇仁二縣水西南來，合流東注撫河，又西北至南昌城南，輸之豫章江。《漢志》“南城縣”下云：“盱水西北至南昌入湖漢。”《水經注》：“盱水出南城縣，西北流逕南昌縣南，西注贛水。”按：南城，即今縣治。又撫河自府北分派，逕趙圩至梅溪，輸之鄱陽湖。豫章江又北過樵舍北，繚水西來注之。水出奉新縣西，東逕安義縣南，東迆北爲慨口，入豫章。又北，靖安縣水西來注之；《水經注》：“繚水導源建昌縣，東逕新吴縣，又逕海昏縣，分爲二水，東北逕昌邑城而東出豫章大江謂之慨口，其一水枝分别注入於脩水也。”按：建昌，東漢縣。新吴，晉縣。俱在今奉新縣西。海昏，漢縣，今建昌縣南。又北，過吴城鎮，脩水西來注之。脩水者，出於義甯州西南，東北流逕武甯暨南康府之建昌二縣南，東入豫章。《漢志》“艾縣”下云：“脩水東北至彭澤入湖漢，行六百六十里。”《水經注》：“脩水出艾縣西，東北逕豫甯縣，又東北逕永脩縣，又東北注贛水。”按：艾縣，在今義甯州西。豫甯，今武甯縣西。永脩，今安義縣西南。又北過渚溪，至罐子口，鄱陽湖水東來會之；《漢志》《水經注》以此爲餘水。《漢志》“餘汗縣”下云：“餘水在北，至鄡陽入湖漢。”《水經注》：“贛水又北逕鄡陽縣，餘水注之，水東出餘汗縣，至鄡陽縣入贛水。”按：鄡陽，在今鄱陽縣西北。餘汗，即今餘干縣治。又北至都昌縣境石觜山，鄱陽湖水分派東來注之。《漢志》《水經注》以此爲鄱水。《漢志》“鄱陽縣”下云：“鄱水西入湖漢。”《水經注》：“贛水又與鄱水合，水出鄱陽縣東，西逕其縣南武陽鄉也，又西流注於贛。”鄱陽湖自受撫河分派外，仍納小幹水三：南爲瀘溪，自瀘溪縣北流，至安仁縣東南，弋陽、貴溪二縣水東來注之，西逕安仁城南，又西北至梅溪入湖；此《漢志》《水經注》所未及。東則樂安江，發源饒州府德興縣之東，西逕樂平縣東南境，安徽婺源縣水東北來注，又西逕樂平城南，又西至樂安河口，《漢志》《水經》統於鄱水。餘干、萬年二縣水南來注之，此《漢志》《水經注》所謂餘水。西北逕饒州府治鄱陽縣城南輸之鄱江，水落餘水必逕此道，水漲則餘水可由康山、南山自達於湖，由罐子口入豫章江；東北則鄱江之源，出於安徽祁門縣之東北，西南逕江西浮梁縣城南，又西逕景德鎮，又西南逕饒州府城南，又西北入鄱陽湖。至罐子口，石觜山分派以輸之豫章江，豫章遂挾諸水，逕南康府治星子縣東北，又北過鞋山，又東北由九江府湖口縣城西入中江。

漢人以湖漢爲經流，納豫章、廬、南淦、蜀、盱、脩、餘、鄱，謂之“湖漢九水”。《水經》以贛爲經流，贛，即《漢志》“豫章”。受湖漢、廬、牽、淦、濁、盱、脩、一本作“循”。繚、《漢志》所無。餘、鄱，所謂“贛水總納十川，同湊一瀆”也。而瀘水亦不之及。

〔中江入海〕

中江者，自尋陽分江爲二派，始立兹名。安慶以下，至於入海，無復分派矣。今考：自武穴而東，三十。左逕龍坪山南；漢人所謂東陵。又東南，七十。右逕湓口，龍開河注之；又東，三里。逕九江府治德化縣城北；又六十。過湖口，豫章江南來入之。即南江。逕湖口縣北，又東北六十。逕彭澤縣西，又北十里。過小孤山，又二十。右逕馬當。又東北，三十。左逕望江縣東南華陽鎮，北江分派入之；右逕香口彭澤瀼子港東流，香水合流注之。又北，四十。逕東流縣西，建德縣堯城水西流注之；又八十。左，過皖口，北江過皖水還入之。又東，十里。逕安慶府治懷甯縣城南；漢廬江舒縣地。又三十。右，逕寶賽，黄湓水注之。又東北，六十。左過桐城縣之樅陽鎮，菜子湖水注之；又東，三十。右逕池州府治貴池縣北，貴水東流注之。又六十。右，逕大通鎮，青陽縣水出九華山。北流注之；又北，九十。至無爲州之劉家渡。在襄安鎮南。又東南，七十。右逕荻港，荻港水注之；又北，二十。左逕無爲州之泥汊口，廬江縣黄泥河東流注之。又二十五。至神塘河口，江寬三十餘里。又東七十。右逕魯港南陵縣，石硊河北流注之；又北十五。過蕪湖縣西，石埭、太平、旌德、涇四縣水會於青弋江，《漢志》以此爲廬江發源黟縣之黄山，山水二經，所謂“廬水出三天子鄣”者。北流入之。又三十。左過裕溪口，巢湖逕濡須口，源出潛山六安。凡舒城、合肥、無爲、巢諸州縣水皆會於此。西流入之。又三十。過東、西梁山；又東北，二十。右過太平府，姑孰溪、水陽江入之。水陽，發源甯國縣南，東、西二河逕其治北合流，逕甯國府治宣城縣東，又西北至大平府治當塗縣南，爲姑孰溪。又北，十里。過采石山，兩岸並爲牛渚。南碕、固城、丹陽、石臼諸湖水入之。廣德州西南，東、西二溪合於建平縣東南，逕其西北入南碕、固城二湖，（西通水陽）。北流逕高淳縣西（分派由唐溝河達姑孰溪）。入丹陽湖，縣北石臼湖會之，又西北至牛渚入江。又東北，十里。逕和州治東；又二十五里。逕石跋河，含山縣水東流注之。又五十五里。右逕大勝關；又十五。逕北河口，達秦淮河。西逕江浦縣；又十五。逕金陵下關，秦淮注之。秦淮發源句容之北，逕其東南，又西北貫金陵城入江，爲鍾山。隨龍之水，非由鑿成。秦鑿之説，聊傳疑爾。又北東，六十。右逕烏龍山；又東，四十。左過瓜埠河，滁河逕六合縣東南入之。又二十五里。逕儀徵縣南，又五十。過瓜洲口，入伊婁河四十里至揚州府邗溝達淮，爲北運河。又十里。右過京口，入京口爲南運河，達蘇杭。逕鎮江府治丹徒縣北。又十里。至焦山，江分爲二：東南十三。過丹徒口，達南運河。又七里。逕諫壁口；達南運河。東北五十。至陀灣，折而西南，四十。合於諫壁口。又東北四十。太平洲頭，復分爲二：東南六十四里。過孟河口，又二十六里。至龍門港；東北一百二十。過泰興靖江界河口，江合爲一。又東，七十二里。右過江陰縣西北黄田港；又五里。至鵞鼻嘴，左逕靖江縣南。又東北，六十。左逕如皋界張王港，右逕段山港；又東南，右五十五里。至福山港，左九十。至狼山港通州治南；又東南，包海門廳崇明縣二沙，入於海。

卷十　雜説二

〔大别〕

江、漢宜分之勢明矣，而不知江、漢由合之勢又多誤也。江、漢由合之勢多誤者，又大别之誤誤之，故漢口、夏口之辨不明也。請言大别：大别者，山之自北南行者也。所以阻逆漢水，使之南入於江也。其脈發於桐柏，桐柏出於中幹，故桐柏之幹大勢趨於東南，則幹之南枝自條分而漸布西南矣。其第一枝爲湖北應山、安陸、雲夢等縣治，第二枝爲孝感、黄陂縣治，山脈占地較縮，無礙於漢水之東流也。其正幹東南趨者爲黄安、麻城、羅田及安徽之英、霍、灊山諸縣境，漸迆而南。故其第三枝之由黄、麻發者，山勢南行，而西直逼大江北岸之陽邏龍口而後止。陽邏之山，俗曰十里長山，而漢水遂爲山脈所遏，不能東下，折而南入於江，故經云“至于大别南入于江”也。且不惟漢折而南，江亦自此迆南四百里，至武穴而始復東行。然則大别安在？《漢·地理志》[①]“六安國安豐縣”下自注云：“《禹貢》：大别山在西南。”鄭康成云：“大别在廬江安豐。”《左傳》杜注云：“大别闕，不知處。”或曰大别在安豐縣南。《水經》：“大别山在廬江安豐縣西南，沔水注。”京相璠《春秋土地名》曰：“大别，漢東山名也，在安豐縣南。”按：安豐在今霍山縣西北，大别在安豐西南，則適當麻城黄安北境。《紀勝》云：“大别山，一名安陽山，以漢安豐縣在山東北、陽泉縣在山西北也。”又酈注“巴水”條云：“水出雩婁縣之下靈山，即大别山也，與

① 《漢·地理志》：即《漢書·地理志》。

決水同出一山，故世謂之分水山，亦或曰巴山。”按：雩婁，在今河南光州商城東北。《方輿紀要》云“在霍邱縣西南八十里”。

《春秋傳·襄二十六年》：“楚人侵吴及雩婁。”《昭五年》：“楚使薳啟彊待命於雩婁以備吴。”漢縣屬廬江郡，晉縣屬安豐郡，巴水出其境。巴水爲黄、麻大山南流之水，則黄、麻北境大山即大别也，迄今猶謂之分水嶺，蓋以南水入江、北水入淮，故有是名，與班、鄭、桑、酈、杜氏之説，一皆吻合。孔疏乃云：“《漢志》無大别。”又：“大别無，緣得在安豐？”《史記正義》云：“注云‘在安豐，非漢所經’者，俱謬也。”

或曰：子言大别，信有徵矣。但距漢水入江故迹，已在數十百里之外，恐與《孔傳》“觸山迴南”之説不合。曰：山之大者，動輒緜亘迆邐數百里，大别之山，非蜀然一山，其枝脚之撐柱見於經籍者，固有所謂小别矣。《春秋·定公四年·左氏傳》所謂“小别大别”是也。濟漢而自小别至大别，是小别近、大别遠也。經言“至于大别”，舉大勢言之也，小别則恐陽邏長山是矣。

或曰：古人何以指漢陽城北之龜山爲大别？曰：漢水入江之道，久經遷改，適當此山之北入江，故誤以當大别也。何以指漢川東南十里之甑山爲小别？曰：求而無之，傅會失實也。且如其言，則於《禹貢》經文、《左氏傳》説、《孔氏傳》義皆不可通。經云“南入于江”，今龜山之北，漢水自西而東，是東入于江。其誤一也。吴伐楚自豫章，在江北淮南，非今江右。與楚夾漢，子常濟漢而陳，自小别至于大别。吴自豫章來，自在漢東；楚自郢都來，自在漢西。濟漢而陳，則亦在漢東矣。然則小别、大别，皆在漢東審矣。今龜山乃在漢水西南，退居漢水之後，而漢北乃曠無墩阜，於“觸山回南”之理勢安在？其誤二也。抑何回距小别之遠也？其誤三也。不知大别乃淮南漢北之望，故能遏漢入江。龜山乃江北漢南之餘，安能遏漢？遏漢則漢北折，去江益遠，又安得南入于江也？胡氏《禹貢錐指》亦以龜山爲大别而圖於漢水之東，蓋據《左傳》之文以《禹貢》之意求之，以爲當在漢東，而不知今龜山乃在今漢口之西，其東北陂澤彌望，並無一山。爲誤也。

或謂：經云“導嶓冢至于荆山、内方至于大别”，荆山在漢南，大别安得在漢北也？曰：“導嶓冢至于荆山”句，自在漢南言之；“内方至于大别”句，自在漢北言之。不必其爲同條共貫也。《漢志》“江夏郡竟陵縣”自注云：“章山在東北，古文以爲内方山。”《水經》云：“内方山在江夏竟陵縣東北。”竟陵在今安陸府天門縣西北，是内方在漢北，益徵大别爲漢北山脈矣。指龜山爲大别，自唐人始也。《元和郡縣志》：“魯山，一名大别山，在漢陽縣東北一百步，其山前枕蜀江北帶漢水。”李太白《郎官湖詩序》亦云：“與大别山相泯滅焉。”若《水經注》則云“江水東逕魯山南古翼際山也”，《地説》云“漢與江合於衡北翼際山旁者也”，不云魯山是大别。魯山者，今俗呼爲龜山也。

〔漢口夏口四則〕

今之漢口，非禹迹之漢口矣。然則禹迹之漢口安在？曰：今漢口東北，平原彌望，《水經注》謂之“滂灘”。灘内灄口、武口諸水浩渺無際，其入江之口曰沙口、曰水口，皆由西轉南以入於江，陽邏長山一脈遏其前，與觸山南迴之勢相合，在今漢口東下三五十里，此必漢水入江故道也。或曰：今泝沙口固不能達於漢，安見其爲故道也？曰：漢洩於上而壅於下也。蓋自周秦以來，泥沙填積，水失其壑，波濤震撼，土乖其方，故有古昔洪流今或細若衣帶、古始濫觴今乃洩若尾閭，其勢然也。故曰今之漢口，魏晉後之漢口，非古漢口。惟《禹貢》據山以言水，雖變遷而可求也。

然則今之漢口，於古云何？曰：夏水之口也。其洲謂之夏州，亦謂之夏汭。《春秋左氏傳》：“宣十一年，楚復封陳鄉，取一人焉以歸，謂之夏州。”杜云：“州，鄉屬。”不云“水中可居者”，但曰“夏州”，則必以夏水而名。《正義》曰：“大江中州也。”車允撰《桓温集》云：“夏口城上數里有州名夏州。”是夏州即夏汭也。“昭四年，吴伐楚，沈尹射奔命於夏汭。五年，薳射以繁揚之師，會於夏汭。”杜云：“夏汭，漢水曲入江，今夏口也。”是晉人猶謂此口爲夏口也。

應邵《十三洲記》曰：“江别入沔，沔即漢，一水二名。爲夏水，冬竭夏流，故名夏水。”首受江水於荆州治江陵縣東南，《水經注》“夏水之首，江之汜也”。又東逕監利縣北，涌水出焉。《水經注》“夏水自華容縣東北，東逕監利縣南。華容故城在今監利縣西北，監利故城在今縣東六十里。水自夏水南通於江，謂之涌口”，《莊十八年傳》“閻敖游涌而逸”即此。又東北逕沔陽州西，又東北入於漢。《水經注》：“沔水逕江夏雲杜縣，夏水從西來注之。雲杜故城在今沔陽州西北。決入之所，謂之堵口。自堵口下沔水，通兼漢目[①]，會於江，謂之夏汭。”夏既與漢爲一，則其入江亦奚别？其孰爲夏口、孰爲漢口也？蓋古有枝、幹二口：幹而北者吾知其爲漢口，支而南者吾知其爲夏口也。後乃枝、幹合於一口，在昔人猶有知其爲夏口者，而今人止知爲漢口矣。

今人不知漢口之爲夏口也，以今夏口之名不屬北岸而屬南岸也。夏水之在北岸無論矣。《水經注》云：“魯山上有吴江夏太守陸焕所治城，蓋取二水之名。”《地理志》曰：“夏水過郡入江，故曰江夏。舊治安陸，吴乃徙此。”是江夏、夏口本爲江北之名。自吴人築城南岸黄鵠山上，今曰蛇山。以對岸沔津號曰夏口，城旋移江夏郡治焉，詳圖中。而江北之稱始移於江南。曹操追先主當陽之長坂，先主與孔明走夏口。操詩“西望夏口”，猶指北岸言也。自是南岸之有江夏、夏口，遂爲世人耳熟之名。而北岸之爲夏口也，知之者蓋尠。《方輿紀要》據李吉甫説，以今江夏爲《春秋》“夏汭”云，後漢末始謂之夏口，誤矣。不知南岸惟船官浦一勺之水，實無所謂夏口。夏口者，自孫吴借名之夏口，非大地本來之夏口也。知夏口古、今之異處，而漢口古、今之異蹟亦可求矣。

① 漢目：《水經注》卷三十二作“夏目”。見王國維《水經注校》第一〇二九頁，上海人民出版社，一九八四年五月第一版。

〔江漢合流〕

今漢水入江，在漢陽府北、武昌府西北，漢口鎮在其北。《水經》："江水又東北至江夏沙羨縣西北，沔水從北來注之。"沔水，即漢水。沙羨，見圖内。又東北，三十。右得沙湖水至青山磯；又五里。左盡黄花洲，過沙口，一曰武口。黄陂縣灄口水會武湖水北來入之，爲《禹貢》荆、揚二州分界處。《水經注》："江水左得湖口水，通太白湖，又東合灄口水，上承溳水於安陸縣，而東逕灄陽縣北，東南注於江。江水又東，湖水自北南注，謂之嘉吴。江右岸頻得二夏浦，北對東城洲西，浦側有雍伏戍。江之北有武口水，上通安陸之延頭，荆州界盡於此。"按：湖口水、嘉吴江注江之口，今皆不得其處。灄口尚在腹内，蓋黄花一洲，又塞於隋、唐以後矣。右岸二夏浦在大、小青山之間，荆州界盡於沙武口，是揚州界起於沙武口也。又東南，二十。過水口，武湖水分派西北來入之。此蓋禹迹漢水入江處。説見前。《水經注》："江水東逕若城南，至武城口三十里，南對郭口，夏浦而不常泛。東得苦菜浦，浦東有苦菜山。"又南，五里。逕陽邏堡，其山曰長山，蓋即《左傳》"小别"。其地爲荆、揚、豫三州津要，上二里有大港。《水經注》"江水左得廣武口，江浦也"，蓋謂此。又東南，六里。過龍口；《水經注》："江之左岸，東會龍驤水口，水出北山蠻中。"按：此條原在"雍伏戍"後"武口水"前，今移於此。又七里。右逕西港，白湖注之。《水經注》："江之右岸有李姥浦，北對峥嶸洲。"按：當即西港。又下里許有東港，夏浦也。又五里。逕白虎山北，《水經注》："江水東逕白虎磯北，山臨側江濆。"又東十二。逾木鵞洲，《水經注》："又東會赤谿夏浦浦口，江水右池也。"又五里。逕木門港。《水經注》："又東逕貝磯北，江右岸有秋口，江浦也。又東得烏石水，水出烏石山，南流注於江。"按：秋口，當即木門。烏石水口，蓋在矮林舖以下。洲塞，不知其處。又東北，二十。右逕趙家磯；《水經注》："江水右得黎磯，磯北亦曰黎岸山，東有夏浦。"又十五。左逕鵞公頸，《水經注》："又東逕上磧，北山名也。北岸烽火洲，即舉洲也。北對舉口，舉水出龜頭山，西北流逕蒙蘢戍南，又西流，左合垂山之水，水北出垂山之陽，南逕方山戍西，西流注於舉水。又西南逕齊安郡西，倒水注之，水出黄武山，南流逕白沙戍西，又東南合舉水。又東南歷赤亭下，謂之赤亭水。又分爲二水，南流注於江謂之舉口，南對舉洲。

《春秋定公四年》'吴、楚陳于柏舉'，疑即此也。"按：齊安郡在今黄岡縣西北。右逕七磯港。《水經注》："江之右岸有鳳鳴口，江浦也。"又東南，五里。左逕團風鎮，又十里。逕羅家溝；又南十里。逕韭菜港，至三江口在舉洲下。與右江會。右江上距七磯港五里。又南，三十。逕赤壁西，周瑜燒曹操軍處，蘇氏所賦是矣。《水經注》謂此爲赤鼻山，而以燒軍赤壁在漢陽，誤也。説見後。過黄州府治黄岡縣南；《水經》："又東過邾縣南。"又東南，五里。右得樊口，江津南入數百里，蓋《禹貢》所謂"匯澤爲彭蠡"者。説見前。又東，五里。逕武昌縣北釣魚臺，此爲楚鄂都，秦置鄂縣，孫吴升爲武昌郡領縣，隋廢郡。説見後並圖。又十里。逕五丈港，又十里。逕慈姑港，《水經注》："又東得次浦，江浦也。"又十里。左過巴河口、《水經注》："巴水出雩婁縣之下靈山，即大别也。"右逕五磯北。《水經注》："東逕五磯，北有五山，沿次江陰。"今俗有龍王磯、燕磯、寡婦磯、平山磯、紅石磯之名，蓋酈氏所謂五磯也。又東南，二十。左逕新港；《水經注》："又東逕軑縣故城南，故弦國也。"又南，十里。過蘭溪、蘄水縣，浠、蘭二水合流注之。《水經注》："希水出潛縣霍山西麓，山北有潛縣故城，西南流分爲二，又南積爲湖，流經軑縣東，又南注於江，曰希水口。"又西南，十五。過五洲，《水經注》説見圖。逕回風磯；《水經注》："又東得桑步，下有章浦，本西陽郡治，今悉荒蕪。又東逕南陽山南，又曰芍磯，一名石姥，水勢迅急。"又南，十五。右得黄石港。《水經注》："江水東歷孟家渚，江之右岸有黄石山，水逕其北，即黄石磯，一名石茨。有西陵縣，縣北則三洲也。"據此，是漢西陵在今黄州府東南百里。申耆李氏《地理志今釋》云"在黄州西北"，似誤。三洲，蓋即五洲筆迹小差。又東，三十。至西塞山。山下爲道士洑。《水經注》："黄石山連延江側，東山偏高，謂之西塞，東對黄公九磯，於行小難，兩山之間爲關塞也，從此濟於土復。""土復"者，北岸地名也。"九磯"之名，酈氏無述，詢之土人，乃在下流十餘里，北岸茅山港之下有九磯焉，曰茅山磯、鰺魚磯、猫兒磯、越水磯、水灌磯、湖磯、黑磯、甕潭磯、攔頭磯，此蓋酈氏所謂"黄公九磯"者也。又東南，十里。左得茅山港，蘄水縣澤湖水注之；又二十。右得漳源口，大冶縣東漳源湖水西南來注之。《水經注》："江水右得葦口，江浦也。浦東有葦山。江水東逕山北。北崖有東湖口。"又三十。左過蘄陽口，蘄水西南流注之，《水經》："又東過蘄春縣南，蘄水從北東注之。"

注："又東得空石口江浦，在右臨江有空石山，南對石穴洲，洲上有蘄陽縣治；又東蘄水注之，又東逕蘄春縣故城南。"按：漢蘄春縣在今蘄州北，南宋蘄陽縣又在北蘄陽口，今俗曰掛口。童子河入蘄水。《水經注》："青林湖西有青林山。宋太始元年，明帝遣沈攸之西伐子勛，伐栅青山，覩一童子甚麗，問伐者取此何爲？答：'欲討賊。'童子曰：'下旬當平，何勞伐此？'在衆人之中，忽不見童子。河蓋青林山北界之水也。"過蘄州治西。又南，十里。右得海口水；《水經注》："右逕蝦蟆山北，而東會海口水，南通大湖，北達於江，左右翼山，江水逕其北，東合臧口，江浦也。"又東南，二十。左得馬口港、右東下山磯。又西南，五里。左逕積布磯；《水經注》："積布山南，俗謂之積布磯，此西陽、尋陽二郡界。右岸有土復口，江浦也。夾浦有江，山東有護口，江浦也。"又南，十里。左逕田家鎮；《水經注》："江水東逕琵琶山南，山下有琵琶灣。"按：琵琶山，即今俗謂之磨盤磯，山形宛似琵琶。又東南，二十。逕蟠塘。《水經注》："又東逕望夫山南，又東得苦菜水口，夏浦也。"按：望夫山，當即今玉屏、旋綱諸山。苦菜口，蓋蟠塘也。又南，五里。右過富池口通山縣，興國州富水西來注之。《水經注》："江之右岸，富水注之。水出陽新縣之青湓山西，北流逕陽新縣，故豫章之屬縣矣。又西北逕下雉縣。"按：陽新，晉縣，在今興國州西南六十里。下雉，漢縣，在興國州東南。又東，十七。右逕上、下巢湖。《水經注》："又東右得蘭溪、水口，竝江浦也。"又東，八里。過武山前，至武穴鎮。《水經》："又東過下雉北，利水從東陵西南注之。"注："又東左得青林口，江水左傍青林湖，水出廬江郡之東陵鄉，西南流積爲湖，湖西有青林山，湖水西流，謂之青林水。又西南歷尋陽分爲二：一水東流通大雷；一水西南注於江，經所謂'利水'也。右對馬頭岸，自富口迄此五十餘里，岸阻江山。"按：童子河，爲青林山北界之水。青林水，爲青林山南界水。東陵鄉，蓋在龍坪山北。江、漢合流四百五十里，自水口至此爲四百里。至此分爲二派：北爲北江，龍坪山在武穴下三十里，漢人所謂"東陵"，經云"過九江，至于東陵"，是九江在上，東陵在下，以此見漢人所謂"九江"亦起於此矣，《水經注》所謂"東通大雷"、《寰宇記》所謂"大雷江"者也；南爲中江，自武穴塞而人始不知二江之雙流矣。説見前。《水經》"江水止於利水入江而於沔水下出，沔與江合，又東過彭蠡澤，至會稽餘姚入海"數語疏略已甚，罅漏實多，而尋陽以上，經、注相

維，猶頗縝密，未可概以北人短之，故略爲詮次云爾。

〔九江三則〕

九江者，湘江也，環衡嶽之四面而九水會於一江者也。《禹貢》"九江孔殷"殷，盛也。《孔傳》及《史記》以爲"甚得地勢之中"，於義未安。繫於"荆州"，其下乃云"沱、潛既道，雲土夢作乂"。江别爲沱，荆州之沱入江在岳州府下游、城陵磯之北，《周官·職方》"荆州其澤藪曰雲夢"，則九江不越荆州之境明甚，且必在沱、潛、雲夢上游可知。乃漢人既以尋陽爲九江、以鄱陽當彭蠡，劉歆又以彭蠡爲九江，王莽因改豫章爲九江。鄭康成云"九江從山谿所出"，《孔傳》云"江於此州分爲九道"，孔、鄭異義而皆未言其地，似鄭亦主劉歆"湖漢九水"、孔主"尋陽"之説。《太平寰宇記》總記南條九水爲九江。在杭州者曰浙江，在潤州者曰揚子江，在江州者曰楚江，在潭州者曰湘江，在荆州者曰荆江，在利州者曰漢江，在洪州者曰南江，在蘇州者曰吴江、曰松江。夫尋陽、鄱陽，皆《禹貢》"揚州"之域，而南條諸水則又兼荆、揚二州言之，顯與經違，不知尋陽乃禹蹟之北江。即如若説，是九江即江身之分合，不得云"過"，其失俱不待言矣。《山海經》之辭雖離奇惝恍，而瀟、湘之淵在九江之間，其説終爲近古。《水經》云："九江在長沙下雋縣西北。"漢下雋縣在今湖北武昌府通城縣西、湖南岳州府巴陵縣東南，湘水入江在巴陵西南，適當下雋西北。《蔡傳》據之是矣，而以爲即今洞庭，又用曾氏彦和之説，謂沅水、《漢志》"武陵郡臨沅縣"注："應劭曰：'沅水出牂柯，入於江。'"漸水、《漢志》"索縣"下云："漸水東入沅。"按：索，在今常德府武陵縣東北六十里。无水、"无"，《水經注》作"無"。按：《説文》："無，本古'舞'字。"故"無水"，一作"舞水"，或作"潕"，又作"潕"，省作"无"，訛作"元"，故朱子以爲"亡"是"水"。《漢志》"無陽縣"下云："無水首受故且蘭，南入沅八百九十里。"按：無陽，在今沅州府芷江縣東南。故且蘭，今貴州平越州治。辰水、《漢志》"辰陽縣"下云："三山谷，辰水所出，南入沅七百五十里。"應劭曰："辰水所出，東入沅。"按：辰陽，今辰州府辰溪縣西。敍水、《漢志》“義陵縣”下云：“鄜梁山，序水所出，西入沅。”按：義陵，今辰州府漵浦縣南三里。酉水、《漢志》“充縣”下云：“酉原山，酉水所出，南至沅陵入沅，行千二百里。”按：沅陵，在今沅陵縣西南。澧水、《漢志》“充縣”下又云：“歷山，澧水所出，東至下雋入沅。”按：澧自入江，支派與沅通爾。説見後。資水、湘水，皆合於洞庭，意以是名“九江”也，《路史餘論》亦以此九水皆合洞庭，又引張勃《吴録》云：“岳之洞庭，荆之九江也。”《困學紀聞》云：“以洞庭爲九江，本於《水經》。”而胡氏旦、晁氏説之、曾氏旼因之。則其説亦未盡善也。“導江”云“又東至于澧，《史記》作“醴”。過九江”，則澧不在九江之數亦明矣。五水入沅。敍水在辰州漵浦縣境，其流不逮辰河之半。漸水出常德府武陵縣梁山，流又最小，《明一統志》略而不載，不足與沅、湘並匹而自爲一江。惟酉、辰、无三水源較長：辰自辰州辰谿縣西南入沅；酉水二源合流，自沅陵縣西入沅，經沅陵、桃源、武陵、龍陽四縣境入湖；而无水尤上自貴州之鎮遠縣入沅。則一沅江而已，謂之沅江五水而可矣，並沅而爲六猶可矣，與沅、澧、湘、資匹而爲九則不可。且“導山”云：“至于衡山，過九江至于敷淺原。”在今江西九江府德安縣境。果沅水之列於九江，則何以由衡山東北而過之乎？衡山在湘水之西，敷淺原在衡山東北，中阻湘水，經所云“過九江”乃過湘江也。湘則何以爲九江？曰：入湘之大水，九析其派，曰九江，統於一則湘江而已。九水者，瀟也、舂也、耒也、洣也、漉也、漣也、瀏也、資也、汨羅也。瀟、舂、耒，衡山南面之水也。洣、漉，衡東之水也。漣，衡西之水。瀏與汨羅，衡北之水。資江，衡西北之水也。然則九江非今洞庭乎？曰：非也。洞庭者，古夢澤也。九江、雲夢，一澤一壑，一水一土，經兩言之，《水經》兩釋之，不可以爲一也。然則“導江”何以云“至于澧，過九江”？曰：導山之過九江，過其源也。導江之過九江，過其委也。導山之過，人過之，“導岍及岐，至于荆山，逾于河”之“逾”是其例也。導江之過，江過之，“東過洛汭，北過洚水”是其例。所謂小水會大水曰“入大”，《水經》“小水曰過也”。沅與澧近會於洞庭之西，距湘江北入大江處洞庭之東、巴陵西南。已二百里而遥，故沅不可與湘爲一也。經言澧不言沅者，自虎渡河以下，澧先入江，舉之以見江之經流在此，所以别於荆江之爲沱也。澧、沅支絡相通，言澧而沅舉矣。《水經注》曰："澧水又東南注於沅水，曰澧口。"蓋其枝瀆爾。《離騷》曰："沅有芷兮澧有蘭。"

或曰：資與沅皆自爲一水，資又入沅，有《漢志》《水經》之可據。兹乃統沅於澧，則既聞之矣。而納資於湘者，何也？曰：資自茱萸江東下，逕益陽之南，又東出臨資口入湘，此資之幹水也。右分枝水，東南順流，出喬口入湘，《水經注》謂之"高水"。左分枝水，西北逆流入湖，《水經注》曰"入湖之處，謂之益陽江口"。漢、晉益陽縣，在今益陽東八十里。應劭曰："縣在益水之陽。"是入湖之水爲益水，非資水正流明甚。或疑益陽江口寬於臨資數倍，宜爲經流。不知此自水勢之有壅有刷，遷變而然，未可執是以論經曲也。酈氏既知有益陽江之名，而乃曰"今無益水"，是自爲矛盾者矣，且酈於"湘水自汨羅口西北逕磊石山西"之下云"湘水左會清水口，資水也"。世謂之益陽江，是並西北逆流入湖之水亦入於湘矣，安在其入沅也？《漢志》謂"資入沅"者，誤也。《水經》調停其説，以爲合於湖中，則未知資之入沅與沅之入資與。予故斷以資水爲湘江九派之一。

湘江，源出廣西桂林府興安縣南九十里之陽海山，《漢志》"零陵郡零陵縣"下云："陽海山，湘水所出，北至酃入江，過郡二，行二千五百三十里。"《水經》："湘水出零陵始安縣陽海山。"注："即陽朔山也。"應劭曰："湘出零山，蓋山之殊名。"按：漢零陵郡縣，在今廣西桂林府，全州西南七十八里。酃，漢縣，屬長沙，在今湖南衡州府衡陽縣東十二里。始安，今桂林府治臨桂縣也。北流逕其縣東。又東北，逕全州治南，灌陽縣水南來注之；《水經注》："湘水又東北逕觀陽縣與觀水合。"又北，至山角司入湖南界。又東北永州府東，安縣水北來注之；此蓋《水經注》所謂"洮水"。又東南至石期鋪，永水南來注之。又東至永州府治零陵縣，西北會於瀟。《水經注》"湘水右合黄陵水口"條云："瀟、湘之浦。瀟者，水清深也。"《湘中記》曰："湘川清照，五六丈下，見底石如摴蒱矢，五色鮮明。"是納瀟、湘之名矣。胡氏渭因謂"古無瀟水'瀟湘'猶言'清湘'，非别有瀟源，隋、唐以後始謂瀟水，出九疑山，合湘水曰瀟湘”。今按：《漢志》：“零陵郡泠道縣有泠水。”《水經》及注“入湘之水出深水”一篇，“泠深”並是“清深”之意。考其源委，適當瀟水之處。然則古謂之“瀟”，《漢志》謂之“泠水”，經謂之“深”，其地同，其義同，名有小異，酈氏偶未察爾。且酈氏又引吕忱云：“深水，一名邃水。”水之異名亦多矣，安得據此謂“古無瀟水”也？又按：《漢志》：“湖、漢、豫章異源同流，皆得爲九水之統稱。”今此瀟、湘亦異源同流，然則瀟、湘並九水之統稱與？

瀟水，出永州府甯遠縣南六十里九疑山，《水經注》：“九疑山，大舜窆其陽，商均葬其陰，山南有舜廟。”《漢志》“零陵郡泠道縣”下應劭曰：“泠水出丹陽宛陵，西北入江。”臣瓚曰：“宛陵在豫章北界，相去三千里，又隔諸水，不得從下逆至泠道縣而復入江也。”按：泠道在今甯遠縣東，九疑在其南，則泠水亦即瀟水矣。惟丹陽、宛陵，據許慎説有誤爾。《水經》“深水出桂陽盧聚”，注云：“盧聚山，在南平縣之南、九疑山東也。導源盧溪，西入營水。”又“湘水”篇：“營水出營陽泠道縣南山，西流逕九疑山下，又北都谿水注之，又西北流逕泠道縣，北與泠水合，水南出九疑山，北流注於都谿，又西北入於營水，又北注於湘。”按：南平，在今湖南桂陽州藍山縣東五里，是《水經》之“深水”及注之“營泠”並是瀟水矣。北流至甯遠城西南，縣北烏江水注之，所謂“深水”，北源者也。西北至於青口江。華縣東境，沲水出九疑山石城峰，北行逕其城東；其南境砅水出九疑山女英峰，北合於沲。又北至道州南，此《水經注》所謂“馮水出臨賀郡馮乘縣東北馮岡”。按：馮乘，在今廣西平樂府富川縣東北。永明縣西南掩水東北注之，此《水經注》所謂“萌渚嶠水五嶺”之第四嶺也。逕道州治，東北會於青口。又北，營水之源東來注之；又北，泠水之源東來注之。此下則深、營、泠三源同流。又北，至永州府東，紆折而南，迆北入於湘。

湘江又北，至高溪，應水西北來注之。《水經注》：“應水出邵陵縣，歷山東，南流逕有鼻墟，象所封也。”又北，東逕祁陽城南；又東北，氵乇水北來注之。《水經注》：“氵乇水出永昌縣北羅山。”按：晉永昌，在今祁陽縣西八十里。又東北，餘谿水北來注之；《水經注》：“水出西北邵陵郡邵陵縣東，東南注於湘。”又東迆北，衡州府常甯縣宜谿水南來注之。《水經注》：“宜谿水出湘東郡之新甯縣西南。”按：新甯，在今常甯縣西北三里。又東北，會於舂。

舂水，出於永州府新田縣西北之舂陵山，《漢志》“桂陽郡耒陽縣”下云：“舂山，舂水所出，北至酃入湖，過郡二，行七百八十里。”按：耒陽，今衡州府耒陽縣治，漢時舂山在其境。《水經注》：“舂水上承營陽舂陵縣西北潭山，又北逕新甯縣東，又西北注於湘。”東南流桂陽州，藍田、嘉禾二縣水西南來注之。又北，逕桂陽州西北境；又北，逕郴州永興縣西；又北，逕常甯縣東；又北，入於湘。

湘江又北至衡州府治衡陽縣城東北，隅烝水西來注之；《漢志》“長沙國承陽縣”注：“師古曰：承水，原出零陵永昌縣界，東流注湘。承，音蒸。”《水經注》：“承水出衡陽重安縣西邵陵縣界邪薑山東北，逕重安縣南，武水入焉，東至湘東臨承縣北，東注於湘。”按：重安，在今衡陽縣西南八十里。臨承，即今衡州府治。少北會於耒。

耒水，發源郴州桂陽縣東南，逕其城南，西北流《漢志》“桂陽邵郴縣”下云：“耒山，耒水所出，西至湘南入湖，項羽所立義帝都此。”《水經注》：“耒水發源汝城縣東烏龍白騎山西北，逕其縣北。”按：漢桂陽郡治郴，即今郴州治。汝城南齊縣，在今桂陽縣西南。桂東縣北，東桂水雙流合於城南；西南流，西桂水北來注之，西入於耒。西北逕興甯縣南，《水經注》：“又西北逕晉甯縣北。”按：晉甯晉縣，在今興甯縣南。又西黄水南來注之。《水經注》：“黄水出晉甯西黄岑山，則騎田之嶠、五嶺第二嶺也。北注於耒，謂之彬口。”又西逕郴州東北，左得温泉水。《水經注》：“温泉在彬縣西北，溉田，年可三登。”又北至永興縣南，迆西，《水經》：“又北過便縣之西。”按：便縣，今永興縣治。桂陽州水南來注之。《漢志》“桂陽縣”注：“應劭曰：桂水所出，東北入湘。”《水經》：“鍾水出桂陽南平縣都山北，過其縣東，又北過鍾亭，與灌水合。”注云：“即都龐之嶠、五嶺之第三嶺也。灌水，即桂水也。灌、桂，聲相近。”又北逕衡州府耒陽縣城東，又北迆西至耒口入於湘。

湘江東北至衡山縣，南過洣水。《水經》：“湘水又東北過陰山縣西，洣水從東南來注之。”按：陰山，晉縣，在今攸縣西北六十里。據“洣水”注，陰山爲西漢縣，而《漢志》長沙國無之。

洣水，出衡州府酃縣南、屏水山北，流逕其縣西，靈秋水南來會之。又北，沔渡河東南來注之。西北逕長沙府茶陵州治南，屈曲過其東北。《漢志》“長沙國茶陵縣下”云：“泥水西入湘，行七百里。”《水經》：“洣水出茶陵縣上鄉西北，過其縣西。”按：漢茶陵縣，在今茶陵州東。《水經注》：“水出江州安成郡廣興縣太平山，泉不常見，導源西北，流逕茶陵縣之南，屈而過其縣西北。”按：廣興，晉縣。在今江西吉安府永新縣西北八十里。西北至長沙府攸縣南，攸水東北來注之。《水經》：“又西北過攸縣南。”注：“攸水出東南安成郡安復縣封侯山西北，流逕其縣北，又西南流至茶陵縣，入於洣水。”按：攸，漢屬長沙國，即今攸縣治。安復，晉縣，隋訛“復”爲“福”，在今吉安府安福縣西六十里。又西，衡州府安仁縣永樂江東南來注之。《水經》：“又西北過陰山縣南。”注：“又西逕歷口縣，有歷水下注洣水。”按：歷口，未知何代縣，蓋在今安仁縣境。又西北入於湘。

湘江又北逕衡山縣東，又北，東過漉水。《水經》：“湘水又北過醴陵縣西，漉水從東南來注之。”按：醴陵，即今縣治。

漉水，有二源：南源出江西萍鄉縣東北萍川，逕城南西流；北源出長沙府瀏陽縣南界，南流。會於醴陵縣東雙江口，西逕城南，《水經》：“漉水出醴陵縣東漉山西，過其縣南。”注：“淥水東出安城鄉翁陵山。”余謂“漉”“淥”聲相近，後人藉便，以“淥”爲稱，雖“翁陵”名異，而即“麓”是同。又西鐵河南來注之。又西，至漉浦入於湘。《水經》：“屈從縣西，西北流，至漉浦注入於湘。”

湘江又北迆西，至湘潭縣南，過漣水。《水經注》：“湘水又北逕建甯縣。”按：建甯，晉縣，在今湘潭縣北。

漣水，出寶慶府治邵陽縣東北龍山，北流百餘里。湄水出安化縣南，北來注之。東至大江口，永豐、望嶽二河南來合而注之。又東，豆溪河東北來注之。又東，花橋河南來注之。又東，逕湘鄉縣南。《水經》：“漣水出連道縣西，資水之别。”注：“水出邵陵縣界，南逕連道縣，縣故城在湘鄉縣西百六十里，東逕衡陽湘鄉縣，南屈，逕其東。”按：邵陵，晉縣，即今邵陽縣治。湘鄉，東漢縣，即今湘鄉縣治。又東，至湘潭縣南，飛羊水西南來注之。東入於湘。《水經》：“東北過湘南縣南，又東北至臨湘縣西南，東入於湘。”按：湘南，漢縣，在今湘潭縣西六十里。臨湘，漢縣，即今長沙府治也。

湘江又北逕湘潭縣東，又北至長沙府城西北隅，過瀏水。《水經》："湘水又北過臨湘縣，西瀏水從縣西北流注之。"

瀏水，出瀏陽縣東，有二源，北曰大溪，南曰小溪，西流合於雙江口，西逕縣城南，又西至長沙府城北入於湘。《水經》："瀏水出臨湘東南瀏陽縣西北，過其縣東北與撈水合，西入於湘。"按：瀏陽，晉縣，在今瀏陽縣東。今撈水自入於湘，不合瀏水也。

湘江又北，撈溪東來注之；又西北，潙水西南來注之。《水經》："湘水又北，潙水從西南來注之。"潙出甯鄉縣西百四十里大潙山，逕其城南，東北出潙口今曰靖港。入湘。《水經注》："潙水出益陽縣馬頭山，東逕新陽縣南，又東入臨湘縣，歷潙口戍，東南注湘。"按：益陽，漢縣，在今益陽縣東八十里。新陽，蓋亦漢縣，《志》闕，晉改曰"新康"，在今甯鄉縣西十里。又北，至喬口，在長沙西北九十里。資江自益陽縣東分流注之。又北，逕湘陰縣城西；又北，左過臨資口，今俗謂此爲蘆陵潭，入口三十里有内口，爲林子口也。會於資。《水經注》："湘口左岸有高口，水出益陽縣西北，逕高口戍南，又西北，上鼻水自鼻州上口受湘西入焉，謂之上鼻浦。高水西北與下鼻浦合，水自鼻洲下口首受湘川，西通高水，謂之下鼻口。高水又西北，右屈爲陵子潭，東北流注湘，爲陵子口。湘水自高口戍東，又北，右逕鼻洲左，合上鼻口；又北，右對下鼻口；又北，得陵子口。"按：高口，即今喬口。聲、形俱相近，未知其孰誤？臨資者，以臨資水而名。《水經》謂"資合沅"，不謂此爲資水，故字作"陵子"，别有作"林子"者，未知何據？

資江，出寶慶府武岡州西南，逕其州南，《漢志》"零陵郡都梁侯國"下云："路山，資水所出，東北至益陽入沅，過郡二，行千八百里。"《水經》："資水出零陵都梁縣路山。"注："資水出武陵郡無陽縣界唐糺山，蓋路山之别名，東北逕邵陵郡武岡縣南，又逕建興縣南，又逕都梁縣南。"按：都梁，漢縣，在今武岡州東北。無陽，晉縣，在今沅州府芷江縣東南。武岡，南宋縣，即今州治。建興，晉縣，亦在武岡州東北。東流新甯縣，夫夷水西南來注之。《水經》："東北過夫夷縣。"注："夫水出縣西南零陵縣界少延山，東北流逕扶陽南，又東注邵陵水。"按：夫夷，漢縣，在今新甯縣東北。扶陽，即漢夫夷也。又東北，爲邵陵水、武岡州北諸水西來注之。《水經注》："高平水出武陵郡沅陵縣首望山，西南逕高平縣南，又東入邵陵縣界，南入於邵陵水。"按：沅陵，漢縣，在今辰州府沅陵縣西南。高平，晉縣，在今寶慶府新化縣西南一百里。又東北，至寶慶府治邵陽縣城北，雲泉水數源會爲一谿南來注之。《水經》："資水又東北過邵陵縣之北。"注："邵陵水又東會雲泉水，水出零陵永昌縣雲泉山，西北流逕邵陽南，北注邵陵水。"按：永昌，晉縣，在今永州府祁陽縣西八十里。又北逕新化縣治東北；又西北過渠江，《水經注》："自下東北，出益陽縣，其逕流山峽，名之爲茱萸江，蓋水變名也。"又東北過敷溪。敷溪出長沙府安化縣，西逕城東南，北流注之。又東，逕長沙府益陽縣南。又東，分二派，東南支水由喬口入湘，東北幹水又分爲二：正幹東流，由臨資口入湘；支水西北逕沅江縣東北入湖。《水經》："又東北過益陽縣北。"注："茱萸江又東逕益陽縣北，又謂之資水。應劭曰：'縣在益水之陽。'今無益水，亦或資水之殊目矣。"按：益陽，漢縣，屬長沙國，在今益陽縣東八十里。《水經》："又東與沅水合於湖中，東北入於江也。"注："湖，即洞庭湖也，所入之處謂之益陽江口。"

湘江又西北過汨羅，今謂之沈沙港。

汨羅，出平江縣東南，屈曲環其城，而西北楊梅水東北來注之。又西，黄谷水東北來注之；又西北，逕汨羅山南入於湘。《漢志》："長沙國羅縣，師古曰：盛宏之《荆州記》云：'縣北帶汨水，水源出豫章艾縣界，西流注湘。沿汨西北去縣三十里爲屈潭，屈原自沈處。'"《水經》："湘水又北過羅縣西，潰水從東來流注之。潰水出豫章艾縣西，過長沙羅縣西，又西至磊石山入於湘。"按：羅縣，在今湘陰縣東北六十里。艾，西漢縣。豫章郡，在今江西南昌府義甯州西。《荆州記》之"汨水"即《水經》之"潰水"矣。蓋所謂"水之變名"者，酈氏歧"潰"與"汨羅"爲二水，所未詳也。

湘水又東北四十里逕磊石山西，《水經注》："湘水自汨羅口西北，逕磊石山西，而北對青草湖。"又東北六十里逕鹿角山西。《水經注》："湘水左逕鹿角山東，右逕謹亭戍西，又北得萬石浦。"按：湘水實右逕鹿角山西，左逕謹亭戍東，酈氏互誤。謹亭戍，蓋即今陡沙坡矣。又東北二十里過金波港，新牆河水東來注之。《水經》："又北過下雋縣西，微水從東來流注之。"注："湘水左則沅水注之，謂之横房口；東對微湖，世或謂之麋湖；右屬微水。湘水又北逕金浦戍北帶。金浦，水湖溠也。”又北十里，至布袋口入於大江。《水經》：“又北至巴邱山入於江。”大江由虎渡河而南，挾澧、沅而東過之也。“導江”所云“過九江”，過此湘江之委輸也。

〔雲夢〕

雲、夢，二澤名，跨江南、北。江北爲“雲”，《左傳·定四年》“楚子涉睢濟江，入於雲中”是也。江南爲“夢”，《宣四年》“邧夫人使棄諸夢中”、《昭三年》“王以田江南之夢”是也。今湖南澧州之安鄉、岳州府之華容湖北、荆州府之公安、石首等縣地介江、沱今虎渡河過澧者爲江，荆江爲沱也。之間者，皆雲澤。今公安、安鄉之江西南地及洞庭一湖，皆夢澤也。《漢志》“南郡華容縣”下云“雲、夢澤在南荆州藪”是也。漢華容縣在今荆州府監利縣西北，在今華容縣北。今縣在荆江之南、大江之北，漢縣在荆江之北，則雲澤、夢澤皆在南也。《水經》曰“雲、夢澤在南郡華容縣之東”，未若《漢志》“之南”爲確矣。經曰“雲土夢作乂”，故知其地南高而北下也。沈括《夢溪筆談》云：“石經倒‘土夢’字，唐太宗得古本《尚書》乃‘雲土夢作乂’，詔改從古本。”是古本“雲夢”本離而爲二也。《周禮·職方》“荆州澤藪曰雲曹”，《爾雅》“十藪”楚有雲夢，以及《吕覽》《鴻烈》《戰國策》諸書，雖“雲夢”連文，亦以其跨江相比合而爲稱，非謂其爲一澤。可省文藉便，或“雲”或“夢”，且以兼包勢廣、隨處存名也。後世之言“雲夢”者有二惑焉：一曰“雲夢”之名，單稱、合稱，江南、江北無辨也；一曰“雲夢”跨川亘隰，江南、江北隨處存名也。自史遷有“雲夢土爲治”之訓，《集解》本如此，《索隱》作“雲土夢”。《漢志》因之曰“雲夢土作乂”，而人幾疑古經爲誤倒者。“雲夢”混爲一稱，蓋有自矣。《路史餘論》：“論者不知，既以‘雲夢’爲一澤，復謂古經乃‘雲夢土作乂’者，非也。”杜注“夢中”云“夢澤名。江夏安陸縣城東南有雲夢城”，注“江南之夢”云“楚之雲夢，跨江南、北”，注“雲中”云“入雲夢澤中，所謂江南之夢”。杜蓋惑於“濟江入雲”之文，故云“江南”也。《楊升庵集》“王以田江南之夢”注：“楚之雲夢，跨江南北地，故有南夢、有北夢。五代孫光憲號‘北夢’本此。”而胡氏《禹貢錐指》亦遂據杜意，謂“雲”可該“夢”、“夢”亦可該“雲”，南雲、北夢，單稱、合稱，無所不可。且以孔穎達、司馬貞、沈括、羅泌、易祓、郭思、鄭樵、洪邁、洪興祖諸人不應棄古注而爲之辨，而唐太宗之改爲多事。此一惑也。自司馬相如《子虛賦》言“雲夢方九百里”，而“雲夢”始無定處矣。《漢志》“南郡編縣”下云“有雲夢宫”，“江夏郡西陵縣”下云“有雲夢宫”。編縣，在今湖北荆門州西，在荆州府北，又百數十里荆州爲楚郢都，是楚都乃在雲夢澤中邪？西陵縣，據《水經注》在今武昌府大冶縣境之黄石港，在黄州府黄岡縣東南百里。則“雲夢”不惟跨大江之北，而跨荆江之北，且吞漢水而東之又幾三百里矣。揆之“華容雲夢在南”之説，抑何自爲方鑿而圓枘也？《水經注》“沔水”篇云“雲杜縣東北有雲夢城”，“夏水”篇杜預曰“枝江縣、安陸縣有雲夢”，《史記索隱》“韋昭曰：雲土今爲縣”，《地理志》云“江夏有雲杜縣”，是其地。漢雲杜縣在今漢陽府沔陽州西北，漢安陸縣即今德安府安陸縣治，而隋人又分置雲夢縣，是雲夢不惟跨江南、北，且越漢水而北又百數十里矣。況復上自枝江、下逮大冶，又已緜亘千數百里，豈特方八九百里之説哉？不知子虛烏有，本屬浮夸，奈何尤而效之，又有甚焉！而羅氏《路史》乃引《春秋・文耀鉤》云：“大别以東，至富春、九江、衡山，皆雲夢也。”得不驚怖其言，若河、漢之無極耶！此又一惑也。推原其故，皆緣知“雲夢”跨江南、北，而不知江之惡在，謬以荆江之沱爲禹迹之大江也。禹迹之大江所謂“又東至於澧”者，今謂之虎渡河矣。雲澤者，在虎渡江之北而荆江之南。吴入郢，楚子蒼黄涉睢，睢水在郢西龍洲之北，荆江在龍洲之南，由睢入雲，故須濟江。濟江者，濟荆江而南，非濟大江而南也。胡氏知“涉江”爲“南渡”，而不知其爲荆江之南，仍在大江之北也。此江北爲“雲”、江南爲“夢”，徵經據傳，爲不刊之論也。昔者杜氏嘗都督荆州，乃亦習焉不察，不知荆江之爲沱，豈《禹貢》“又東至澧”之文而竟忘之邪？羅氏引沈立云“雲即今之玉沙、宋縣，在今沔陽州東南。監利、宋縣，即今治。景陵宋縣，即安陸府天門縣治。等縣。夢即今之公安、石首、建甯宋縣，在石首縣東南七十里。等縣”，亦據荆江爲南、北言之也。知雲澤在江、沱六百里之間，而夢澤亦可得而定矣，又豈孔疏“雲夢一澤，每處有名”之謂哉！

卷十一　雜説三

〔洞庭〕

洞庭者，雲夢之下游淵藪也。《山海經》："洞庭之山，帝之二女居之。"郭景純注："君山有地道，潛通吴之包山。"按：包山，一名洞庭山，在吴、越太湖中，君山有地道與相通，故亦曰"洞庭山"，湖因以名焉。《戰國策》谓之"洞庭五渚"，蓋以澧、沅、資、湘會於江而納厥稱。湖在數水之間，資水入湘在洞庭之南，北行出其東；沅水入江在洞庭之西，東行逕其北，少迆而南，湘水入焉。夏漲則江、湖混茫，冬涸則洞庭爲陸。郭景純注《爾雅》"十藪"謂之"巴邱湖"，而徑以之當雲夢隘矣。《水經注》："震澤苞山有洞室，北通瑯邪東武縣，謂之洞庭。旁有青山，一名夏架山，有洞穴潛通洞庭山。"

〔三苗〕

《戰國策》云："三苗之國，左洞庭，右彭蠡，禹征之。"《水經注》："沔水"篇。"《吴地記》曰：'左洞庭，右彭蠡。'以太湖之洞庭對彭蠡，謂宫亭湖也，即鄱陽下游。則左、右可知也。"太湖在東，故以爲左；鄱陽在西，故以爲右。若湘江洞庭，不可謂左矣。余按：二湖俱以洞庭爲目者，亦分左右也，但以趣矚爲方爾。即據三苗，宜以湘江爲正。《史記正義》："吴起云'左洞庭，右彭蠡。以天子在北，故洞庭在西爲左，謂湘江洞庭。彭蠡在東爲右也'，又云'今江州、鄂州、岳州，三苗之地也'。"《通典》云"潭州、岳州、衡州，皆古三苗地"，朱子謂"岳州、武昌、九江，皆其地”。《路史》：“三苗帝鴻後釐姓國。周景式云‘柴桑、彭澤之間，古三苗國。負固而亡’者，今衡岳潭之境。”今按：洞庭自以湘江爲正，若據漢人“鄱陽爲彭蠡”之説，則是湖南之長沙、岳州，湖北之武昌，江西之瑞州、南昌、南康、九江等府，皆三苗地矣。昔者禹會諸侯，玉帛萬國，其時兼并之禍未起，豈有一國據地如此其大者？則亦“鄱陽爲彭蠡”之説之遺誤也。夫所謂洞庭、彭蠡左右者，亦不過巴邱、梁子二湖之間爾。梁子爲彭蠡。説見前。以是而言，則其地止於武昌、岳州二府之交，不爲小矣。昔杜元凱長於地學，於三苗之國猶闕其所在，蓋其慎也。於此益見匯澤之在梁子也。

〔東陵〕

東陵之説有二：一曰東陵鄉，漢廬江郡尋陽縣地，其陵蓋即今黄州府廣濟縣南龍坪山也，龍坪、東陵，聲相近，後人藉便爲稱爾；一曰巴陵，漢長沙國下雋縣地，今岳州府治巴陵縣也。二者孰從？曰：視九江之説爲從違。謂九江爲湘江者，則曰東陵爲巴陵；謂九江在尋陽者，則曰東陵在東陵鄉。今九江主湘江，則東陵主巴陵矣。或曰：《水經》“九江地在長沙下雋縣西北”，是主湘江矣，而乃曰“東陵地在廬江金蘭縣西北”。《漢志》“廬江郡”自注云“金蘭西北有東陵鄉”，而屬縣十二無金蘭縣，豈初置而後省入尋陽？抑或東漢分尋陽置而《志》逸之？其地當在今黄梅縣西南。“九江主湘江”之説，《山海經》外，以《水經》爲最古。而謂東陵在廬江，奚爲其不可從也？曰：下文“會匯”，會漢水入江之所匯也。東陵必在會漢上游，越會漢而求東陵，遠矣，且“東迆北會于匯”。若如其言，則鄱陽湖爲匯。自龍坪至湖口，皆正東嚮，何迆北之有？故言九江，則《水經》爲得；言東陵，則《水經》失之。巴陵何以爲東陵？曾氏彦和曰：“巴陵與夷陵相爲東、西，夷陵爲西陵，《漢志》“南郡夷陵縣”：“應劭曰：夷山在西北。”按：夷陵，即西陵峡，爲三峡之一。《三國志》“吴西陵督步闡叛降晉”，是漢夷陵縣三國時亦稱西陵也。其治在今湖北宜昌府東湖縣東。則巴陵爲東陵可知。”今按：巴陵之名起於《山海經》《淮南子》“羿屠巴蛇”之説，孫吴時始爲巴邱邸閣，古無是稱，謂之東陵而已。廬江亦有東陵，何也?《水經》：“江水又東過下雉縣北，利水從東陵西南注之。”注云：“水出廬江郡之東陵鄉。”江夏有西陵縣，據酈注，漢西陵縣在今武昌府大冶縣境黄石港。故是言東矣。《尚書》云“江水過九江至于東陵”者也，其西陵蓋即大冶縣之西塞山。酈前注云：“黄石山，一名石茨圻。有西陵縣，山連延江側，東山偏高，謂之西塞。”

〔東迆北〕

洞庭湖，東西百八十里，東爲巴陵，大江過洞庭至此東流而斜北五百餘里，至黄岡界之沙武口與漢水會，始折而東，南經所謂“至于東陵，東迆北會于匯”者也。今考大江自岳州府北門港東北，十五。右逕城陵磯，荆江之沱西北來還入之。《水經》：“江之右岸有城陵山，山有故城，東接微落山，亦曰暉落磯。”又八里。右逕擂鼓臺蓋即暉落磯。又七里。逕象骨港。《水經注》：“又東逕彭城口，水東有彭城磯，故水受其名，即玉澗，水出巴邱縣東玉山玉谿，北流注於江。”又十里。右逕道人磯，左逕白螺磯。又十五。右逕臨湘縣西北臨湘磯，左逕楊林磯。又十二。右逕魚磯，《水經注》：“自彭城磯，東逕如山北，北對隱磯。二磯之間，有獨石孤立大江中。山東江浦，世謂之白馬口。”又三里。右逕鴨闌磯，左逕螺山。《水經注》：“左逕白嬴山南，右歷鴨蘭磯北，江中山也。東得鴨蘭、治浦二口，夏浦也。”按：鴨蘭螺山，今久淤，屬兩岸，非復在江中矣。又三十。右逕乜洲，東爲湖北嘉魚縣界，西爲湖南臨湘縣界。又十里。左逕新閘口。舊有河西入，今爲浮梁洲所塞。又五里。逕新堤鎮，又十五。右逕烏口，黄蓋湖入之。又十五。左逕腰口，右逕石頭關。《水經注》：“江水左逕上烏林南，村居地名也。又東逕烏黎口，江浦也，即中烏林。又東逕下烏林南，吴黄蓋敗魏武於烏林即是處。”又十五。右逕舊陸口，通城、崇陽、蒲圻三縣水北流入之。上三里有新陸口，舊口北岸有寶塔洲。《水經注》：“江水又東，左得子練口，北通練浦。又東合練口，江浦也。南直練洲，練名所以生也。江之右岸得蒲磯口，即陸口也，水出下雋縣西三山谿，東逕陸城北，又東逕下雋縣南，又屈而西北流逕其縣北，又入蒲圻縣，又北逕吕蒙城西，又逕蒲圻山北入江，謂之刀環口。”按：練洲，蓋即寶塔洲，有上、下二口，相距十二里。陸口東十五。左逕龍口，又十五。右逕石磯頭，《水經注》：“又東逕蒲圻山北，北對蒲圻洲，亦曰擎洲，又曰南洲，洲頭即蒲圻縣治也。洲上有白面洲，‘洲’當作‘山’。洲南又有湶口，水出豫章艾縣，東入蒲圻縣，至沙陽西北魚岳山入江，山在大江中、揚子洲南。”按：蒲圻，晉縣，長沙郡，在今嘉魚縣西南。今蒲圻縣治爲隋縣也。又東北十五。逕武昌府嘉魚縣北。《水經注》：“又東得白沙口，一名沙屯，即麻屯口也，本名蔑默口，江浦矣。南直蒲圻洲，水北入百餘里，吴所屯也。又逕魚岳山北，下得金梁洲，洲東北對淵洲，一名淵步洲，江瀆從洲頭以上悉壁立無岸，歷蒲圻至白沙方有浦，上甚難。江中有沙陽洲，沙陽縣治也。縣本江夏之沙羨矣，晉太康中改曰沙陽。”按：漢沙羨，詳圖内漢口鎮。自嘉魚西南，七里。江心有洲，江分爲二。又東北，三十五里。右逕魚碼頭而江合爲一。洲長四十餘里，蓋古金梁、淵步、沙陽三洲聯屬爲一。《水經注》：“江之右岸有雍口，東北流爲長洋港，又東北逕石子岡，岡上有故城，即州陵縣之故城也，莊辛所言左州侯國矣。又東逕州陵新治，南港水東南流注於江，謂之洋口。南對龍穴洲，沙陽洲之下尾也。洲裏有駕部口，宋景平二年迎文帝於江陵，法駕頓此，因以爲名。車駕發江陵至此，黑龍躍出，負帝所乘舟，故有龍穴之名焉。”又北，四十五里。右逕上沙洑南；又西，十五。右逕簰州鎮；又五里。左逕新灘口。西南至沔陽州一百三四十里，由沔陽達漢水。又西折而北，十五。左逕水洪口；又東北，二十五里。左逕鄧家口。又南，二十五里。右逕上沙洑北；又北，二十二里。右逕赤磯。又北三里許，左岸有紗帽山。《水經注》：“江水左逕百人山南，右逕赤壁山北，昔周瑜與黄蓋詐魏武大軍處所也。”按：百人，蓋即俗稱紗帽山。赤壁，説見後。又東北，八里。右過金口，一曰塗口。咸甯縣斧頭湖北流入之；左至大軍山。《水經注》：“又東逕大軍山東，有山屯、夏浦，江水左池也。江中有石浮出，謂之節度石。右則塗水注之，水出江州武昌郡武昌縣金山西北，流逕故汝南僑郡故城南。咸和中，寇難南迫，户口南渡，因置斯郡治於塗口。塗水歷縣西，又西北流注於江。”又十五。逕小軍山，《水經注》：“又東逕小軍山，南臨側江津，東有小軍浦。”又八里。右逕合寶山。《水經注》：“又東逕雞翅山北，山東即土城浦也。”又七里。左逕沌口，漢水分派過赤野湖西來入之。《水經注》："沌水上承沔陽縣之太白湖，東南流爲沌水，逕沌陽縣南注於江，謂之沌口。又東逕歎父山，南對歎洲，又曰歎步。"又二十。過鸚鵡洲，《水經注》："江之右岸當鸚鵡洲，南有浦口，江水右迆，謂之驛渚，三月之末，下通樊口水。"按：鸚鵡洲舊在江中，明初沙壅連屬北岸，崇禎間衝決無存。今北岸猶納兹名，則以禰衡一賦而永其傳爾。驛渚下通樊口水，恐係傳聞異辭。又十里。左過漢陽府治漢陽縣，南至於龜山；《水經注》："又東逕魯山南，古翼際山也，山左即沔水口矣。"右逕鲇魚套黄鵠磯，過湖廣省治武昌府江夏縣城西北。《水經注》："江之右岸有船官浦，歷黄鵠磯西而南矣，直鸚鵡洲之下尾。"又東北過漢口，此爲古時夏口。説見前。漢水東入於江。《水經注》："沔左有卻月城，故曲陵縣也，後乃沙羨縣治。"按：即今漢口鎮。説見圖中。又東三十五里。過沙武口，凡東迆北行四百九十五里，又折而東南二十里，爲古漢水觸大别入江處。不惟漢觸而南，江亦觸之而迆東南矣。

〔敷淺原四則〕

敷淺原，在今江西九江府德安縣境，《孔傳》一名傅陽山，在揚州豫章界。此以山爲言者也。《漢志》"豫章郡歷陵縣"下云："傅易山，傅易川在南，古文以爲傅淺原。"此兼山、川爲言者也。《寰宇記》曰："敷淺水碧色清泠，長流不息，源接瑞昌及鄂州永興縣界，屈曲流二百餘里方至縣南，三時通舟楫，冬月僅容小舠。"《路史》："《水經》云：敷淺原，地在豫章，歷陵縣西南。"今本《水經》"西"下脱"南"字。《水經》所載《禹貢》山、水、澤、地凡六十，山指名曰山，水指名曰水，而稱地者四：流沙、九江、東陵、敷淺原也。孔、顔以爲"山"者，異矣。今崇陽之西崇陽，宋縣，即今湖北武昌府崇陽縣治。西，蓋"東"之訛也。二百二十有雲溪山，蓋即望敷山。峭峻清流，界道如帶，即所謂敷淺原也，非博陽山。此專以川爲言者也。按：古昔山川相依爲名者衆矣，有敷淺之水，何必無傅易之山？惟山之在北、在南、在西，其説又自不一。《漢志》"傅易山，傅易川在南"，則山在水北。《通典》"蒲塘驛前有敷淺原，西數十里即博陽山”，則山在水西。《路史》以今縣南十三里有陽居山，舊經依固以爲敷淺原名博陽山，縣境惟有一水流入大江，人謂傅陽川，乃在此山東北，與《志》不合，則山又在水南矣。按：《尋陽志》：“博陽山在德安縣南十三里，望夫山在德安縣西北十五，高一百丈，謂升此望敷陽也。邑人或謂縣古有敷淺原，登此可以望之，故名望敷。”今山下近村猶以“敷内”“敷外”爲名。據此則山在水南者爲傅易山。《漢志》“傅易川在南”者，誤也。《通典》“西數十里者，蓋望敷爾”，以爲即博陽者，又誤也。

《集傳》“敷淺原”，晁氏以爲在鄱陽，非是。江州德安雖爲近之，然所謂“敷淺原”者，其山甚小而卑，亦未見其爲在所表見者。惟廬阜在大江、彭蠡之交，最高且大，宜所當。紀志者而皆無考據，恐山川之名，古今或異，傳者未必得其真也。今按：《禹貢》“導川”導其水之下而大者注之海，所謂“決九川距四海”者也；“導山”導其水之高而小者注之川，所謂“濬畎澮距川”者也。山非可導，導山亦導川也。故導川必究其委，“入于海”、“入于河”是也。導山不究其竟，“至于荆山”、“至于大别”是也。山至於盡，則無川之可導矣。蓋“敷淺”者，水名也。“原”也者，敷淺水之所自出，因以名其山。《尋陽志》所謂“望敷在德安縣西數十里”者也，在廬阜之西，較廬阜爲卑小矣。紀敷淺原而不紀廬阜者，導川之事竟於敷淺原，廬阜者亦敷淺原之脈所發育，山雖峻極，而岷山湘東之脈至是大盡，無與於導川之事，故非所及也。若以廬阜爲敷淺原，則又失之。傅易山者，亦以敷淺水受名。惟卑小已甚，非敷淺水所出，亦不得以是當敷淺原也。或有以“原”爲“平原”者，亦非也。導山，則循山脈矣。

敷淺水東南流入豫章江，在脩水之下、餘水之上。敷淺雖無大源，然二百餘里而大於淦，亦廬繚之亞匹矣。《漢志》言“傅易川”而不納於“湖漢九水”之列，《水經注》遺之而不在“豫章十川”之中。然則“湖漢九水”乃漢人截趾適屨之説，烏在其爲“九江”也？

《漢志》：“傅易，師古曰：傅，讀曰敷。”《正義》引《地理志》

作“博陽”，杜佑亦曰“博陽山”。而歷陵縣莽曰蒲亭，蓋歷陵爲春秋楚之東鄙，地曰蒲塘，故更曰蒲亭也。《路史》、新、舊《尋陽録》記顔魯公過蒲塘驛，辨土俗所呼蒲淺水，“蒲”“敷”音之轉；南有博陽山，土人呼爲濮陽山，“濮”“博”亦音之訛。今按：《春秋》“薄姑”亦作“蒲姑”，皆形、音相近而通。不惟“傅”有“敷”音，“蒲”“敷”音近，即“博”“薄”亦從“甫”受音，故古音讀若“補”。“傅”之爲“博”，其始亦以音、形相近而誤。至晉末而音始亂，至南北朝而音始分，至唐人而音愈遠矣。淺，《史記集解》徐廣曰“淺，一作滅”。

〔沱〕

《爾雅》“水自江出爲沱”，蓋不惟尾入江，必其首受江水乃爲沱也。《禹貢》“導江”云“東别爲沱”，梁州、荆州皆曰“沱潛既道”。潛，《史記》作“涔”。《漢志》“蜀郡汶江縣”下云：“江沱在西南，東入江。”“郫縣”下云：“《禹貢》‘江沱在西，東入大江’。”《水經》：“益州沱水在蜀郡汶江縣西南，其一在郫縣西南，皆還入江。”見《禹貢》“山水澤地”。注：“江水又東别爲沱，開明之所鑿也。”郭景純所謂“玉壘”，山名。作東别之標者也。按：汶江，在今四川茂州北五十里。郫，即今成都府郫縣治。此皆言梁州之沱者也。《漢志》“南郡枝江縣”下云：“江沱出西，東入江。師古曰：沱即江别出者也。”《水經》：“荆州沱水在南郡枝江縣注江水，又東逕上明城北，晉太元中，苻堅寇荆州，刺史桓沖徙州治此，在今松滋縣西一里。其地夷敞，北據大江，江汜枝分，東入大江。縣治洲上，故以枝江爲稱。”盛宏之曰：“縣治沮中，後移出百里，洲西去郡百六十里。”按：今里稱百有二十。《地理志》曰“江沱出西，東入江”是也。按：枝江，在今湖北荆州府枝江縣東、松滋縣西。此皆言荆州之沱者也。

〔梁州沱〕

《漢志》汶江之“沱”，指汶水而言。《水經注》云：“汶出徼外崏山西崏即岷。玉輪阪下。”按：此水尾雖入江首，非出江，是不爲沱也。郫縣之沱，分派不一，然皆首尾不越數十百里，恐亦不足以當梁州之沱。《水經》之云，亦沿襲《漢志》而爲之，未有所論正也。按：今成都府灌縣治南，江水分派，夾崇甯、彭、新繁、新都、金堂諸縣而東行，雒水、緜水合流北來注之；南逕簡州治東，又南逕資州資陽治東，又南逕資州治東，又南逕内江治北，又西南逕敍州府富順縣南，又東南至瀘州治北，南入大江，首受江、尾入江約七八百里。此非所謂梁州之沱與？乃《水經》云“江水又東過江陽縣南，雒水東過廣魏雒縣南雒縣，即今成都府漢州治。東南注之”，注云“江陽縣枕帶雙流、據江雒會也”。江陽即今瀘州治，是經、注通以此水爲雒水。然酈云“湔水出緜道”，亦曰“緜虒縣之玉壘山下注江”，緜虒在今茂州汶川縣西，在灌縣西北。酈又云“雒水又與湔合亦謂之郫江也”，湔在灌縣西北入江，雒在灌縣東即在江東。而與湔通，是達江通之也，是雒受江水矣。首受江而尾入江，迄今猶有謂之沱者。雒與緜皆入沱之水爾，何經、注皆以雒爲目而沱僅屬之郫邪？然則郭景純所稱“玉壘作東別之標”者，蓋謂湔出玉壘，入江、出江受江水，納緜、雒而南，復入於江，爲東別之沱，故云“玉壘作東別之標”也。是爲得之，與經、注之旨殊趣矣。

〔荆州沱二則〕

玩《水經》及注，是漢、魏人所謂“荆州之沱”，皆指百里洲所界劃爲南、北者而言，不知此亦不足以當“荆州之沱”也。若乃荆州江、沱之分，在漢時猶當上起松滋之采穴，下盡於巴陵之三江口，上、下凡六百餘里。酈注江陵縣西有枚回洲，江水自此兩分而爲南、北江。南江即采穴，流逕公安安鄉，以至於巴陵者也。今采穴雖塞，下游有虎渡口是也。北江則今荆江也。酈氏知江之分爲南、北，而不知南、北即江、沱之分，可謂知二五而不知一十者矣。詳玩經、注，於南、北兩江所逕之地，牽混而成一貫。經於北江有江陵、華容之可徵，於南江有油口、澧、沅、資、湘之可據。注敘北江獨詳曰“北江有故鄉洲”及故楚中夏、江曲、涌水、陽岐、子夏、石首諸名可以證印其處，中間羼入孱陵、公安景口、渝口二節，實爲南江所經。敘北江而以會湘水爲結尾，敘南江而以通澧爲歸宿，兩地蒙雜，殊覺齟齬難通，疑其有脱句錯簡也。抑酈注又有殊不可解者：經云“至長沙下雋縣北，澧水、沅水、資水合，東流注之”，謂“注江”也。而酈乃云“凡此諸水皆注於洞庭之陂”，是乃湘水非江川。又澧、沅二水，經皆云“入於江”，而酈必曰“注於洞庭”，是酈止知北江之爲江，不復知南江之爲江矣。然則向所謂“南江”者，其委輪安在也？經曰“湘水北至巴邱山入於江”，而酈曰“巴陵西對長洲，其洲南分湘、浦，北居大江，湘水東北入於大江，謂之江會也”，不知“湘至巴邱北入江”者，入南江也，迄今未之有改也，及過巴邱而東迆，北至三江口與北江會矣。故古謂之“江水會會”也者，與江陵西之兩分相待成文，非謂湘水入江爲江會也。酈云“湘水東北入於大江”，乃南江會於北江爾。然則酈於南、北江實亦未能了然心目而自暢其説，又烏能辨其爲江爲沱也？

〔虎渡大江經流〕

荆江、虎渡，孰江？孰沱？曰：虎渡者，江之經流，經所謂“又東至于澧”者也。然則荆江，沱也。《家語》云：“江至江津在江陵沙市南。非方舟避風不可涉。”蓋勢本滈汗，迨後大江日益壅遏，沱江日益震刷，沱遂受江之名，而江之經流衹如塍庶。在昔蓋有畀以沱名者，今公安東南江干澳滉之處有地名沱，孔所由來舊矣。

采穴，爲古昔大江之經流，不知塞於何代。采穴之口壅閉於上，斯虎渡之口宣洩於下，流之移而東者六十餘里，又在隋、唐而後矣。虎渡，舊傳以漢時郡守法雄有惠政，虎渡江去而名。按：《後漢書·雄傳》有“虎害消息”事，無“虎渡河”語。南北朝時，南江亦尚無“虎渡”之名。宋乾道七年，荆湖北路漕臣李燾脩虎渡堤，蓋取雄事迹而參以《劉昆傳》“虎負子渡河”、《宋均傳》“虎東遊度江”之意以立斯名矣。以今所逕言之，荆州府治西南二十。虎渡河口南流，五十。右逕孱陵驛。《水經注》：“江水又逕南平郡孱陵縣之樂鄉城北，吴陸抗所築，後王濬攻之，獲吴水軍督陸景於此渚也。”按：孱陵，漢縣，隸武陵郡。《地理志今釋》云：“在今公安縣南。”觀下文“又東南右合油口”，則縣在今公安北，“南”字蓋誤。樂鄉城，在今松滋東六七十里，陸抗與晉羊祜相拒屯此，蓋采穴舊江之所經也。又南二十。左逕黄金口，江分爲二：東爲淪水，東南由孟達河逕黄山東，過今華容縣之九都西，東南還入于江爲淪口；西爲經流。自黄金口又南三十。左逕沱孔，又西南五里。右逕公安縣東南港口，有港口關。是爲油口，油水西來注之。《水經》：“又東南油水從西南來注之。”注：“又東右合油口，又東逕公安縣北。劉備之奔江陵使築而鎮之，曹公聞孫權以荆州借備，臨書落筆，杜預克定江南，罷華容，置之，謂之江安縣南郡治。吴以華容之南鄉爲南郡，晉太康元年改曰南平也。”按：此江自虎渡至安鄉凡三百餘里皆正南鄉，酈所云“東”皆“南”也。公安，當在今縣南，《地理志今釋》云“在今治東北”，恐不然矣。又南五十。曰四水口，《水經注》：“油水東有景口，口即武陵郡界景口，東有淪口，淪水南與景水合，又東通澧水及諸陂湖，自此淵、潭相接，悉是南蠻府屯也，故側江有大城相承，云倉儲城，即邸閣也。”西南分派曰瓦窑河，北爲湖北公安界，南爲湖南澧州界。逕津市會於澧。四水口又南爲景水，即大江經流四十五里。左逕焦圻，又南二十。爲大河口，又分爲二：經流爲大河，東南約六十里。至傅家磯，澧水、沅水合流注之，《水經》：“又東至長沙下雋縣北，澧水、資水合東流注之。”注：“凡此諸水皆注于洞庭之陂，是乃湘水，非江川。”按：資水别入湘水，經以爲合澧、沅入江，誤也。酈謂“此非江川”，亦誤。説俱見前。又東北十五。左過淪口，今俗名柳子港。又十五。逕明山南，又十五。過螺洲，又十五。逕鼓樓山南烏龜套，又三十。逕雞子山南，又東南六十。左至君山，又三十。爲布袋口，湘江南來入之，經所謂“過九江”者也；《水經》：“湘水從南來注之。”支流自大河口西折而南屈曲，二十五里。逕張九台會於澧，又東南九十五里。俗曰北鴐口會沅水，東北四十五里。逕傅家磯入於大江。水漲爲赤沙湖，又東爲洞庭湖，東西一百八十里，會歸於布袋口。大江自布袋口又東北三十。至岳州府治巴陵縣北，經所云“過九江，至于東陵”者也；又東迆北十五。逕城陵山北，荆江西北來還入之，謂之三江口。《水經注》：“江水右會湘水。”所謂“江水會”者也，酈氏之誤。説已見前。自虎渡口至此凡五百二十有五里，自虎渡口至洞庭凡三四百里，其江面寬者里許，狹或數十步，而兩岸圩、堤相屬，陂、澤、港、汊無算，曾無岡陵脊脈隆起其間者，在昔酈氏已云“淪、景通澧，陂湖相接，悉是南蠻府屯”，又云“涔坪屯田數千頃”。迄於宋代，圩田、湖田，創爲應奉。自兹以後，更不知幾千萬頃矣。公安立縣於蜀漢，石首立縣於晉室，安鄉、華容立縣於隋代。唐、宋之間，華容之西寂無居民。元致和中，遷縣築堤，僅障官舍。明宣德間，人吏猶乘舟至縣；正統中，勑築隄四十有七區。其後土人增築，蓋百餘區，巨者延亘十餘里，小或數百畝。華容如此，餘可概知。凡此，皆泥沙壅積而爲之者。以其壅也而壩之、圩之，愈壩、圩而愈壅。遏此江、沱，南、北所由改觀也。然而禹迹經流之浩渺無際，猶可想見。《爾雅》云：“黄河千里，一曲一直。”蓋水之大者，曲折必疏，愈小則轉折愈數。大江澎湃之勢，視荆江之蟠屈如蛇蜿蜒者，有枝、幹之辨矣。

〔荆江〕

荆江爲沱，但據今當龍洲南與虎渡河分東西者爲緣起，《水經注》：“江陵縣西有洲號曰枚回，江水自此兩分而爲南、北江。下有龍洲，洲東有寵洲，今俗但知有龍洲。又有天鵞之名，蓋寵洲矣。洲皆連屬爲一。”酈云“分南、北江”者，舉大勢言之。實則江陵以下南流爲東、西江，石首以下東流爲南、北江。逕龍洲東，十五。過沮口，今俗名筲箕窪。沮、漳合流入之。《水經注》：“江水又東會沮口，楚昭王所謂‘江、漢、沮、漳，楚之望也’。”又東南五里。逕荆州府治江陵縣西，《水經》：“又東過江陵縣南。”又十里。左逕沙市西，《水經注》：“又東逕江陵縣故城南。《禹貢》‘荆及衡陽爲荆州’，蓋即荆山之稱，而制州名故楚也。子革曰：‘我先君僻處荆山以供王事’，遂遷紀郢。今城，楚船官地也，春秋之渚宫矣。沙市南即江津戍，江大自此始。《家語》曰：‘江水至江津，非方舟避風，不可涉也。’”又十里。過窖灣。《水經注》：“又東逕郢城南，子襄遺言所築城也。《地理志》曰：‘楚别邑，故郢。’”又《水經》“夏水”條：“夏水出江津於江陵縣東南。”注：“江水又東，得豫章口，夏水所通也。西北有豫章岡，蓋因岡得名矣。”《方輿紀要》云：“豫章口，在府東南二十五里。”又西南，三十。逕蚊蟲夾；此江西灺，西距虎渡江之黄金口不及十里。又東南，四十五里。左逕郝穴。《水經》：“又東至華容縣西，夏水出焉。”“夏水”篇注云：“江津豫章口東有中夏口，是夏水之首，江之汜也，屈原所謂‘過夏首而西浮，顧龍門而不見’也。龍門，即郢城之東門也。”“江水”注云：“江水左灺爲中夏水，右則中郎浦出焉。江浦右灺，南派屈曲，極水曲之勢，世謂之江曲者也。”按：漢華容，在今監利縣西北。中夏口，蓋即郝穴，今久塞。説見後。江曲，謂石首東、西江大屈曲也。詳下文。又二十五里。逕蕭子淵，有巨溝，首受江水，東流至堤頭港還入之。夏月，江行可捷百里。《水經注》：“江水左會高口，江浦也；右對黄州。江水又東，得故市口水與高水通也。”按：此二節原在“南蠻府屯倉儲邸閣”之後。又西南三十五里。右逕藕池。同治八年，洪水決隄，有潰口。又東南二十五里。至石首縣西南繡林山，《水經注》：“江水又東右逕陽岐山北，山枕大江。山東有城，故華容縣尉舊治也。”又北東二十。逕其縣北，又東灺南十里。逕望海。有小港，有張公廟，本年洪水決隄，崩入江，此蓋古宋穴也。又北二十。折而東南，十里。左逕小河口；《水經注》：“大江又東，左合子夏口。江水左灺北出，通於夏水，故曰子夏也。大江又東，左得侯臺水口，江浦也。”又南，二十。右逕調絃口。有關港水，西南逕湖南岳州府今華容縣東南，又西南合淪水入洞庭湖。《水經注》：“大江右得龍穴水口，江浦右灺也。北對虎洲，洲北又有龍巢，地名也。昔禹南濟江，黄龍夾舟，舟人五色無主，禹笑曰：‘吾受命於天，竭力養民。生，性也；死，命也。何憂於龍哉？’於是二龍弭鱗掉尾而去焉。故水地取名矣。”又東北，三十。左逕堤頭港；《水經》：“又東南當華容縣南，涌水入焉。”注：“江水又東，涌水注之，水自夏水南通於江，謂之涌口。二水之間，春秋所謂‘閻敖游涌而逸’者也。”按：此條原在“中夏水”之下“孱陵樂鄉城”之上，今移於此。堤頭港，俗亦曰劉家溝，其地當漢華容縣之南，蓋即涌水也。又東，十四。逕上新河口。《水經注》："江水自龍巢而東得俞口，夏水泛盛則有，冬無之。江之北岸上有小城，故監利縣尉治也。"按：此條原在"龍穴水口"之下。又南，十二。右逕章華港；楚靈王章華臺，杜云在華容城中。宛溪云："荆臺，在今監利縣西三十里土州之南，《家语》'楚王遊荆臺'是也。"據此，則章華港實以"荆臺"得名。然今江陵之沙市有章臺寺，爲章華臺遺址，一曰豫章臺。《郡志》云："臺有二：一在沙市，一在監利縣境。"又宛溪謂監利東北三十里有章華臺，一名三休臺，蓋皆傳聞之異辭矣。其港西通調絃。《水經注》："又東得清陽、土塢二口，江浦也。"又東，五里。右逕塔市驛。《水經注》："大江右逕石首山北。"按：《舊唐書》："石首縣舊治在石首山下，唐顯度初移治陽岐山下。"《邑志》云："舊址在調絃口往東山路。"據此，則今華容東北之東山一曰墨山者，即石首山也。其山綿亘八九十里，至是而江水右迆，迫近山側，酈氏所稱，葢在此也。陽岐，在今石首縣西南，今謂之繡林山，在舊址西北五十餘里。近代皆以今縣北之山爲石首，誤矣。又東北，十四。右逕窰圻鎮；又東南，十里。逕監利縣治西下新河。又西南，五里。右逕大馬洲。《水經注》："又東逕赭要。赭要，洲名，在大江中，次北湖洲下。"又東南，十五。屈而東北十五。逕上車灣。又東，八里。爲中車灣，又南，七里。爲下車灣。《水經注》："江水左得飯筐上口，秋夏水通下口。上下口間相距三十餘里。赭要下即揚子洲，在大江中，二洲之間常苦蚊害，昔荆佽飛濟此遇雨，蚊斬之，自後罕有所患矣。"又西南，三十。右逕洪水港；《水經注》："江之右岸則清水口，口上即錢官也，水自牛皮山東北通江，北對清水洲。"又南，二十五里。逕反觜，《水經注》："清水洲南即生江口，水南通澧浦。"又東，十五。逕熊家洲。又北，十五。左逕尺八穴口；今塞。《水經注》："江水左會飯筐下口，江浦所入也。"又南迆西，三十五里。右逕划子灣。《水經注》："江水又東，右得上檀浦，江溠也。江水又東，逕竹町南，江中有觀詳溠，溠東有大洲，洲東分爲爵洲，洲南對湘江口也。"又東，二十。爲三江口，今俗曰荆河腦。還入大江。大江過九江至東陵東迆北處也，南岸爲城陵磯。荆江凡五百五十里。《水經》及注"南、北江"牽混爲一，今略爲分析詮次如右，謹俟知者訂正焉。

〔《集傳》釋沱之誤〕

《集傳》及《詩·地理考》謂南郡枝江有沱水，其流入江而非出於江，蓋誤會《漢志》“枝江，江沱出西，東入江”之文，且不得其所在，遂誤以他水當之。又云“華容縣有夏水，首出於江，尾入於沔”，亦謂之“沱”。夏水首尾，詳《漢志》。《水經》初未有畀以“沱”名者，且首雖出江，尾非入江，烏在其爲“沱”也？

〔《禹貢錐指》釋沱之誤〕

胡氏《禹貢錐指》取袁小脩《澧遊記》之説，以酈氏“南江爲岷江，經流北江爲沱”，殊爲有見，而瑜中之瑕疵纇亦多。酈於“枝江百里洲”云“江氾枝分，東入大江，《地理志》曰‘江沱’是也”，於“江陵枚回洲”云“自此分爲南、北江”，不云“爲江、爲沱”。兩地上、下相違蓋百數十里，大小相去則數百里。胡氏既引王晦叔云“枝江縣百里洲，夾江、沱二水之間，其與江分處謂之上沱，與江合處謂之下沱”，是仍漢、魏人“百里洲江沱”之説，而又牽混於“枚回洲南、北江”之中。《太平寰宇記》“百里洲首派別北爲内江、南爲外江”，即酈氏所云“江氾枝分”，非酈氏所云“南、北江”也，而胡氏於酈、樂兩書“南、北江”混而一之。此其自苦跰蹩者一也。釋“導江”“東別爲沱”云“一爲荆州之沱，古夷水是也”，釋“荆州沱”云“荆州之沱，一在江北，《寰宇記》‘北爲内江’是也；一在江南，《水經注》‘夷水’是”。一沱、二沱，何忽增減與？此其苦蹩者二也。至若“夷水”之説，則附贅懸疣已甚矣。《漢志》“巫縣”下云：“夷水東至夷道入江，過郡二，行五百四十里。”應劭曰：“巫山在西南。”“夷道縣”下應劭曰：“夷水出巫，東入江漢。”巫縣在今四川夔州府巫山縣，東夷道在今湖北荆州府宜都縣西北。夷水流雖入江，而源非出江。岷江過巫山之北，夷源出巫山之南也。《水經》：“過魚復縣，南夷水出焉。”注云：“縣有夷谿，即很山[1]清江也。”經所謂“夷水出焉”，又“夷水”篇經“夷水出巴郡魚復江”，注“江即很山，清江水清照十丈，分沙石”，是酈明言夷水出很山，不云出江。胡氏謂：“夷水首出魚復江，尾入宜都江。”古時自巴入楚，避三峽之險，皆由此路，不知何時曰就湮塞？禹導江自梁入荆，必浮此水，雖强哉言之，安所得巨靈贔屭擘蹋巫山之峻而飛渡哉？胡氏以《水經注》“北江言沱”，既已得之，何乃復爲蛇足邪？屈子《九歌》云“望涔陽兮極浦横，大江兮揚靈。”大江即虎渡之經流，涔水爲澧水之别派。江、涔之非一水，尚何待言！《水經》：“澧水又東過作唐縣北。”注：“澧水入縣，左合涔水，水出西北天門郡界，又東南流注於澧。”按：作唐，漢縣，在今澧州安鄉縣西北。天門，晉郡，即今澧州石門縣治。今公安縣西南百里有涔陽鎮，在涔水之陽。涔水入澧之口在澧州之東，蓋所謂“六總口”也。胡氏誤從《澧州志》之説，《澧州志》云：“涔水爲岷江别派，從公安入境爲四水口，又東南流過焦圻一箭河，至匯口入澧，故稱涔澧。”以爲南江東南流注於澧，同入洞庭，即所謂“涔水”，又何其縱横轇轕也？

〔澧〕

澧水，出湖南永順府永順縣北上峒河，東流逕上、下二峒，《漢志》武陵“郡充縣”下云：“歷山，澧水所出，東至下雋入沅，過郡二，行一千二百里。”《水經》：“澧水出武陵充縣西，歷山東，過其縣南。”按：充，在今澧州慈利縣西二百四十里，蓋仍在永順府桑植縣之西。《地理志今釋》云“在安福縣西”，誤也。緑水河東南流注之。《水經注》：“又東，茹水注之，水出龍茹山，清徹漏石分沙，莊辛説楚襄王飲茹溪之流者也。”又東逕桑植縣西，又西南折而東，逕澧州永定縣南、天門山之北。又東一百八十。逕慈利縣西，二里。漊水東南流會之，《水經注》：“婁水出巴東界，東逕天門郡婁中縣北，又東逕零陽縣注於澧水。”按：婁

① 很山：當是“佷山”，漢縣名，屬武陵郡，在今湖北長陽縣東。餘同。

中,《晉志》作“漊中”，在慈利西北。零陽，漢縣，在慈利東。逕慈利北。又東北八十。逕石門縣南，澧水東南流注之。《水經注》：“逕澧陽縣，右會澧水，水出建平郡，東逕澧陽縣南，又東注澧，謂之澧口，又東逕澧陽縣南，天門郡治也。”按：澧陽，晉縣，即石門治也。又東九十。逕澧州南，又二十五里。逕津市東南，涔水東南流注之。《水經注》：“澧水入縣，左合涔水，水出西北天門郡界，南流逕涔坪屯，屯堨涔水，溉田數千頃，又東南注於澧。”又南二十。逕嘉山東，又東南六十。爲匯口，右分支派南流與沅水支流通。《水經注》：“澧水又東，澹水出焉。”匯口又東五里。至張九台，左會江水支瀆，又東南十五。爲西台尾。《水經》：“又東過作唐縣北。”注：“澧水又南，逕故郡城東，東逕作唐縣南。”按：作唐，在今安鄉西北。經云“過其北”，注謂“逕其南”，蓋經誤也。又三十。逕安鄉縣無城。西南，又二十五里。右過澹口,《水經注》：“澧水又東，逕南安縣南，晉太康元年分孱陵立。澹水注之，水上承澧水於作唐縣東，逕其縣北，又東注於澧，謂之澹口，王仲宣‘贈士孫文始’詩曰‘悠悠澹澧水’也。”東北相對者爲腰口，通大江澹口。又東南十五。爲澧口，俗曰北駕口。合於沅水。水漲則東爲赤沙湖,《水經注》：“澧水又東與赤沙湖水會，湖水北通江而南注澧，謂之沙口。澧水又東南注於沅水，曰澧口。蓋其枝瀆爾。《離騷》曰：‘沅有芷兮澧有蘭。’”水落則東北四十五里。至傅家磯入於大江。

〔沅〕

沅水，出貴州平越州西南,《漢志》“牂柯郡故且蘭縣”下云：“沅水東南至益陽入江，過郡二，行二千五百三十里。”《水經》：“沅水出牂柯故且蘭縣，爲旁溝水。”按：故且蘭，即今平越州治。東流逕都匀府清平縣北。又東逕鎮遠府台拱、清江二廳北，又東北逕天柱縣東,《水經》：“又東至鐔成縣爲沅水，東過無陽縣。”按：鐔成，在今靖州境。無陽，今沅州府治芷江縣東南。又東北入湖南沅州府黔陽縣境，潘老河南來注之。出貴州黎平府永從縣北，流逕湖南靖州及其屬通道、會同二縣境。又東逕黔陽治，西㵲水西北來入之。㵲水出鎮遠府黄平州東，逕施秉縣南，又東逕鎮遠府治鎮遠縣南，又逕清溪縣南，又東逕思州府玉屏縣西，又東北逕湖南晃州廳南，又東逕沅州府芷江縣南，又東北，又南迆西至黔陽西北入沅水。經、注無水出，故且蘭，南至無陽故縣，又東南入沅，謂之無口。又東，竹舟江南來注之。水出靖州綏甯縣西河，寶慶府城步縣黄石河東北注之，北流爲竹舟江。《水經注》："沅水東逕無陽縣，南臨運水，水源出東南岸許山西北，逕其縣南注於熊溪；熊溪南帶移山，下注沅水。"按：運水，即今黄石河。熊溪，即西河，流爲竹舟江者也。又東北，逕辰州府辰谿縣東南，漵水東來注之。《水經注》："沅水又東與序谿水合，水出武陵郡義陵縣鄜梁山西北，流逕義陵縣，其城劉備之秭歸馬良出五谿綏撫蠻夷所築，又西北入於沅。"按：義陵，在今辰州府漵浦縣南三里。又西北，逕辰谿縣南，辰水西南來入之。辰水出貴州銅仁府治銅仁縣西北土司境，東逕縣南，又東逕湖南沅州府麻陽縣南，又東北至辰谿縣南入於沅。《水經注》："沅水又東逕辰陽縣南，東合辰水，水出縣三山谷，東南流，獨母水注之；又逕其縣北舊治，在辰水之陽，《楚辭》所謂'夕宿辰陽'者也；又右會沅水，名辰谿口。武陵有五谿，謂雄谿、樠谿、無谿、酉谿、辰谿，其一焉夾谿，悉是蠻左所居，故謂爲五谿蠻。"按：辰陽，在今辰谿縣西。又北逕縣西，又北逕辰州府瀘溪縣南，鳳凰、乾州二廳水西南來注之。《水經注》："沅水又逕沅陵縣西，有武溪源，出武山與酉陽分山水源，石上盤瓠迹猶存矣，武水南流注於沅。"按：沅陵，在今沅陵縣西南。又東北，逕辰州府治沅陵縣西南，酉水西北來入之。酉水，南、北、西三源：北源出湖北施南府來鳳縣東北，南流逕湖南永順府龍山縣西，又南二百餘里與西源會；西源出四川酉陽州東南秀山縣北，東流入湖南界與北源會，又東逕永順府保靖縣北與南源會；南源出貴州銅仁府松桃廳東北，流逕湖南永綏廳及保靖北與北源會，又東，永順縣水西南流注之，又東南至沅陵西南入沅。今稱此爲辰河，謂辰、酉合流於此，誤也。《水經注》："沅水又東逕沅陵縣北，又東逕縣故治，因岡旁阿，勢盡川陸，臨沅對酉，二川之交會也。酉水導源益州巴郡臨江縣故武陵之充縣酉源山，東南流逕無陽故縣南，又東逕遷陵故縣界與酉鄉谿合（酈以爲即延江之枝津、更始之下流，誤也），又東逕遷陵故城北、酉陽故縣南、沅陵縣北；又東南逕潘承明壘西，承明討五谿蠻營軍所築；又南注沅水，名曰酉口。"按：漢遷陵縣，在今保靖縣東。又東北，左得朱洪溪，《水經注》："又東與諸魚谿合，水北出諸魚山，山與天門郡之澧陽縣分嶺。"右逕清捷河。《水經注》："又東，夷水入焉，水南出夷山，山東接壺頭山，高百里、廣員三百里，水際有新息侯馬援征武谿蠻停軍處，經曲多險，紆折千灘，援就壺頭，希效早成，道遇瘴毒，終没於此，忠公獲謗，信可悲矣。”又東得三渡水，又東逕漢臨沅縣南、沅南縣北，《水經》：“又東北過臨沅縣南。”注：“縣治本楚之黔中，秦取楚巫黔及江南地爲黔中郡，漢高祖割黔中故治爲武陵郡，南對沅南縣，建武中置，故城，馬援所築。”按：臨沅，在今武陵縣西。沅南，在武陵西南七十里。又東北逕常德府桃源縣東。又東北逕常德府治武陵縣西南，漸水北來注之。《水經注》：“又東入龍陽縣，有澹水，出漢壽縣西楊山，南流東折，逕其縣南，又東歷諸湖，南注沅，亦曰漸水也。”按：龍陽，晉縣，即今龍陽縣治。漢壽，漢縣，即索縣也，在今武陵縣東北六十里。又東逕武陵南，又東三十。爲老河口。又東南十五。爲牛皮灘，分絡諸洲《水經注》：“又東歷龍陽縣之汜洲。”北派與澧水枝瀆相通；經流又南，四十五里。右逕蒼港，又東十五。逕龍陽縣北。《水經注》：“又東逕龍陽縣北城側沅水。”又東南十五。分二派：南曰接港，爲支流，又自分爲二，東入湖；北派又東，七十五里。右分逕西港與南派通。經流又北，東四十五里。逕北鴐口會於澧，又東北四十五里。逕傅家磯入江。《水經》：“又東至長沙下雋縣西北入於江。”注：“沅水下注洞庭湖方會於江。”

卷十二　雜説四

〔江源二則〕

地之形勢，兩山之間必有川。三條之山，江、河二水界之，北龍行河北，南龍行江南，中龍行江河之間。然中國入河之水爲省六、入江之水爲省八，雲南、貴州、四川、湖南、湖北、江西、安徽、江蘇。而陝、甘之南境，廣西之北境，皆有入江之水，其發源則河自崑崙之東、江自崑崙之西，是江源遠於河源而納水亦多於河。

江自四川敍州府以上爲二幹：北爲岷江，西南爲金沙江。岷江，發源四川北境之岷山，岷，《史記》作“汶”，又作“岐”；《漢志》作“崏”。經所謂“岷山導江”者也。《漢志》“蜀郡湔氐道縣”：“《禹貢》：崏山在西徼外，江水所出，東南至江都入海，過郡七，行二千六百六十里。”《水經》：“岷山在蜀郡氐道縣，大江所出。”注：“岷山，即瀆山，又謂之汶阜山，在徼外。”按：《漢志》二千餘里上似脱“萬”字。《水經》之“氐道”乃《漢志》之“湔氐道”，其《漢志》别有“氐道縣”，屬隴西郡，在今甘肅秦州清水縣西南，《志》云“養水所出，至武都爲漢”，兩地懸絶矣。東南逕龍安府松潘廳治東，又南逕茂州西北，汶江西北來入之。《漢志》“汶江縣”“江沱在西南”，蓋指此。《水經注》：“汶出徼外崏山西玉輪阪下，南行東注大江。蘇代告楚‘蜀地之甲。浮船於汶，乘夏而下江，五日而至郢’，謂是水也。”又南逕其治西，又西南逕汶川縣治西，又南至桃關，又南至成都府灌縣治南。分數派，東流者爲沱。至瀘州治南還入江。説見前。又二派東南流，逕郫縣合於成都治南，西南流爲文井江。《漢志》《水經》“郫縣沱江”指此。注：“東逕成都縣，二江雙流郡下。”《風俗通》：“秦昭王使李冰爲蜀守，開成都兩江，作石犀五頭以壓水精。文翁爲蜀守，立講堂、作石室於南城。”數派南流者合於新津縣治東南。《水經》："又東南過犍爲武陽縣，注有鄗江入焉，出江原縣，首受大江，東南流至武陽縣注於江。"按：江原，在今成都府崇慶州東十里。武陽，在今眉州彭山縣東北十五里。又南與文井江會於眉州彭山縣東，《水經注》："又與文井江會，李冰所導也。"又逕眉州治東，又逕青神縣東。又逕嘉定府治樂山縣東南，青衣江西北來、大渡河西南來入之。《水經》："青衣水、沫水西南來合而注之。"注："又東南逕南安縣、西縣治，青衣江會衿、帶二水，蜀王開明故治也。來敏《本蜀論》曰：'荆人鱉令死，尸隨水上，荆人求之不得。鱉令至汶山下復生，起見望。帝望帝者，杜宇也，王於蜀，號曰望帝。望帝立以爲相。時巫山峽蜀水不流，帝使鱉令鑿峽通水，蜀得陸處。望帝自以德，不若，遂以國禪，號曰開明。'縣南有峨眉山，有濛水即大渡水也。"按：南安，漢縣，屬犍爲郡，當即今樂山縣治，《地志韻編今釋》云"在夾江縣西北二十"，似誤。又東南逕犍爲縣治東，又至敍州府治宜賓縣北，金沙江西南來入之。《水經》："又東南過僰道縣北，若水、淹水合從西來注之。"按：若水，即今金沙江。

金沙江，源出吐番，南流數千里入雲南境。《水經》："若水出蜀郡旄牛徼外，東南至故關爲若水也。"注："《山海經》曰：'南海之內、黑水之間，有木名若木，若水出焉。'又云：'灰野之山有樹焉，青葉，赤華，厥名若木，生崑崙山西，附西極也。'"又南迆東，逕麗江府治麗江縣北，又南逕其東，又右過枯木河。又東，打沖河北來入之。《水經》："淹水出越嶲遂久縣徼外，東南至青蛉縣，又東過姑復縣南，東入於若水。"按：遂久，在今四川甯遠府鹽源縣西。青蛉，即今雲南楚雄府大姚縣治。姑復，在今雲南永北廳東南。淹水，今謂之打沖河也。又南過龍川江，又東至雷應山北，右過白馬口。《水經注》："若水又逕會無縣，有駿馬河出縣東高山。"按：會無，即今甯遠府會理州治。又東，雲南省治南滇池水北流注之。又東北逕東川府治會澤縣西，又北過牛擱江，又至四川敍州府雷波廳境，又東逕其治南，又逕屏山縣治南。又東，横江西南來入之。《水經》："又東北至犍爲朱提縣西，爲瀘江水。"注："瀘水，源出曲羅嶲下三百里，兩峰有殺氣，暑月舊不行，故武侯以夏渡爲艱。"按：朱提，在今宜賓縣西南。又東迆北至敍州府治宜賓縣城東，會於岷江。《水經》："又東北至僰道縣入於江。"按：僰道，漢縣，犍爲郡治，在今宜賓西南。唐僰道縣，即今宜賓治也。

東過南廣口，黑墩河水西南來注之。《水經注》："江水又與符黑水合，水出甯州南廣郡南廣縣北，流逕僰道入江，曰南廣口。"按：南廣，在今敍州府珙縣西南。又東北逕南溪縣南，又南至瀘州江安縣北。又東北至瀘州治南，沱江西北來合之。《水經》："又東過江陽縣南，雒水從三危山東過廣魏雒縣南東南注之。"注："雒水出雒縣漳山，亦言出梓潼縣柏山。經曰'出三危山'，所未詳。"按：江陽，即今瀘州治。雒，今成都府漢州治，此即江沱，經、注於其發源及首受江處皆不了了。又東，逕合江縣治北。又東，赤水河南來注之。《水經》："又東過符縣北邪東南，鰼部水從符關東北注之。"注："縣故巴夷之地，漢武建元六年，以唐蒙爲中郎將，從萬人出巴符關者也。縣治安樂水會水源南通甯州平夷郡鄨縣北，逕安樂縣界之東，又逕符縣下，北入江。"按：符，在今合江縣西六里。鄨，在今貴州遵義府遵義縣西。安樂，當在遵義府仁懷縣仁懷廳之西境，《地理韻編今釋》云"在合江縣西六里"，誤矣。又北東，游溪北來注之。又東，逕重慶府江津縣北。又北，東逕重慶府治巴縣南，西漢水北來會之。《水經》："又東北至巴郡江州縣東，强水、涪水、漢水、白水、宕渠水五水合，南流注之。"注："强水，即羌水。宕渠水，即潛水、渝水。"按：江州，漢縣，巴郡治，在今巴縣西。

西漢水，《水經》亦謂之"漾水"。出甘肅秦州南之嶓冢山。非漢水導源之嶓冢。漢源嶓冢在今陝西漢中府沔縣西，在此山北約三百餘里。彼漾東流，此漾南流也。南流逕階州成縣東，又南逕陝西漢中府略陽縣西，《水經》："漾水，出隴西氐道縣嶓冢山，東至武都沮縣爲漢水。"按：氐道，見前。沮縣，在今略陽縣東百一十里。又逕漢源嶓冢之西，又逕四川保甯府廣元縣西。又西南逕昭化縣東，北羌水、白水西北來合流入之。羌水，出江源岷山之東，東流逕甘肅階州治南，東南至文縣之玉壘關，白水西來合之。白水，出四川松潘廳北土司境，東流入甘肅境，逕文縣南，又東南合於羌水，又南入四川境，逕昭化縣北入於西漢水。《水經》："漾水又東南至廣魏白水縣西，又東南至葭萌縣東北與羌水合。"按：白水，在今昭化西北。葭萌，在東南五十里。又南逕保甯府蒼溪縣治東，又逕保甯府治閬中縣西南，《水經》："又東南過巴郡閬中縣。"注："巴西郡治也。劉璋分三巴，此其一也。"按：閬中，在今閬中西。又逕南部縣東北。又東南逕順慶府蓬州東北，屈逕其西南。又西南逕順慶府治南充縣東，又南爲嘉陵江，又東南逕重慶府定遠縣東。又南至合州東北，宕渠水東北來入之。今俗謂之渠河，出綏定府太平縣之北，西南流逕東鄉縣東，又西南逕綏定府治達縣南，又西南巴水北來注之，又西南逕渠縣東南，又西南逕廣安州東，又西南入於西漢水。《水經注》："漾水逕宕渠縣東，又東南合宕渠水。"按：宕渠縣，在今渠縣東北，西漢水逕其西。言"東"，誤也。又西南逕合州治東，涪水西北來入之。涪水出松潘廳之東境，東南流逕龍安府平武縣西南，又南逕江油縣東，又南逕緜州治東，又東南逕潼川府治三台縣東，又東南逕射洪縣東，梓潼河逕梓潼、鹽亭二縣南流入之，又南逕遂甯縣東，又東南逕安居廢縣北，又東至合州南，東入於西漢水。《水經》："漾水又東南過江州縣東。"注："涪水入之。庾仲雍謂江州縣對二水口，右則涪内水，左則蜀外水。"按：江州縣，蓋即今合州治，所謂對二水口也。《地理韻編今釋》云"在巴縣西"，誤矣。又東南至塗山南、《水經注》："北岸有塗山，南有禹廟、塗君祠，廟銘存焉。"常璩庾仲雍竝言："禹娶於此。"余按：群書咸言禹娶在壽春，當塗不於此也。重慶府治巴縣東北，南入於江。《水經》："東南入於江。"按：《水經》不云漾水入漢，與今地理合。注引常璩《華陽國記》[①]曰："漢水有二源：東源出武都氐道縣漾山，爲漾水，《禹貢》'導漾東流爲漢'是也；西源出隴西西縣嶓冢山，會白水，逕葭萌入漢。劉澄之曰：'從阿陽縣南至梓潼漢壽入大穴，暗通岡山，穴小本不容水，水成大澤，而流與漢合。'"聊記異聞，以俟知者。

又東北逕長壽縣南，又東逕涪州治北，延江水南來入之。《水經》：又東至枳縣西延江水從牂柯郡北流"西屈注之"。按：枳，漢屬巴郡，在今涪州西。

延江，水今亦曰烏江，下流即涪陵江也。出貴州大定府威甯州東，逕大定府南，又東逕貴陽府修文縣北，又北東逕開州北，又東過遵義府治遵義縣南。《水經》："延江，水出犍爲南廣縣，東至牂柯鄨縣，又東屈北流。"按：南廣，見前。鄨，在今遵義縣西。又東逕平越州甕安、餘慶二縣北，又東北逕石阡府北，又逕思南府治安化縣城東，又北逕印江縣西。又逕四川酉陽州西北入涪陵水，更始水東北流注之，湖北施南府咸豐縣及酉陽州黔江縣之費水西南流注之。四水經緯相交。《水經》："至巴郡涪陵縣注更始水。"注：

① 《華陽國記》：即《華陽國誌》。

“更始水，即延江枝分之始也。延江水北入涪陵水，涪陵水出縣東故巴郡之南鄙，更始水東入巴東之南浦縣。”按：涪陵，即今酉陽州彭水縣治。南浦，今夔州府萬縣治。又按：《水經》謂“延江水至酉陽入於酉水而入沅”，注謂“更始水東南入遷陵縣”，遷陵在今湖南永順府保靖縣東，皆誤也。又北逕彭水縣治西，涪陵水源東北來會之，又西，小烏江南來入之。又西屈而北，至涪州治東入於江。

又東北至忠州酆都縣西，又東逕其南，又東北逕忠州治東南，又逕夔州府萬縣治南。又東逕雲陽縣治南，又逕夔州府治奉節縣南。又逕白帝城永安宫南，先主終於此，託孤於丞相亮處也。《水經注》：“又東逕諸葛亮圖壘南，石磧平曠，望兼川陸，有亮所作八陣圖，東跨故壘，皆累細石爲之。自壘西去，聚八行，行間相去二丈，因曰八陣。既成，自今行師，庶不覆敗，皆圖兵勢行藏之權。自後，深識者所不能了。今夏水漂蕩，歲月消損，高處可二三尺，下處磨滅殆盡。又東逕魚復縣故城南，故魚國也。”《春秋左傳》“文公十六年，庸與群蠻叛楚，莊王伐之，七遇皆北，惟裨鯈魚人逐之”，是也。《地理志》：“江關都尉治公孫述名之爲白帝，取其玉色。蜀章武二年，劉備爲吴所破，改白帝爲永安，劉璋所改巴東郡治也。益州刺史鮑陋鎮此，爲譙道福所圍，城裏無泉，乃南開水門，鑿石爲函，道上施木，天公直下至江中，有似猿臂相牽引汲，然後得水。”又逕瞿塘峽，瞿塘灧澦，天下之險，與巫山、西陵並稱三峽。《水經注》：“又東逕廣谿峽，三峽之首也。峽中有瞿塘、黄龕二灘，夏水迴復，沿溯所忌，蓋昔禹鑿以通江者也。”又逕巫山峽、長百二十里。巫山縣治南。又東出巫峽，爲蜀楚分界。《水經》：“又東出江關，入南郡界。”注：“巫峽，首尾百六十里。自三峽七百里中，兩岸連山，略無闕處，重巖疊嶂，隱天蔽空，自非亭午夜分，不見曦月。夏水襄陵，沿泝阻絶，或王命急宣，有時朝發白帝，暮到江陵，其間千二百里，雖乘奔御風不以疾也。”又逕湖北宜昌府巴東縣北，又東南逕歸州治南。《水經》：“又東過秭歸縣之南。”注：“縣，故歸鄉。《地理志》曰‘歸，子國也’，《樂緯》曰‘昔歸典協聲律’，宋忠曰‘歸即夔，歸鄉蓋夔鄉矣。古楚之嫡嗣有熊摯者，以廢疾不立，而居於夔，爲楚附庸，後王命爲夔子’，《春秋》‘僖公二十六年，楚以其不祀，滅之’者也。袁山松曰：屈原有賢姊，聞原放逐，亦來歸，喻令自寬全。鄉人冀其見從，因名秭歸，即《離騷》所謂‘女嬃嬋媛以詈余’也。城蓋備征吴所築。縣東北數十里有屈原舊田宅，北百六十里有故宅，宅東北六十里有女嬃廟，擣衣石猶存又東逕一城北其城據山枕江北對丹陽城險陗壁立信天固也。楚子熊繹始封丹陽之所都，《地理志》以爲吴子之丹陽，是爲非也。”按：姊歸，即今歸州治。又東逕流頭灘，《水經注》：“其水浚激奔暴，魚鼈所不能游。袁山松曰：‘自蜀至此五千餘里，下水五日，上水百日也。’”又逕西陵峽，爲荆楚西門。《水經注》：“又東逕黄牛灘，南岸高崖有石，如人負手牽牛，人黑牛黄，成就分明，江湍紆迴。途逕信宿，猶見此物，故行者謡曰：‘朝發黄牛，暮宿黄牛；三朝三暮，黄牛如故。’自黄牛灘東入西陵界至峽口百許里，山水紆曲，絶壁千丈，江水歷‘禹斷江南’，峽北有七谷邨，兩山間有水清深，潭而不流，《耆舊傳》言：‘昔是大江，及禹治水，此江小，不足瀉水，更開今峽口，水勢并衝，此江遂絶，於今謂之斷江也。’”出峽東南，二十五里。逕宜昌府治東湖縣西南，《水經》：“又東過夷陵縣南。”注：“江水出峽東，南流逕故城洲，上有步闡故城。又東逕故城北，所謂陸抗城也，即山爲墉，四面天險。又有故城，南臨大江，秦令白起伐楚，三戰而燒夷陵者也。孫吴更名西陵。”按：夷陵，漢屬南郡，晉屬宜都郡，在今東湖縣東。今東湖治爲明夷陵州，江流至縣西，始出險就平，故曰夷陵。大江自歸州東屈曲至此百八十里。又東南六十五里。逕荆門、虎牙之間。《水經注》：“荆門在南，上合下開，虎牙在北，並以物象受名。二山，楚之西塞也。公孫述遣將據險爲浮橋以絶水路，營壘跨山以塞陸道。光武遣吴漢、岑彭率舟師攻之，因風縱火，遂斬其將。”又五十。逕荆州府宜都縣治東北，夷水西來注之。《水經》：“又東南過夷道縣北，夷水從很山縣南東北注之。”按：夷道，在今宜都縣西北。很山，在今宜昌府長陽縣西八十五里。又逕枝江縣治北，《水經》：“又東過枝江縣南。”注：“其地夷敞，北據大江，江汜枝分，東入大江。縣治百里洲上，故以‘枝江’爲稱。縣左右數十洲槃布江中，其百里洲最爲大也。”按：枝江，在今枝江縣東北。又東池北逕松滋縣北，又東逕枚回洲，《水經注》：“江陵縣西有洲，號曰枚回，江水自此兩分而爲南、北江也。”又東右過采穴至虎渡江口。

〔《禹貢》治水次第〕

蔡氏《集傳》曰：“禹受命治水，冀州帝都，在所當先。然施功之序皆自下流始，故次兖、次青、次徐、次揚、次荆、次豫、次梁、次雍。兗最下，故所先；雍最高，故獨後。禹言‘予決九川，距四海，濬畎澮距川’，即其用工之本末。先決九川之水以距海，則水之大者有所歸；又濬畎澮以距川，則水之小者有所泄。皆自下流以疏殺其勢。至哉言矣！”

異夫，長源羅氏之爲説也，曰：“禹之施功，自下而上，蓋以《禹貢》所敍九州之次言之，未嘗不笑之也。上者水之源，下者水之委。上者既已襄且懷之，則下者淹没無餘矣。今也治之而先乎下，萬萬無是理也。吾固謂治水者必上流始，禹豈能倒行而逆施哉？”

今按：下流之沈鴻不先疏而洩之而遽施功上流，則是以下流爲壑瀦而積之，愈增其浩瀚矣。既以上者懷襄、下者淹没無餘，於“無餘”而復益以“淹没”，則下流之治安所措手乎？且以淹没無餘不能施功，益之以上流之水，其能忍而與此終古乎？水性就下，不先導其下而先導其上，乃所謂倒行逆施者矣！

羅氏又曰：“攟伯禹之書而復之，目營手畫於九州之次而不得其説，稽之九川之次以求之又不得其説，於是退而求之‘導山’之文，而始得焉，然後信予所謂‘始上流’者斷不疑矣。《禹貢》之書，實非治水作也，以定賦而附見伯禹之功也。不知《禹貢》之書，皆所以紀其治水施工之次第，以垂萬世之大法，以免萬世生民於其魚者也。九州之次，自下而上，所謂‘決九川以距海’，先使水之大而卑者有所歸也。九山之導，自上而下，所謂‘濬畎澮距川’，次令水之小而高者有所洩也。凡此皆枝枝節節而爲之，猶恐其未能竟體通暢也，故復爲九川之導，循其隧道，順其脈絡，徹其上下，以濬滌之，於此可見往來經略、循環終始，至再而至三。觀於一地數見，如一大别，既見於‘導山’，又見於‘導漢’；一九江，既見於‘荆州’，又見於‘導山’，又見於‘導江’，可以知其勤矣。至於四列之山，衹及於雍、梁、冀、豫、荆之五州。揚州之境，惟上游敷淺原之一脈。其兗、青、徐之三州，則不偁一山。今欲據‘導山’一節之文，總括治水始終之次第，豈兗、青、徐、揚之四州乃絶無畚臿工作之施邪？”

又曰："别州者不緣乎其水，而治水者不限乎其州。不緣乎水，是故荆、梁皆及於沱、潛，沱、潛者江、漢之别也；不限乎川，是故壺口必載於梁、岐，梁、岐者梁、雍之山也。始於梁、岐，有以見上流之必先；及於沱、潛，有以見下流之居後。"不知海、岱及淮惟徐州，淮、海惟揚州之類，别州者亦未嘗不緣乎其水。治水者雖不限乎其州，而大略皆以州之上、下爲施工之先後。至以梁、岐爲梁、雍之山，而不知冀州之自有梁與岐也。詳《集傳》。以沱、潛爲荆州之水，而不知荆、梁之各有沱、潛也，亦未嘗不限乎其州也。乃欲據此以爲先上而後下之明徵，其疏謬不已甚乎！《書》曰："予決九川，距四海，濬畎澮距川。"尋《益稷》之文與《禹貢》先後次第，若合符節。羅氏倒其文曰："濬畎澮以距之川，決九川以距諸海。先下乎哉？"試與循《益稷》之文而誦之，果且先上乎哉？羅氏之説不絀，後世之洪水不可得而治。

〔隄防壅遏之害六則〕

隄防之事，起於戰國，壅川自利，以鄰爲壑。然所作隄尚皆去水二十餘里，所謂水尚有所游盪也。至漢而填淤肥美，據爲田宅，金隄大起，漸成聚落。流水之壑漸狹則消洩逾緩，消洩緩則易致淤填。隧道益高，束縛益急，而衝決之患自此始矣。計其利害，久已得不償失。賈讓《治河議》曰："水至而去，則填淤肥美。民耕田之，或久無害。稍築室宅，遂成聚落。時至漂没，則更起隄防以自救，稍去其城郭，排水澤而居之，湛溺自其宜也。"自是以來，代苦水患。至宋而益講求水利，熙甯中，遣使察農田水利。蘇軾上書謂："天下久平，四方遺利盡矣。今欲鑿空尋訪水利，所謂即鹿無虞，豈惟徒勞，必大煩擾。"江、淮、荆、襄營田、屯田之外，元豐末，鄭民憲上言："祖宗時營田皆置務，何承矩建議於河北，歐陽修募弓箭手於河東，陳恕樊知古招置營田於河東北，范仲淹大興屯田於陝西，耿望置屯田於襄州，章惇初築沅州亦爲屯田務。正以極邊多不耕之地，並邊多流徙之餘，因地之利，課以耕耘，贍師旅而省轉輸，此扂邊實塞、足國安民之至計也。"屯田以兵，營田以民。然前後施行，或以侵占民田爲擾，或以差借耨夫爲擾，或以諸郡括牛爲擾，或以兵民雜耕爲擾，又或以諸路廂軍不習耕種、不能水土爲擾，至於歲之所入不償其費，遂又報罷。紹興六年，張浚奏改江淮屯田爲營田，尋命五大將劉光世、韓世忠、張浚、岳飛、吴玠及江、淮、荆、襄各路帥悉領營田使。《郡國利病書》："漢唐以來，代苦水患，至宋爲荆南留屯之計，多將湖渚開墾田畝，復沿江築隄以禦水，故七澤受水之地漸湮，三江流水之道漸狹而溢，其所築之隄亦漸潰塌。"政和以來有湖田之奉，《文獻通考》："宋慶曆、嘉祐間始有盜湖爲田者，三司使切責漕臣甚嚴。政和以來，創爲應奉，始廢湖爲田，自是歲被水旱之害。"紹興之末有壩田之擾，《續通考》："南宋慶元時，衛涇奏言：'國家承平之時，江浙平疇沃壤瀦洩得宜，無水旱之憂。自紹興末，軍中侵奪瀕湖水蕩創制堤埂，號爲壩田，民田已被其害。隆興、乾道之後，日朘月削，所在圍田，以臣耳目所接，三十年間，昔之江湖草蕩，今皆田也。瀦水之地狹隘，旱即易涸。水源既壅，則江流填淤。疏洩甚難，水即易盈，蕩爲巨浸。事之利害，豈不較然？'"既以壅遏而致填淤，益以填淤而加壅遏。明初，承元季凋敝之後，墾田修隄，法禁明白，湖河深廣，垸少地闊，故水得漫衍停洩而無泛濫之患。歲月寖久，漸攘爲業。且湖田税輕，民多利之。隄防益多，水愈湍激，而衝嚙之患，如水益深矣。《利病書》："成化甲午、弘治庚申水大漲，正德丙子復漲，丁丑如之，皆乘舟入城市，隄防悉沈於淵，民淺者爲棧、深者爲巢，飄風劇雨，長波巨濤，煙火斷絶，哀號相聞，沈溺死者動以千數。"

國朝自道光之末，漂溺殆無虚歲，又況陂澤盡爲隴畝，即偶免水患，而旱魃災之，民安所逃命乎？

江流出峽至荆州而始舒，江防之隄自荆、湖而愈迫。殺上流之勢無過分洩之一法，故荆江南北舊有九穴十三口，俾江、漢、湖、澤呼吸通暢，盈虚消息得以互相挹注，不致漲落懸絶爲害也。今所可考而知者，"九穴"之名而已。松滋之采穴此蓋禹迹大江經流。説見前。自宋元時已先湮塞。江陵南有虎渡，爲江經流，説見前。後世列於九穴之一，爲分流入洞庭者。宋乾道時，□臣李燾修虎渡堤，又童承敍《河防志》曰："虎渡穴口之隄，先年愈退愈決，直逼江口，以遏水衝，乃得無恙。"是亦屢經築塞矣，而今尚幸南流如故。北有章卜穴，亦作"獐捕"。元時沙市高陵半崩入江，章穴遂湮；又有郝穴，明嘉靖時塞之。二穴舊皆分江入漢者也。石首有楊林、宋穴、調弦、小岳四穴，詳見圖中。元大德七年以隄防屢決而開之，至明而故道俱湮。隆慶中，議復諸穴，亦惟濬調弦一口，然迄今尚西南流通洞庭也。監利有赤剝穴，今或作“尺八口”。亦大德時所開，至明而湮。沿江兩岸，大隄緜亘數百千里，究之，穴口湮而隄垸所在潰決，衝没之慘，未可以數計。江漢並勢東趨，黄、蘄、九江承其下流，江之浩瀚奔騰，更非荆、湖之比，所可分殺其勢者，惟恃禹迹北江，漢人所稱“尋陽九派”者也，説見前。後世謂之武穴，亦曰“武山穴”，又曰“武家穴”。而亦塞於宋人之大隄，説經家終莫得其處。三江合流，安徽居其總匯，無可疏分，所可恃者，樅陽而下，江身寬闊，洩之尚易。蘇省獨爲近海，更可無虞。乃近代以來，滂、灘、洲、渚，節節壅塞，處處圍田，至於江陰入海之地，潮落則舟虞淺滯、港汊不容停泊，冬月如此，夏、秋漲發，勢復裹襄矣。防以止水，制起上古，非後世壅遏之比。顧氏謂“鯀、禹同法，平賈無稽”，謬甚。

水之不能寬緩而衝激震撼也，隄防侵削壅遏之爲害也，固也。然非盡隄防壅遏之害也，所以致其壅遏者亦有故矣。入江之水爲省八九，深山窮谷、石陵沙阜，悉加墾闢，以爲盡地力也。夫天之阜民，山川原隰各有其利。山之所利在於竹木茶果，而不在於菽麥稻粱，此所貴於通功易事也。乃山居之民，莫不髡禿其山，燒薙而犁鋤之，究其收成，殊爲瘠薄，而土脈疏浮，沙石迸裂，隨雨流注，逐波轉移。其沙石之重者，近填谿谷；其泥滓之輕者，盪積而爲洲渚。平湮湖澤，遠塞江河。谿谷填，則近山之田畝受其漫壓；江河塞，則近水之田畝遭其漂蕩；湖澤湮，則既虞水溢，旋慮旱乾。山民之所利甚微，而原隰膏腴之産罹害何窮！夫圍田之弊，貪其肥淤而害及井牧；開山之弊，苦其磽瘠而致廢膏腴。圍田者見利之在前，而不知害之在後也；開山者損材木自然之利於己，而顯貽耕鑿之害於人。是故開山、圍田，皆有例禁，而開山之禁尤當致嚴於圍田也。

大江遷變已見於上游者，初改而爲采穴，久且就湮，再徙而爲虎渡細若衣帶。荆江號稱江津，滕汜易爲適派矣。今則郝穴、石首之間，至於浮沙移動，水無經道，冬月深廣可丈尺計，舟帆上下莫識其處。説見圖中。蓋緣下游有所梗塞，泥塗淘汰已盡，浮沙不得流行，水勢愈益噴激，故相推動，久必塞如，采穴勢將再徙而南，猶河之再徙而北也。再徙而南，公安、安鄉、華容等縣之排澤而居者容有陸處之日乎？長江下流，其變遷不似黄河之甚者，以兩岸之多山，非若河南之千里平曠也。然而日日淤淺，泛濫已不減於堯年，而況廣陵、常潤而下，平原廣漠，又能保其必無遷徙之患哉？其遷變之小者，如揚子橋、狼玉山之類。已見前文。

治江之道，觀於古人之論治河而可知。漢平當有言："經義有'決河深川'，無'隄防雍塞'之文。此鯀所以殛、禹所以興，以堯、舜之聖不能與横流之水争勝者也。"賈讓《治河議》曰："古者立國，居民必遺川澤之分，度水勢所不及。大川亡防，小水得入陂障，卑下以爲污澤，使秋水多得有所休息，左右游波，寬緩而不迫。夫土之有川，猶人之有口，治土而防其川，猶止兒啼而塞其口，豈不遽止？然其死可立而待。故曰："善爲川者，決之使道；善爲民者，宣之使言。"今徙冀州之民當水衝者，決黎陽遮害亭，放河使北入海，期月自定。今瀕河十郡，治隄歲費且萬萬，及其大決，所殘亡數。如出數年治河之費，以業所徙之民，遵古聖之法，定山川之位，此功一立，千載無患，謂之上策。多穿漕渠，得以溉田，分殺水怒，謂之中策。若乃繕完故隄，增卑倍薄，勞費亡已，數逢其害，此最下策。"二子之言，可爲行水龜鑑矣。乃雲間王氏則曰："徙其旁民，不與争尺寸之利，可行於昔而不可行於今，彼所慮者只冀州耳。今歷青、兖、豫、徐之境，皆爲冀州，安能盡徙？故昔之上策，今爲迂議。"究其爲説，不過曰既決之後，用下策塞之，旋塞旋決，旋決旋塞，無可奈何而已。殊不思河身愈積而愈高，塞之愈難，決之愈暴，北無所容，徙而之南，南無所容，徙而再北，南、北並無所容，則江河所經，在在皆爲谿壑，其爲禍患，不堪設想，豈治世安民、疆理土地者所宜出此哉？然則爲今之計將如何？曰：五者並舉而可矣。一曰禁開山以清其源，二曰急疏瀹以暢其流，三曰開穴口以分其勢，四曰議割棄以寬其地，五曰修陂渠以蓄其餘。五者並舉，大川易洩，小川有所蓄，廢棄無多，所全甚衆。此外無良策也。至於增隄塞潰，在前代或爲下策，冀倖一時，自今日視之，直爲非策矣。“開穴”即賈氏之中策，“割棄”即其上策，必並行之，所謂衆擎易舉，不致趨重一隅、知難而退也。

或曰：恒産有定，而生齒日繁，山巔水湄，勤勞已甚，豈得已哉？且其生斯哭斯去此，别無永業業之，談何容易？信乎！上策果不可行於今日也。曰：子知開山圍澤之爲益之也，而不知益之失其道，其爲損也無算；子知禁山決隄之損之也，而不知損之得其道，其爲益也亦無算。山人居山，澤人居澤，自有各足之道，求益於一脈而害及全體，至全體受病，一脈之益果自保乎？凡持大計，務實而已，無務其名。試計今日鑿山圍澤倖免於水旱之所入，與夫良田正業處所亡於水旱者孰多？姑以國家蠲免賑濟之數計之，豈鑿山圍澤偶一增入之賦可以當之乎？而況於茫無津涯之所漂没、赤地千里之所枯槁乎！此所謂欲益反損，不待智計而決矣。且生齒之繁，所增於農民者十二三，增於工商者三四，增於間民惰游者蓋四五。孰非穀食之人，而猶足以贍之？故田不加闢，無損於農。至於凶歲，農民反多餓殍，雖日加闢，奚救死亡？若夫山民之不能並耕也，須計現在山居户口，責於山水所及農田之家，均派以平其糴，示以年限，俟其竹木樹藝之利既成而後已。其後時入山者，不得援以爲例，有司者簿記主持之，則山原兩利之道也。

或曰：疏河行水，聖神之能事，極唐虞之盛，篤生一人而已，何疏瀹之易言也？曰：聖神能事？道本《中庸》，孟子云“禹之治水，行所無事”，可謂得其要領矣。抑洪水於今日，既有《禹貢》施工次第之成規，無須金簡玉字之神授。又禹之治水，啟龍門，辟伊闕，析底柱，破碣石，鑿三峽，斷七谷，負黄龍，鎖支祈，功擬於神明，非人力所施。今所疏治，乃沙泥浮積之餘爾。即防海之輪船，施以蒺藜，乘漲汛潮力以濬之，罅坼稍啟，水隨而盪滌，始於海門，以次而上，上流之泥沙雖動，未必一蹴入海，將必復壅於下，逐節震刷，數四往返，盪滌一分則江流暢利一分，即田廬獲保一分，行之不已。禹一能之今百之，禹十能之今千之，不猶愈於蹈堙水之覆轍乎？輪船外以防海、内以疏瀹江河，既無複費，亦不重勞，不亦可乎？若乃穴口之復，必須畚臿之功。然一渠既成，兩岸之隄亦就，澇藉以洩，旱藉以蓄，復饒魚鰕之益、永世之利也。雖其故道不可復知，所穿皆必破民恒産，然所廢者數十分之一爾。以數十分之力，彌縫其一，必有以處之矣。至所割棄，非謂舉隄壖之田盡委而棄之也，但使水得其壑而止爾。且其所圍者，本皆沮澤，不耐風濤，名爲棄之，實則省其播種之資力，不致望洋而虚擲。又得數歲治隄之費，及隄決所亡失之數，以移徙安集之而有餘，是拔之水中而登之衽席矣。至於陂渠之修，必蓄水於高源，始蒙灌溉之利，《文獻通考》："紹興五年，寶文閣待制李光言：越境皆有陂湖，大抵湖高於田，田又高於江海，旱則放湖水溉田，澇則決田水入海，故不爲災。"似無與於導水就下之事。不知《禹貢》於"九川滌源"之後即繼之曰"九澤既陂"，《集傳》謂"九州之澤，已有陂障而無潰決"。則是於洩水之時，即爲蓄水之計，使九州之内，既不憂澇，復不憂旱，此聖人"允執厥中"之道，無在不見其權衡，而無俟戰國、秦、漢穿渠引漕始知灌溉之爲樂利也。

帝王作用，歷萬古而無偏弊，率而行之，兆民永賴矣。其有偏弊待於補救者，皆後之人各出私智，不師古先自即於偏弊爾。其始非無小利近功之可悦，其繼則偏弊生而補苴之術出，其既遂積重難返至於隳敗而不可收拾。凡所立政立事，莫不皆然，而況於神聖之治水爲亘古以來興利除害第一大政哉！自隄防水利之説興，凡所規畫，皆知私而不知公，見小而不見大，謀近而不及遠，趨利而不能避其害者也。昔者聖人爲陂澤以蓄餘波而防其太盡，後人爲隄防以禦洪濤而敵其方盛。夫挾土以勝水，鯀所以殛，後世乃竊取其術以顯功名，而偷享其利者方且歌謡而尸祝之，以致微禹其魚之報。夫隄防之初，不過懼水之侵嚙我也，習而玩之，因而利之，乃挾隄防以侵嚙水矣。自漢以來，日朘月削，國利其賦，官貪其功，民餌其利，闤闠積爲鉅鎮，若江陵之章卜、郝穴，沔陽之新隄，廣濟之武穴、龍坪，皆商賈輻輳，多至數千百家，皆緣隄結屋。聚落漸成縣邑，如湖北之公安，湖南之安鄉、華容等縣，皆所謂排水澤而居者。此積羽沈舟、群輕折軸之勢也。水之爲隄防，侵削縛束，至於不能舒暢，其流於是湍急震怒、泛濫横決，不惟所争於水者呼吸之間漂没立盡，又波及不澇之良田，當年之井牧同歸澤國，倏葬江魚，則又咎隄防之未堅也，天心之不仁而降災也。於是繕潰增卑，歲以爲常，上耗國帑，下罄民膏，以從事於沮洳草澤之間，行險而徼幸，此與積薪厝火、寢處其上者何以辨焉？夫水之有道，猶人身之有竅，日填其竅，烏得不病？既病而猶以通利之劑爲迂談，可不爲之大哀乎？且夫地有九州，即有四海；有四列三條之山，即有南北兩條之谿壑以洩其水。江有澧、沅、九江之會，則生洞庭之澤以渟之；有豫章之入，則生鄱陽之澤以渟之，故江得以舒緩其流。漢之入江也，曰潛、曰夏、曰沌，皆其分洩之道也，而猶未足以殺其勢也，是故聖人爲彭蠡之澤以渟之，爲北江以分之，此所以斡旋造化者也。地之有水也，猶人身之有血脈行於隧道之中，何致泛溢爲患哉！是故水不激不怒，不塞不溢，不盡其利，不罹其害。是故經典垂萬世之大法。

〔揚荆二州之界〕

江入中國，貫《禹貢》“揚、荆、梁”三州之域。“淮、海惟揚州”，其境北倚長淮，東南盡海，《傳》曰：“南距海。”《通典》曰：“東南距海。”西至湖北黄州、漢陽二府分界之武湖沙口，《水經注》云“荆州界盡於此”。蓋淮水發源桐柏，陽邏之長山亦發脈於桐柏，故知荆、揚之交在此。考沿革者皆以黄州府境屬《禹貢》“荆州”，誤也。餘見下。《禹貢》“揚州”全有今江南長淮以南及江西、浙、閩全省，湖北之黄州府境及武昌、大冶、興國諸州縣，河南之光、固，粵東之潮、嘉諸境。《晉後史志》：“每云五嶺之南至海並是揚境。”《通典》曰：“《禹貢》物産貢賦、《職方》山藪川浸，皆不及五嶺之外，且荆州南境至衡山之陽。若五嶺南在九州封域，則以鄰接，宜屬荆州，豈有舍荆而屬揚？此近史之誤也。”今按：荆州之界止於衡陽，則五嶺之外不隸九州封域，良是。但不得以荆境南不及海，以例揚境亦南不及海也。經云“淮海惟揚州”，言淮則西北之境可知，言海則東南之境可知。至福建之汀、漳二府及廣東之潮州府、嘉應州，屬境在五嶺之第一嶺（即大庾嶺），東嶠之東南，非復五嶺之南矣。《傳》云“南距海”，言“南”以該“東”也。杜云“東南”，語義尤備。至謂“南不及海”，則與經違矣。胡氏謂“經云‘東漸于海’，則青、徐、揚之海皆主東言可知”，不知合九州封域以言海，則海在東。專據揚以言，則海環其東南兩面矣。春秋，吴越祇古揚州東境一隅爾。秦九江、會稽二郡，漢廬江、九江、豫章、丹陽、會稽五郡，六安、廣陵二國，及江夏郡之東境，皆古揚州，而兩漢皆劃廣陵隸徐州，至隋始擅揚州之稱。其古揚州始治歷陽，即今和州；後治曲阿，今丹陽；最後治建康；又治會稽。皆不在今揚州屬境。今揚州沿革，詳見圖中。

“荆及衡陽惟荆州”，《傳》曰“北據荆山，南及衡山之陽”，《漢志》“南郡臨沮縣”自注云“《禹貢》‘南條荆山’在東北”。“左馮翊褱德縣”下云：“《禹貢》‘北條荆山’在南，洛水東南入渭，雍州寖。”按：褱德，在今陜西西安府富平縣西南十里。按：南條荆山，在今湖北襄陽府南漳縣西南八十里，荆門州遠安縣西北。漢臨沮縣，在今荆門州當陽縣西北，漢時荆山在其境，爲荆、豫二州之界。《左傳·昭四年》：“晉司馬侯曰：‘荆山，九州之險也。’”《水經注》：“蓋即荆山之稱而制州名矣，故楚也。子革曰：‘我先君僻處荆山以供王事。’”《唐六典》：“山南道荆山，三面險絶，惟西南一隅通人徑，頂有石室，相傳卞和宅，有抱玉巖。”胡氏曰“荆之北界，荆山之西百餘里爲景山”，即荆山之首也。荆山又東爲荆門州，又逾漢爲安陸府鍾祥縣，又東爲京山縣北境、德安府隨州南境，又東爲應山縣。縣北有義陽三關：見《齊書·州郡志》。義陽，唐申州治。平靖，在縣北六十里。即古之冥阨；黄峴，又名百雁關，縣北九十里，西至平靖關一百六十里。即直轅；武陽，一名澧山關，縣東北一百三十里，西至黄峴關一百里。即大隧。《左傳·定四年》：“吴伐楚，自淮涉漢，楚左司馬戌請還，塞大隧、直轅、冥阨，自後擊之。”三關，又總名城口，楚史皇所謂“塞城口而入也”。又東爲黄安縣，有大活關、西至武陽關一百里。白沙關。西至大活關六十里。又東為麻城縣，有穆陵關、縣西北一百里，西至白沙關八十里，關在穆陵山上，或曰“齊之四履，南至穆陵”即此。陰山關。縣東北一百一里，西至穆陵關一百里。諸關依山爲阻，與荆山東、西準望相直，皆荆、豫接界處。南界衡陽，大抵及五嶺而止。酈氏曰：“古云‘五嶺者，天地以隔，内外藉此表界’，差爲近理。”《史記》曰：“秦有五嶺之戍。”《晉・地理志》曰：“自北征南，入越之道，必由嶺嶠，時有五處，故曰五嶺。”據《水經注》：五嶺，大庾最東，爲第一嶺，在揚境（江西、廣東接界），餘皆屬荆；第二騎田嶺（今謂之臘嶺，高千餘丈），在湖南郴州南（南接廣東陽山縣界，北寒南燠，气候頓殊）；第三都龐嶺，在衡州府藍山縣南（南接廣東連州界）；第四萌渚嶺，即古臨賀嶺，今名桂嶺，高三千餘丈，在永州府江華縣南（南接廣西平樂府賀、富川二縣界）；第五越城嶺，在廣西桂林府興安縣北（嶺北一百三十里接湖南寶慶府城步縣界）。東界自麻城、黄岡，踰江而南爲武昌。又西南爲通山、咸甯、崇陽、通城，又南爲瀏陽、醴陵、攸縣、茶陵，又東南爲興甯、桂東、桂陽，又西南爲宜章，皆與揚分界。西界經無可見，據戰國時巴、楚分地約略言之，蓋自巴東踰江而南爲建始、施州、麻陽、沅州，又東南爲黔陽、靖州、通道以訖興安，與貴州、廣西接界。殷制有荆無梁。《爾雅》“漢南曰荆州”，漢水出嶓冢梁州山也，自嶓冢以東至沙口，凡在漢水南者，皆爲荆州。然則《禹貢》“梁州”之地，荆亦兼之。《漢志》云“周改徐、梁二州，合之雍、青”，併梁合雍，未可盡據。漢江夏之西境，及南郡武陵、零陵（舜冢，郡因以名）、桂陽諸郡，長沙一國，皆荆州境。

〔三條四列〕

《史記索隱》“汧、壺口、厎柱、太行、西傾、熊耳、嶓冢、内方、岐”，即岷。是九山也。古分爲三條，故《地理志》有“北條之荆山”。馬融以汧爲北條，西傾爲中條，嶓冢爲南條。鄭玄分四列：汧爲陰列，西傾爲次陰列，嶓冢爲陽列，岐山爲次陽列。《集傳》云：“王、鄭有三條四列之名，皆爲未當。今據‘導’字分之，以爲南、北二條，而江河以爲之紀。於二之中又分爲二焉，故有北條大河北境之山、大河南境之山，南條江漢北境之山、江漢南境之山也。”今按：四列之山，必有三條之水：壺口、西傾，其間爲河；西傾、嶓冢，其間爲漢；嶓冢、岷山，其間爲江。然漢水入江，江可統漢，故江、河有南、北二條之目，則山亦自有南、北、中三條之稱。以江、河兩界而名之，則似壺口爲北條，岍岐、西傾、嶓冢皆爲中條，岷山、衡山爲南條。然據《漢志》"北條荆山，南條荆山"之語，是大河南、北之山皆爲北條，大江南、北之山皆爲南條（内方大别在漢北，亦歸南條）。《蔡傳》二條之中又分二焉，其説可通。

長江圖後序

曩者洪逆倡亂，粵西迫促，萬山間如鼠囓橐中，其技未得逞也。咸豐二年，闌入楚畺，覽湘流之形，知舟楫之利，而其患方長。初，賊於王沙河奪舟數百，鋭意欲犯衡、湘，賴新甯江忠烈公預以巨筏阻其前，伏輕兵夾岸抄之，賊大敗遁去，遂繞郴、桂，由間道渡洣水，循攸、醴以圖長沙。當是時，陸師援湘省者數萬，而江路無一卒之防，以故賊得以大掠江船，揚帆東下，直據金陵，沿江列置僞守，上至巴陵，幾於竟長江而有之，此我軍之失計而寇患之滋深也。越明年，湘鄉相國始以少宗伯奉命辦賊，建言召募水勇，大治舟艦於衡州，日夕親臨操閱，礮聲聞百里。又明年，成軍以出，首復湘潭，繼拔岳鄂。自是，湖之南北、江之東西，靡役不從。雖偶有折傷，而卒以此制賊死命。蓋嘗譬之中國之有江河，如人身之有血脈。知血脈之榮枯關人身之衰旺，即知江河之通塞繫中國之安危。然而，越爲三軍，吴曾不禦；曹丕天塹，王濬樓船。雖曰地險，豈非人事哉？湘鄉相國知人善任，簡帥水師者如楊宫保拔於末弁、彭宫保進自諸生，今軍門黄公亦由帳前材官薦擢大帥之數。公者感荷殊知，直視爲身心性命，與之終始用能，與陸師犄角，平定東南。其後，楊公以大司馬督師隴右，彭公以少司馬駐節皖中，公獨率所部淮揚水師，從今合肥相國李公用兵海上，還定三吴，復先後從湘鄉、合肥兩相國北征群捻，沿淮、泗，達津、沽，中原肅清，勳業爛焉。公以同治三年開府長江而改勇爲兵，分汛設防，永爲經制。按照新章，則自本年正月爲斷，所轄境地，歲一巡閲，遂於三月既望，起節金陵，上溯荆州，下迄江陰，旁歷洞庭、鄱陽兩湖，往復迴環，計程萬里而遥，閲時九月，乃既厥事。其控制之雄、仔肩之重，實爲從古水軍所創見，非天下之英，烏足以勝任而愉快者哉！香倬一介書生，謬參戎幄，從軍上下，樽俎追陪，每值維舟野渡、散步夕陽，公輒指以示予曰：某山某水，此昔年鏖戰處也；某邱某隴，此陣亡將士所瘞忠魂也。其與公有舊者，塋墓雖遠，必具隻雞斗酒，親往奠之而後去。其語江湖形勢與兵家成敗利鈍之數，如在目前。當夫兩軍交戰，槍礮互施，萬聲震盪，天日晦冥，斯時也，外不見敵，内不見身，不知悦生，不知畏死，惟恃一縷孤忠，以憑國家威福而已，豈預知有今日哉！公之所以語香倬者如此。夫人方履險不知爲險也，出乎險而險乃可懼矣。抑即乎安而險乃愈不可忘矣。惟公以百戰之餘，膺五省之寄，其於長江之要害，汛防之疏密，弁兵之勤惰，固無日不往來於胸中。既以屬馬君素臣爲圖，而復命香倬補署卷尾，爰即當年管見所及與平日得聞者，謹爲敘次，蓋猶是不忘在莒之意云。

衡山王香倬子雲謹序

漢水發源攷

〔清〕沈𣙜德　輯　　林久貴　吴　婷　點校

前　言

《漢水發源攷》，清沈楙德（字翠嶺）輯。此文是沈楙德輯録崇明王筠《湘庭録》中專門關於漢水發源考辨的文字，而《湘庭録》又兼及朱鶴齡《嶓冢漢源辨》、金榜《漢水所出》、錢坫《新斠注地理志》三文。

自《漢書·地理志》言"《禹貢》瀁水所出，東至武都爲漢"，"《禹貢》嶓冢山在西，西漢水所出"，後人遂有東、西二漢水之説，以至清王士禎信《通典》"嶓冢有二"，更作《東西二漢水辨》，實是未經親歷目驗而得出的結論。崇明王筠參朱鶴齡《嶓冢漢源辨》、金榜《漢水所出》及錢坫《新斠注地理志》，以爲漢水有東、西二源，而皆發源於秦川嶓冢一山。錢坫曾"身實歷之，目實驗之，且其言與《禹貢》、班《志》悉合"，因而此結論爲沈楙德所崇信。

《漢水發源攷》篇幅較簡短，但集中了有關漢水發源考辨的諸條文獻材料，爲我們今天研究漢水源流提供了基本綫索。此篇文獻出自沈楙德《昭代叢書》乙集補卷三。該叢書所收，有的是從文集中摘録一篇，有的是從全書中割取數頁，也有偶書數紙，并非著述，而皆强以篇名，《漢水發源攷》當屬此類。本次負責整理爲湖北大學文學院林久貴，不當之處，敬請批評指正。

點校者

目　　録

崇明王筠《湘庭録》

自來攷河源者，咸以爲出昆侖。又謂有兩昆侖：一遠在青海，一近在肅州。攷漢源者，咸以爲出嶓冢。又謂有兩嶓冢：一北在秦州，一南在寧羌。山既有兩，于是諸儒之説紛如。余謂河源發于青海，至中國七千餘里，必不出自肅州。若漢水，則有東、西兩源，而皆發源于秦州之嶓冢。《漢書·地理志》明言：隴西氐道縣"《禹貢》瀁水所出，東至武都爲漢"，惜于氐道縣不載。"《禹貢》嶓冢山在南"，而于"西縣"則云"《禹貢》嶓冢山在西，西漢水所出"，以致後人之疑。然東、西兩源同出一山，從此可決，而寧羌實未有嶓冢也。但其間山坂參錯，溪澗紛斜，所謂漢源者，非經目驗，恐難自信。昔王漁洋先生典試四川，探其源委，作《東西二漢水辨》，則信《通典》謂嶓冢有二：東漢水出金牛之嶓冢，西漢水出上邦之嶓冢。退而攷諸傳記，若吴江朱氏《愚庵小集》、歙縣金氏《禮箋》，則又與王氏異。近見錢氏《新斠注地理志》，于"氐道縣"下云："乾隆五十四年，奉上司檄委，窮究涇、渭二水道，經秦隴，熟悉其地，知漢水兩源俱出秦州之嶓冢，後人謬言寧羌别有嶓冢耳。"錢氏既經目驗，其説必然可據。今兼録朱氏、金氏兩條，而以錢氏之説爲折衷焉。

嶓冢漢源辨

朱氏鶴齡曰：《禹貢》“嶓冢導漾，東流爲漢”，解者多糾結于《水經》《地志》諸書，迄無歸一之論。班固《地理志》云：“隴西郡西縣嶓冢山西，漢水所出。”桑欽《水經》云：“漾水出隴西氐道縣嶓冢山，沔水出武都沮縣狼谷中，東、西流注。”常璩《華陽國志》云：“漢水東源出武都漾山，爲漾水；西源出隴西嶓冢山，逕葭萌入漢。所謂西漢者，逕階、沔、利、劍，東南至渝州入江；所謂東漢者，逕梁、洋、房均、襄、郢，東南至漢陽入江。”酈道元云：“東、西兩川，俱出嶓冢，而同爲漢水。”其説與班、桑微異。杜佑《通典》云：“秦州上邽縣嶓冢山，西漢所出，逕嘉陵曰嘉陵江，逕閬中曰閬江。漢中金牛縣嶓冢山，禹導漾水至此爲漢水，亦曰沔水。”其説與桑、酈又微異。

宋文叔黄氏度《書説》始正之曰：“漢有漾、沔之名，皆東漢水也。”《地理志》“西漢出西縣嶓冢山，南入廣漢”，白水蓋潛漢也。經不言其所出，自古以爲東、西兩漢俱出嶓冢，則或然矣，而西漢固無漾、沔之名。《漢志》“漾水出隴西氐道，至武都爲漢，武都漢水受氐道水名沔”，是則漾、沔俱爲東漢也。獨氐道、武都，川渠阻隔，武都受漾，别無可據，而桑欽遂徙氐道漾水爲西漢之源，由是紛錯。酈道元委曲遷就，通之以潛伏之流，證之以難驗之論，更覺齟齬。故當盡廢諸説，一以經文爲斷也。先朝苑洛韓氏邦奇又正之曰：“鞏昌嶓冢是漢源，漢中無嶓冢。沔水出金牛山，在沔縣西。人誤爲漢水，遂以金牛爲嶓冢耳。”

愚按：自古稱漢有東、西二源，《禹貢》“漾流爲漢”，此東源也。但班《志》以西漢水出隴西嶓冢，于武都東漢止，言受隴西氐道漾水，而不著其所出之山，則是東漢之源與西漢同出氐道明矣。漢中嶓冢，杜佑以前未聞，常璩亦止言武都漾山，不明言嶓冢也。韓苑洛“漢中無嶓冢”之説，正足與班固相發明。韓，關中人，其言可信。孔安國曰：“漢上曰沔。”漢上者，漢水之上流也。嶓冢漾水出沔陽今沔縣。爲沔水，經南鄭爲漢水。謂沔水即漢水不可，謂沔水非漢水亦不可也。氐道武都，川渠阻隔，誠如黄氏所疑。然漢水多伏流，故别曰“潛漢”。漾之爲名，特泉始出耳。東行武都，其流始大。今漢中沔縣，即漢武都地也。其曰受漾者，正謂氐道至武都，自源徂流，水脈相接，而豈必有川渠之可求哉？蓋大禹導漢與導江不同：江水導其流，故岷山直曰“導江”；漢水導其源，故嶓冢不曰“導漢”。若嶓冢近在沔陽，則漢水已津流浩瀚，不應有漾水之目矣。桑欽誤分漾水爲西漢、沔水爲東漢，遂滋後人之惑。今之撰《通志》《一统志》及《雍大記》諸書者，類皆沿襲舊説，此不可以不急正也。至于潛漢非即西漢，諸家亦從無辨明。

《尚書正義》引《爾雅注》云：“有水從漢中沔陽縣南流，至梓潼漢壽入大穴中，通罡山下，西南潛出。舊俗云即《禹貢》潛水也。”《史記正義》云：“潛水源出利州綿谷縣東龍門山大石穴下。”庾仲雍以墊江晉縣。有别江出晉壽縣，此即潛水。余按：今保寧府廣元縣漢廣，漢地也，蜀漢曰漢壽，晉改晉壽，隋改綿谷。石穴水當是經綿谷出宕渠，今渠縣。杜少陵詩“綿谷元通漢”，此一證也。鄭康成云：“漢别爲潛，其穴本小，禹自廣漢疏通，即爲西漢。”蓋即指綿谷水耳。然此水既從沔陽南流，則是東漢枝派，與西漢水迥不相蒙。《地理志》云“潛水出巴郡宕渠符特山，西南入江”，不云“潛即西漢”，康成始合之爲一，酈道元、孔穎達輩因之，疑康成説不足信。及考《水經注》“西漢水自嶓冢而下即西南流，過祁山入嘉陵道爲嘉陵水，又東南流經宕渠，合宕渠水”，乃知西漢水入潛，故世遂以潛即西漢耳。若必如注疏解求所爲出，漢入漢者爲潛，則今之宕渠水與西漢水皆至合州入大江，何嘗與沔、漢相爲沿注哉？梁州貢道浮于潛、逾于沔，因潛水伏流，故阻漾枝津。酈道元所謂“漢水枝分斜出”，其説當不妄。而黄氏并此非之，過矣。鄭端簡又云“梁州三十六江皆是潛水”，此又非定論。謹識之以俟博聞。

漢水所出

金氏榜曰："後儒言漢水源者，咸求之于嶓冢。"榜以《漢志》考之，"嶓冢導漾"，惟据《禹貢》漢水言耳。《周·職方》荆州漢水則不導源于嶓冢，故《志》言"沮水出沮縣東狼谷，南至沙羨南入江，過郡五，行四千里，荆州川"，《説文》《水經》《後漢》《郡國志》皆云然。蓋漾水輟流，不與漢水相屬，由來久矣。《志》言："《禹貢》漾水出隴西氐道縣，至武都爲東漢水，一名沔，過江夏謂之夏水，入江。《禹貢》鄭注亦引《志》文。"此明《禹貢》漢水故道，若魏郡鄴東故大河、館陶屯氏河之類。班氏自謂采獲舊聞，考跡《詩》《書》，推表山川，以綴《禹貢》《周官》《春秋》，下及戰國、秦、漢者如是，非謂漢代逕流之道，東漢水仍上受氐道水也。《水經》言"漾水出隴西氐道縣嶓冢山，東至武都沮縣爲漢水，謂西漢也。《水經》凡稱東漢水爲沔、西漢水爲漢。東南至江州縣，東南入于江。"漾水既輟東流，勢必西入，徒以氐道無可考見，後世莫能定其孰爲漾水，而與東漢水不相屬，得《水經》校之益明。後儒考《漢志》不詳，于漢源求嶓冢不得，因旁漢水之山，强名之爲嶓冢，亦近誣矣。《漢志》"《禹貢》嶓冢山在隴西西縣，西漢水所出，南入廣漢白水東南，至江州入江"，不見于"氐道"。然"于氐道"言"《禹貢》漾水所出，東至武都爲漢"，正釋經"嶓冢導漾，東流爲漢"，明氐道亦得有嶓冢山。是山峰、岫延長，西氐道皆其盤迴之地。準之地望，氐道當在西縣東，《志》已于"西縣"著嶓冢山，氐道例不重出。如雲夢澤跨江南、北，《志》惟于"南郡華容"一見也。《水經》言"漾水出隴西氐道嶓冢山"，郭景純《山海經注》亦言"嶓冢在武都氐道縣南"，可與《漢志》互明。西漢水，鄭書注以爲《禹貢》"梁州"之潛，注云："潛，蓋漢西出嶓冢，東南至巴郡江州入江。"又云："漢别爲潛，其穴本小，水積成澤，流與漢合，大禹自道漢疏通，即爲西漢水也。”案：馬季長注云“其中泉出而不流者名潛”，即鄭注“水積成澤”之義。以上受漢別，故得西漢水之稱，後乃併其上流出嶓冢者名爲西漢水矣。

新斠注地理志

錢氏坫曰：隴西郡氐道縣，在今秦州清水縣西南。《禹貢》“養水所出，東至武都爲漢”，“養”即“瀁”字，《説文解字》云“漾，古文作瀁”是也，此從省而通于“養”耳。氐道在上邽之東南、下辨之東北，則養水亦出嶓冢山，其明證矣。隴坻山坂零雜，溪澗糾互，衆流莫析，以今證古，則水從嶓冢東南流，逕故河池而合泉街水。蓋今黑谷水之源似即養水之源，濁水之流似即養水之流。但自酈氏以後，俱衍“黑谷水入濁，濁水入西漢”爲説，而莫曉山坂糾紊、二水互通之緣，遂令迷于所始，是談地理之一謬也。

余以乾隆五十四年四月奉上司檄委，窮究涇、渭二水道，經秦隴之間，熟悉其處，故知《禹貢》暨本《志》之水皆無所誤，證以《山海經》云“嶓冢之山，漢水出焉，東流注于沔”、《水經》云“嶓冢山在氐道南”二説，更信言之非舛。但後世多以《志》義爲非，而又别嶓冢有兩山，移《禹貢》之嶓冢于今寧羌州地，穿鑿附會，斯更巨戾，不可以不辨。西縣在今秦州西南百二十里。《禹貢》：“嶓冢山在西，西漢水所出，南入廣漢白水，東南至江州入江。”山在今秦州西南六十里，蓋當西縣東北，《志》誤作“西”耳。白水，墊江也，墊江至昭化縣北合西漢水。今水出嶓冢山，西南流逕西和縣、北禮縣南，折南，折東，逕階州北成縣南；又東折，南入嘉陵道曰嘉陵江；又南逕略陽縣西、陽平關西、朝天關西、廣元縣西，合墊江，所謂“南入廣漢白水”也；又南逕蒼溪縣西折東，逕保寧府城西折南；又東逕南部縣北；又東南逕蓬州東，折西，南逕順慶府東南；又南逕定遠縣東、合州東，至重慶府城北入江。

筠案：朱氏謂“東漢之源與西漢同出氐道，漢中别有嶓冢”，杜佑以前未聞。金氏謂“漢時漾水東流已輟，班固特言其故道”，又謂“《志》已于西縣著嶓冢山，氐道例不重出”。據此兩條，則王氏之辨大非矣。再以錢氏自驗一條證之，兩漢發源同出一山，夫復何疑！

筠又案：《水經》云“嶓冢山在氐道縣南”，則氐道故城在今秦州西，嶓冢山在西縣東北，漾水出其東北隅，則在氐道縣南，今爲秦州地；“東南流爲漢水”，則在武都縣東北，今爲成縣地。《地理志》云：“武都郡沮縣沮水出東狼谷。”沮即漢之别源，東狼谷在略陽縣東北。沮水逕縣東至青羊驛與漢水合。《禹貢》：“嶓冢道漾，東流爲漢，東北流得獻水口。”庾仲雍曰：“是水南至關城合西漢水，又東北合沮口，同爲漢水之源也。”沮口在沔縣西，關城即陽平關，在縣西北。獻水既受漢水，從徽縣南流，徑略陽縣西與西漢水通，折而東流，至沔縣西與沮水合。後人或以此而移嶓冢于金牛與？

跋

甚哉！攷據之難也。筆耕者既莫知所從，目擊者亦未必得實。漁洋王氏自謂“典試西川，詢諸土人，得究東、西二漢水之源”，而不知其爲杜君卿所蔽。意者位尊望重，徒得諸採訪，未嘗親履其處耳。嘉定錢氏奉檄馳驅，所云“山坂零雜，溪澗糾互”，身實歷之，目實驗之，且其言與《禹書》、班《志》悉合，余故取以補《乙集》之闕。

翠嶺沈楙德

楚南諸水源流攷

〔清〕孫良貴　撰　　林久貴　胡正巧　點校

前　言

《楚南諸水源流攷》，清孫良貴撰。孫良貴，字隣初，號鹿門，湖南善化人。乾隆己未年（一七三九年）進士，曾官甘肅安化知縣。另著有《墨樵詩鈔》等。

《楚南諸水源流攷》是孫氏關於古楚地湘江、九江等水系源流考辨的專著，共由二十二篇文章組成，分别是:《考定三湘説》《考定九江説》《九江瀟、湵二水當去説》《九江漵水、二酉水、辰水當去説》《九江元水當去説》《九江湘水説》《九江沅水説》《九江資水説》《九江澧水説》《九江漸水、辰水説》《九江新收洮水説》《九江新收灉水、溦水説》《青草、洞庭二君考》《楚南水入江説》《楚南水入黔、兩粤説》《楚南水入江西章江水説》《黄河源考》《河套源流論》《棄套築長城論》《駁倪岳議河套論》《駁翁萬達議河套論》《河套近日形勢論》。其中，後六篇文字是其關於黄河源流、河套廢置等問題的考辨，與古楚南水系無涉，因考慮到該書整理後的完整性，故將此六篇文字一并收入。

楚南諸水，派系衆多，孫氏徵文考獻，據古印今，統約爲三湘、九江，可謂高屋建瓴，總覽綱目，使人於楚南水系瞭然於心，無患雜越。具體到三湘、九江的考辨，孫氏既取前人之是，又訂前人之非，并提出自己的看法。比如，關於“三湘”之名，宋樂史《太平寰宇記》以湘潭、湘陰、湘鄉爲“三湘”，南北朝顧野王《輿地志》以瀟、湵、沅會湘爲“三湘”。孫氏以爲這些看法均是“泥湘水以求三湘”的結果，實際上，“楚南總名爲湘”，漢曰“江東”，唐曰“湘南”，宋始稱“荆湖南路”，宋人張君房《湘山野録》全載楚南故事是其證。再如，關於“九江”之名，亦是古今聚訟，莫之能一。自晋郭璞至唐孔穎達、宋羅泌等，均以潯江爲九江（因古潯陽爲清江西九江府，歷號江州，一水散爲九派），孫氏則主九江爲洞庭諸水之説，因諺有“九條龍落君山口”，此即“九江”之説，衹是後人習而不察耳。因此之故，孫氏通過考源鏡流，以爲九江當去瀟水、溹水、漵水、二酉水、辰水、元水等，不爲無見。

總之，《楚南諸水源流攷》爲我們今天研究湖南、湖北、江西等省水系源流提供了頗具參考價值的史料。此次整理所據版本爲《楚南諸水源流攷》的清鈔本。此次負责整理爲湖北大學文學院林久貴，不當之處，敬請批評指正。

點校者

目　録

考定三湘説

楚南水數百派，嘗考而能言之，以窘於尺幅則弗悉，惟取《水經》《地里〔理〕志》[1]所載者，統約之於三湘、九江。復訂訛徵實、據古印今，庶幾了然心目，無患雜而越也。考《寰宇記》以湘潭、湘陰、湘鄉爲三湘，而區以上、中、下之目，狹而陋矣。《輿地志》以瀟、烝、沅會湘爲三湘，明人主之作考，爲修志者采，是又並湘而四矣，弊由泥湘水以求三湘，而不知楚南之無非三湘也。繹湘之義，爲合湘納千流以入江，合中原百瀆以與河争盟，近事則河、淮同導入江，以南紀而受北條之全矣。觀其同源而南趨入海者曰灕，知其不與中原□□□□□[2]於嶺南百粤之區也。故愚意以濱、沅二水源流皆□□□□□□□相埒，併湘水爲三湘。雖各入湖，潏行百餘里，而□□□□□□□□自湖心之黄鈷潭合濱以趨於湖腹，又行二百□□□□□□□□入湘，若朝宗然。而澧則西引荆江衆沱，左會於□□□□□□□□陵澂江口來而咸入焉，以爲湘之門，故長沙之宜爲□□□□□□。

先仁皇帝洵先天而弗違矣。偶閲唐末逋臣楊益金璧元文云："南龍湘水湧波瀾，不知多少枝葉繁，悠悠地軸洞庭關。"又曰："荆楚元來是霸圖，分明九派入湘流。"雖形家者言，亦可以證楚南總名爲湘矣。是以岳州城北有三湘浦，今爲臨湘邑治，雖出湖口百餘里大江東去，猶以湘名。自岳郡對岸，大江西浦爲湖北荆郡監利縣、安陸沔陽州地方，即古左州侯地。而江東則由城陵磯達石頭關祭風臺爲巴邛赤壁鏖兵地，非黄州之赤彝山。越三站二百七十里而湖南之邊界乃盡，故漢曰"江東"，唐曰"湘南"，至趙宋始稱"荆湖南路"，蓋三湘所由稱有如此者。而宋人

---

① 地理志：底本原作"地里志"，據改。餘同。

② 凡"□□"爲底本缺損或不清之處。查國家圖書館所藏鈔本，與此本同。餘同。

張君房《湘山野緑〔録〕》[1]全載楚南故事，斯得之矣。《續野録》多不經釋文瑩手成。

① 湘山野録：底本原作“湘山野緑”，據改。

考定九江説

九江之名，古今聚訟，如孔穎達、李宗諤、羅泌者以潯江爲九江，起郭璞一人之説。夫潯陽，即今江西九江府，歷號江州，一水散爲九派，如江有沱、渚之類，非實在有九水也。稽楚南，古爲江南，項羽弑義帝於江南，在今郴州，常郡人先起兵應高帝，故武陵本壽陵，戰國漢壽地，楚未遷時封黄歇爲壽陵君。改爲義陵，檄曰“發九江兵，南浮江漢以下”可證九江之爲洞庭矣。又東漢光武初，宋均爲九江太守，猛虎渡河，今虎渡口在大江南岸荆、澧之交，是又一証也。而可以隋以後之九江胃〔謂〕[1]之乎？況潯陽地居吴頭，已在揚州之域，於荆州□□□□□氏遵朱子注“九江孔殷”，正以爲即今之洞庭。而□□□□□□□有爲騎牆之説，與朱蔡發難者，是欲翻《禹貢》三□□□□□□□其先曰“九江孔殷”，乃曰“沱潛既道，雲土夢作”，又□□□□□□□夢彰彰矣。猶序于“孔殷”之下，明其爲在楚南也。□□□□□□□“九江至于敷淺原，夫過而後至”，是九江在敷淺原之□□□□□原在饒郡洪家閬一帶。以地勢較之，九江府反在其西下二百里，即《輿地志》以爲德安縣之博易山爲敷淺原，亦在九江府之上一百二十里，愈見今之九江非《禹貢》之“九江”矣。又曰“東至于澧，過九江至于東陵”，澧即澧州，東陵即巴陵，東、西相對，洞庭滙其中，故列子、屈子以東陵爲巴蛇九陵，而唐張説《滬湖寺詩》“雲間東嶺千重出，樹裏南湖一片明”是也，而可以九江德化縣晉興始創之東林一禅刹指爲東陵以實之乎？且而柏翳《山海經》及漢初桑欽所出古本《水經》係周秦以上之書，《山海經》云“澧沅之風，瀟湘之淵”，是在九江之間，酈元本之以

① 據上下文，“胃之”當爲“謂之”。

注《水經》。事不信古，秉經而翻成案，妄引强鮮，佐其荒誕，惑後進而欺天下，其得爲著信考藝之醇儒乎？顧九江即洞庭，不創自朱子也，先之者有胡旦、晁説之，但正郭、孔之謬，而皆未有水名以實之，九峰始師曾彦和，和始據《九經圖》注拈出源長者創爲元、辰、酉、溆，皆入沅之水。湘流浩大，所入大水多《水經》有名者，而一無取，未免偏枯，遂以“元”爲“无”字之訛，疑無是水，又採鄭氏“至于澧”爲紀江水所經流，遂去沅、澧二水而進湘濱之瀟水、烝水爲執中調停之説以授九峰，作《書傳注》。九峰終以瀟、烝源短，仍主曾説，於是湘、湄間人祖朱，沅、浦間人祖蔡，交訌迄今，而靡有定其實。蔡據曾氏，未行考實。若據實在情形，終非脗合夏后氏刊奠謨疇者也。謹發二先生之覆，求其有當而後即安，□□□□□乎？爰是全去朱子所取之瀟、烝二水，又去蔡氏□□□□□□□□水之亂辰水者，析爲大、小二酉水而咸去之，改□□□□□□□□溪者而去之，別得湖濱龍陽縣之辰水以補之，□□□□□□□□水流近二千里者而特列之，以埒於湘、沅、濱三□□□□□□□□三水之泛濫於洞庭上游者以補之，若射覆然，發必□□□□□於湖之漘，經行湖之膂而後入君山之蛟室蜃腹焉，非若瀟、烝、沅、溆、酉五水之遠在二千里外，與洞庭無涉也。觀夫旱乾涸落，湖心宛然，九派各私一泓，皆有沙嶼隔越，趨於布袋口，而湲莫度其淺深之尋丈焉。諺曰“九條龍落君山口”，其即九江之説乎？人顧習而不察耳。

九江瀟、烝[①]二水當去説

二水，朱子所謂九江，而今去之。不考其源流，不知何以當去也。瀟源有三，即《水經》之涺水，又爲泠道水、瀅浦水，皆是水也。最遠者曰深水，源出春嶺東南八排寨，地曰南平山。南平者，今藍山縣舊名也。西北流，合舜水，新田縣入寧遠縣界，下道州，合泠道水，一曰泠水，出九嶷山陰舜陵下娥皇、女英二峰之中。流下爲魯觀巡司，經寧遠縣前，又合雷石鎮小溪，西會于涺水，一曰瀅水，源出廣西恭城縣鎮峽司岡。北流經永明、江華二縣，合秦水、枇杷川水爲瀅浦水，三水會于道州，而瀟以名。曷名爲瀟？以其流經八百里舂陵之石澗，潺湲有聲，如瀟風之淅颯也。而注湘水者，以爲湘水之色。公申易叟特信之，以刊入志。夫瀟自瀟，於湘水何與？明明有是水而謂無之，朱子何以取爲“九江”之一乎？觀其流，至永州城下遇浮橋，東北入湘爲鴛鴦水口。鑿確如是，乃曰“無之”乎？特流未六百里，固不得列之於江也。

烝水則又少短矣，而皆昧其源。上湘易文宗涒據《廣輿記》“衡州城北”之説，考正烝水出邵陽之梽木山，無梽字，當是致。經石亭橋入湘，流則百餘里，自謂得之，近采入誌，是□□□□□名之水爲烝，不知此水居郡後，特南岳之南界、水衡郡之北界水耳。雖《水經》載有涇水，在荆之南，久迷其處，未便牽合，即此水也，直謂之無名水而已。從來水北曰陽，山南亦曰陽，今日衡陽縣以衡山名，漢時烝陽縣以烝水名，於字義皆允協。自後又名臨烝縣，是烝水在郡之上，過郡前而邑臨之也。但近日郡南無是水，竊意即祁陽縣浯溪水也。浯既不見於經，乃漢《地理志》“烝水出邵〔陵〕[②]都梁耶蕫山”。都梁乃武岡，去邵陽二百

① 烝：後正文中作“烝”。

② 陵：底本原闕，據補。

八十里。應劭《風俗通》云："烝水經流永昌縣。"永昌，漢時祁陽也，在郡南三百五十里。又《水經注》云："烝水出重安縣西邵陵之耶薑山東北，至重安縣。"重安，今東安縣也。古邵陵括夫寶慶一郡，即薑山脊背連武岡，紫陽關去今邵陽縣遠甚。又下合永昌略塘水，經零陵之鍾武縣入湘。略塘，即今祁陽、衡陽界上社塘市，其水如油，灌蕎而肥，衡人治之，遂以馳名。都中鍾武廢城亦在郡城之南，會意考之，烝水在郡之陽。章章如是，特不敢即以浯溪當之耳。較之繳木山水，此則源流近五百里矣。瀟、烝二水相敵，皆爲朱子所收之九江，故合而考之，明其遠在衡山之陽，於洞庭無涉也。

九江溆水、二酉水、辰水當去説

溆即溆水，皇古已得名，史稱“炎帝伐九黎，戰於浦溆之野”是也，補，遂古通用。又以屈原所經遊而名。著其實，源流不能四百里，源出邵陽西北鄜隆回猺穴之鄜渠川，下鎮川司，過溆浦治前，合龍潭鎮諸澗水，而出浦口之江西會館。雖《輿地志》“洞庭有溆水”，亦緣蔡注。溆水列於九江，誤稱之耳。何江之遠在此西徼也?

大酉水出黔銅，行府所屬之鉛河土司，經流四川酉陽州之地葉壩，流至銅仁松桃廳之琴桃界始入湖南乾州廳，受永綏廳鎮溪花園司之水，又合湖北施南府新改流官之咸豐縣張家大壩水，自酉陽州來者爲酉水，别流至沅州府麻陽縣之崖門司口入沅，而鎮、筸、鳳、皇、廳五寨之水咸收焉。論古者盡人知其爲酉水也，而俗人稱“麻陽河”，又呼“銅仁河”，云小酉水出酉陽州之八面山，即小酉山也。大、小酉山相夾，古稱小酉爲大酉石室後洞門，不誣也。酉陽土司居其北，故曰陽，是水出洞中，幽崖暗合，至新設流官之永順府人呼懵懂河，合龍山縣之溫水、桑植縣之施溶司王村州水，又喜鵲營江西寨各洞水越鳳觜灘，經沅陵縣善卷先生墓荔溪浦入沅。二水流可六百里，而大酉較長，其小酉水近人呼“辰北河”，以《禹貢》之辰水實之。郡曰辰郡，縣曰辰溪，不知辰另有水在洞庭之涯，此乃小酉山水也，千餘年無人指破矣。

稽今日辰州郡，殷周爲南蠻鬼方，至周宣王中興，方叔征服蠻荆，召虎疆，理南海，而楚南辰、沅、寶、靖四州郡皆有召伯祠，始入疆索，又以太史家占金匱藏書後有火災，乃命藏其半於小酉山河崖之石室，蓋倣穆天子周遊，藏異書於大酉山石室而爲此也。爰合大酉山之發脈於川黔界，上抵於辰郡，易名爲書社，七百里之封域以識之，留示後人，而以其地屬於楚。楚昭王以蠻人知向化，因葉尹沈子高之言，欲以夫子尹其地，使得比於附庸，令尹公子申、司馬公子結不可乃止。至今辰、沅間舟行仰望絶壁，窻櫺宛然，漫稱仙人屋，而不知即藏書石室也。夫二周先生之藏者，將以傳之其人也，而披哉兄弟乃尼吾夫子之封，使不得見綏來動和之效，俾南楚人不得興於斯文，非千古之憾事乎？厥後，明正德中，知縣某頗好事，乃購漁人往取書，書皆竹册，達署甫發之，羊角風忽起，片片飛去，倘所謂“非其人道不虚行”者耶？後遂無復問津者矣。此地戰國時楚爲黔中地，秦昭王取之爲黔中郡，而川東、貴東之地咸隸焉，西漢改爲武陵郡，治首沅陵，仍隸川東、貴東一帶蠻夷，益以靖州、常德、澧州，從無所謂“辰”之名也，且川、黔二省東水流至此爲甲寅方，於天象、地里〔理〕[①] 皆無所取，其以小酉水冒辰水而稱辰州無疑也。若乃辰溪縣之水名錦水，俗儒求辰水而不穫者以此爲九江之一，近時辰邑名進士唐文衢尊亦主之。夫寧不思源出邑南龍門山，流經獨母山，至邑前入沅，源流僅百里許乎？乃今《沅陵志》又有“城東之辰水入沅”，此特辰州府之小界水耳，國初許纘曾《滇黔紀程録》顯駁之，有以也。嗟嗟一辰水耳，而混稱若此，盖好學深思、心知其意者鮮矣！

① 據上下文，“地里”當爲“地理”。

九江元水當去説

元混入沅，本无水，與“潕”“㵲”字音相近，古通用，“武”字則非。武水源甚即无是水也，愚竊疑當是“五溪”之訛。“无”“五”，于古文畫似而音相近，且出上六十里有龍標城，爲唐王昌齡謫居過五溪之所，貴州龍里、平越皆非。盖靖州之渠溪、綏寧之大小零溪、通道之恭溪、會同之雄溪咸入焉。此水則爲朗溪，以其流經舊五開衛，雍正九年改入貴州黎平府，爲開泰縣之朗洞寨，故朗以名也。此五溪之在黎、靖間者，非辰、沅之辰、雄、酉、武、樠爲伏波所征之五溪也。五水同歸會同縣，縣以水會得名，至縣東北洪江鎮口入沅。或曰洪江，楚南大鎮，百貨鱗集，吴越、秦晋大賈估載於斯無虚日。且江名有九：曰元，曰无，曰㵲，曰武，曰朗，曰雄，曰若，曰丹，並洪而九，小舟可達古州衛北關。乾隆十年前，辰常猶運古州兵米，后罷之，曰清江米，乃斜通清水江諸地，又上去會城與沅水源合，遠近相敵，廣紡衆流，故曰洪江。或曰此水一名若水，古荒服投魑魅之區，自武侯征服後而風霾朗開，故洞曰朗洞，寨曰五開。又土司曰柳霽丙昧，其錦屏縣，昔銅鼓衛，武侯征蠻得二十四面銅鼓之處，雍正年間與天柱縣俱撥入貴州，迄今不逢不若，是當爲逢江也。皆非也。

考《山海經》“黄帝之子昌意降於若水”，又曰“震于若水”，“降”與“震”皆生也，詩曰“載震載夙，維岳降神”，又《離騷》“庚寅吾以降”是也。以其娶蜀山氏，郭璞遂注爲蜀水。歷考注經者以“若水”爲“赤水江”，經曰“大海[①]之内，黑水、青水之間，木名若木，若水出焉”，又曰“赤水之東有蒼梧之國”。今考秦、蜀、黔三省：泉江二，黑

---

① 大海：《山海經》原文爲“南海”。見袁珂《山海經校注》第四四七頁，上海古籍出版社，一九八一年七月版。

水江二，黄河爲黄水江，川江爲青水江，而無赤水江。雖川、黔永寧、畢節二界上有赤水衞，上流曰烏蠻水，下流即瀘川，今裁衞，一縣丞治之，非洪流也，獨是水爲《禹貢》“丹砂所出，水皆赤色”，上流有赤溪司、丹江司，“丹”亦“赤”也。又黑水之大者爲雲南之洱河。瀾滄水，一呼青水，即北金沙江，由昭通下四川叙州、重慶以達荆州，而是水之源流適居其中。東即毗連西粤蒼梧，多若木，即桂樹。雖洪荒至今久已失指，而巡檢猶稱若水司，是蔡注之“元水江”當即爲古經之“赤水江”，而土俗人稱“紅江”，有明徵也。而其源有二，非洪州司來即稱洪江也：一自貴州新設流官鎮道之古州衞長官司，流經衞城北而下九股苗之赤溪八寨，丹江水台扶清江，至黎平府開太〔泰〕[①] 縣合朗洞營水；又一源自平越府之格州舊衞重安江，上合麻哈江之葛鏡橋，潛入古州生苗地方，而出於黎平朗洞，又歷錦屏、天柱二縣，始入本省通道靖州地方，會諸水至會同縣紅江入沅，源流近千里，信入沅水之最大水也。而以爲無是水，不猶之以瀟水爲湘水之色者，同一指空坐設乎？此水既爲古經之赤水，而與溆、酉同不列於九江者，以其俱去洞庭二千里、一千里外。既非昏墊由地中行，安用治之而孔殷乎？矧其爲禹迹所未掩也。

① 據上下文，“開太縣”當爲“開泰縣”。

九江湘水説

九江，湘爲主水，源長稱。沅流大，毋踰湘焉。湘之源流二千五百餘里，源出廣西桂林郡陽朔縣海陽山東北，流至興安嶺溢爲斗門，與灕水析流，未可指斗門爲源也。

其流下湘東，所受之水曰灌，源於廣西平樂府灌陽縣九龍山，來流合染溪，即柳宗元之愚溪。是水分二，以零陵上九十里石碁驛入湘者爲是，而郡城浮橋西者爲臆度也。

曰瀟，合灊、泠、深三水，即《水經》“昌水”，已見前。

曰濦，出臨武縣八排經藍山大橋司北，流過桂陽州前，收大湊山泗州寨各廠水，至衡陽郡上浦由洡入湘。

曰洡，《水經》作“肥”，有數源，一曰郴水，自廣東韶郡樂昌縣九峰山，經郴州宜昌縣黄岑山，又呼“黄峭山”，即五嶺之第二騎崙嶺也。其支曰峭嶺，至郴州良田鎮南，幹於此分峽，右析爲瀧水，由宜章縣入廣東，左析即郴江，訛“澄江”，過州北九十里瓦窑坪爲興寧縣之郴江口，即東江市，賈人於此换瀧船、俗呼“吹大筒”。易夾板，鰍下湘潭、漢口。是江至此收興寧之滁口司蓼江鎮水流，過永興鑄江口，至黄草灘會北涯水。北涯水，古經出廣東韶郡仁化縣盧聚山，盧人名黑鬼，不知耕種，卉衣木食，捕魚從舟人易米。又名老萬山。涯浦關北至桂陽縣，下永興縣楊家欄，合郴江爲洡水。又一水出廣東乳源縣界鎮安司，西北流，會於涯。三水皆南幹將度大庾嶺西北之三峽水也。此下過耒陽縣上圃、鐵江各市，合常寧縣白沙鎮各銅廠停砂桃花瀧八方口水，至清泉縣之新城大鎮，由小江口泉溪渡至黄泥背衡郡，下五里入湘，源流八百里，爲入廣、海要津，比斗門河近九百餘里，利盡南海。湘濵之水，孰大於是？而遠收瀟、烝爲江，不已末乎！

曰洣，源自酃縣米王谷炎帝陵，來合雲、沔二水，爲澪水。澪、渌二水釀酒最美，名曰醽醁。昔皆隸於衡，故衡酒馳名也。下至茶陵州，爲上古茶王國，洣名始著，合州後視渡水、訛“視渡”。七泉譚村水、石隴彭村水，皆自江西永新界皇雩山月江橋高瓏鎮一帶來，至州前下攸縣，收滮水、鳳嶺司水，銀坑、金井各村水，及安仁縣侯薊山□水，凡茶、攸二州邑，雲陽、司空二名山之澗水，俱入焉。又過衡山縣草市司攸陽余濟鎮，至雷家堡市衡山縣治，對岸入江，流長五百里。此水宋歷明，宰輔、名臣、鼎甲，纍纍若若，鑑形者皆曰雲陽司之秀。七十一峰爲南岳賓對，實則撼龍，經所云更有“迴龍”，輔大江爲南龍，天都山輔弼於此穿渡，大斷也。《禹貢》曰“過九江，至于敷淺原”，其關鍵在月江鎮矣。此下晚洲，杜甫行次也。招靈灘，宋玉作《九辯》招屈原也。淦田、朱亭、瀦洲，皆小溪也。惟錦灣隱山潭爲陶桓公侃、胡文定公安國所游，衍有足紀者。此下百八十里爲渌江，源出江南安福縣安陵山，武功之枝山也，流經袁州府萍鄉界，合插嶺關之蘼泉水，至縣西三十里湘東鎮，下合雙阮水，曰香水渡，爲楚王得萍實處。歷孟浩然所題夕陽亭，又楊朱哭岐路處。下坡頭灘，多大樹，猶存老幹一株，豫、楚交界於此，稗史以爲莊周、惠施遊此所稱大樹，爲附會之説。

過醴陵縣，下會姜□山出之鐵江水。又合李靖寨山下之唐興山市水，至渌口司入湘。源流四百餘里。而自古有述者，非王、丁、章、吉、潘五仙之修真於江岸山也。蘼爲萍實，醁爲醴泉，地不愛寶，天下之名水也。又爲屈子遊左貫盧江之區，宋玉、唐勒於此招魂，所賓惟賢，良足紀也。詎以檣帆雲集，爲湘東大鎮已乎！湘潭縣下四十里有昭山潭焉，源出善化、醴陵界上不遠，聳立江濡，斷岸千尺，上爲昭峽舖，改朝霞。俗曰招山，象以手招故。楚南發客籍志稱招山，以爲宋玉作《九辯》於此，非也。招靈灘在此上二百里，稽各典皆曰昭潭，非止晉時賈玉宅沈之故也。一載召伯疆理，一載楚將昭陽伐南越屯兵，皆無據也。諺曰“昭潭無底橘洲浮”，考實，乃周昭王膠舟水濵須問處，諸書云“漢江”。是時漢陽諸姬非楚地，昭爲武王曾孫，熊繹封此，至厲王時熊渠始遷郢中。今郡南尚有周昭王廟故址，醴陵萍縣界上亦有周昭廟，而楚北無之，則諸書紀“江漢”者，臆度也。蓋以白雉、白兔之祥誘王巡于南岳，至此舟膠散而況之。乾隆初年，邑人見白雉、白兔出入，私議掘之，儼然陵寢，邑令蘇暢華聞而封之。至今鄉民皆稱昭王陵，有以也。其楚昭王陵，别在襄陽峴山首，於此無涉。下六十里，長沙會城上，古長沙國。因軫軨有“長沙星漢”，唐、宋皆曰“潭州”。以上三潭爲昭王潭、蓮花潭、金子潭，下三潭爲鯿魚潭、白虎潭、蘆林潭。又有瀨浦潭、黄茅潭、迴龍潭，在喬口浦，信不誣也。

郡前有西、南二湖，可艄小舟。其橘洲、直洲、呼“矮子洲”。上洲，呼“牛頭洲”。昔皆有寺，“烟寺晚鐘”也。龍灣市，“山市晴嵐”也。漁灣港“漁村夕照”也。戴氏東池，“平沙落雁”也。遥浦夾，“遠浦歸帆”也。謂三十六灣，非。郡下千里，得瀏渭水焉。經作“漻水”，出山頂，天地最清，故名渭。加“瀏”，亦清也，别于秦川之渭也。源有二，曰大湖、小溪，流不一而委合一，總名瀏渭水也。考源，同出江西萬載縣大圍山横岡，頂有大湖六十里。大湖水流過瀏邑治前，下鎮頭市、仙人市，合楊梅河諸水，至東山長邑榔梨市，由圭塘元許文忠公所居。下東屯渡，至駱駝觜合小溪。其小溪之水，自瀏邑東鄉，繞北鄉焦溪嶺之北，至朱溪，下潦滸市。俗名，是處今改永寧司。抵長沙之春華山鶚冠子渡，訛“郭公”。至水同河，納麻林橋、楓林港、白沙河諸水自平江、湘陰界來者，流至滂塘呼“羅渡口刀”。市，會大湖水，同歸倒流洪入湘焉，遠與渌江相敵。渌爲省會前界，此後界也。再下曰夏源港、訛“下泥”。李家湖石瀦、元程文獻公故里。及闢聖、程普所立誓之誓港、訛“市港”。争此港、訛“罾子”。門逕港、《水經》“汶涇”，即樟樹港。洋沙港、恩波港本鄧婆夏忠靖公所改。諸港，長百餘里，次亦數十里，則亦略而不詳矣。此湘東入湘諸水也。

湘西蒸、洭二水見前。曰漈，源出武岡州耶薑山，即紫陽關南山也，至東安縣合盧洪白牙溪水，南入于湘。

曰浯，在祁陽縣濵，有鏡石窊樽，爲元次山漫郎宅，顏真卿記之，源出邵陵。前言與蒸水相亂者即此水也。

曰涓，即易俗河，朱子所名也。又有移風厢，《遜國録》謂建文帝宿於此。今呼“一宿河”，絶無蚊。夫明水無蚊，安在盡帝王宿也。更有傳明武宗宿此者。上百里爲梅龍山，爲微行戲李鳳姫處。又有周元故宅，此傳奇野人之語耳。武宗南巡止于鎮江、九江，何由至此乎？而其源出南嶽，後經衡山北高市至湘潭，下攝司入湘。

曰漣，水爲長矣，出邵陽縣八面龍山，下湘鄉永豐鎮，又下婁底市，合新安、二化来涓水、蘭田河。側水、定勝水，即橋頭河名。經珠津渡，過湘鄉文廟前，爲捲簾水，又呼“珍珠水”，下受雲湖馬汜水，由江畬市下湘河口入湘。

曰靳，出湘鄉縣萬載塘，爲瓦官水流，經寧鄉麻山道林市、湘潭碑頭市，過善邑靳尚墓，上官浦口，下洋湖，由麓山南包胥廟志稱孝肅，非。北，至於一歇州《遜國録》以建文入粤歇此。入湘。一出善化卯田西湖水，經螺頭山、梁棧、金馬橋至石垻，下收寧鄉嵇袈山前水，由高坪下會出善化滿官橋，至長沙八尺河，下新陽原新陽縣，晋改新康，宋遷改寧鄉。江口入湘。

曰溈，源有三，最遠者安化大芙蓉山麓白水洞，初行析爲二，一由大溈山前，一自後於山，下十五里會於祖塔，流至黄材市，過龍洞抵雙江口。一自安化司徒崙下小芙蓉山，至湘鄉洪門灘，下景德觀唐公市爲難上河，會於雙江，納秀溪諸水至寧鄉邑前。一出湘鄉豐山，爲乾江水，至麻石河而下，收石潭水口，下北湖洗馬寺將軍潭，出烏船口，會於邑前。統號玉潭江，下行二十五里收平江，出石坑水，經雙江市，至沱市而析爲二，分一股入新陽江，正身下李靖駐兵之港口入湘。源流四百餘里。昔形家司馬陀頭入靖港，謂有優鉢曇花水香，遂得溈山道場。儒者不傳，惡其幻也。見《傳燈録》。又靖港王廟祀李靖餘，靖江王廟祀東吴大將丁奉。一出寧鄉河蚪舖，經白銀橋、朱梁橋，繞益陽北湖嶺，受長沙樟木橋、寧鄉湖滂橋兩股入團頭湖，至側船灣，古長沙橋邊驛路。會出歐公汉水磯口、喬口入湘。新陽而上有小溪，爲瀠灣港、遥浦港、寨頭港、一古寨城港、即桐樹港。一包茅港，楚所貢也。與沅江長州並此而三。而湘西入湘之水盡矣。

喬口而下西岸數百里無山，故水皆無源。約而計之，得四汜、四沱、五渚焉：曰大、小鼻浦，《水經》：即鼻、裡二湖東西港。吊金河，蘆林口，湘水決入之汜也。新陽江口杜甫新陽江口信宿方行。之沱水通溈，喬江口之溢出通濱，臨洮口之溢出通茈，三十六灣之析出，會於江口水，自湘出之沱也。若文昌渚、即文洲唐狀□□□所居。武曲渚、即武洲形家云："一文一武鎮長汾，□體如是。" 志以始皇赭湘山，文、武各宿一洲。湘山乃君山，始皇未渡湖。近日文洲爲君湘大□隄，武洲爲鎮江隄。灣河渚、皇華古驛渚、今仁合隄。涝河渚，今□□□隄。此長沙城北之五渚，非全楚洞庭之五渚也。古《記》云"長沙城北五渚三潭"，俗訛"五土三潭"，即鯿魚、白虎、蘆林。皆可指數矣。此外有之字渚，即圓頭洲。銅、棺二渚，關聖、程普立誓，越界者以銅棺貯之。説見黄長睿。《杜詩》原本《銅棺渚守風》，各典記同。志云"設官責銅"，無據。李西湮改爲銅關，以山色赤□水口，如赤壁之義，皆未考也。即大、小誓洲，今呼"洪家洲"矣。蘇浦渚，今訛"蘇湖寨"。朗公渚，訛"泠湖洲"。朗陵侯黄蓋治兵處，山下有寨。聚寶洲、歷代抽税局，即大灣洲。大帥渚，宋劉珙討水賊屯兵。王帥渚，王家寨荆塘至灣斗院，皆此渚也。宋統制王琬屯兵十年，討楊公不克。慕公渚，訛"孟家港"。國初制府慕鶴鳴公泊此。今呼"烏鶴洲"。新渚，虎腦渚，合前諸渚，昔皆蘆荻飄摇，今則稻梁〔粱〕[①] 如茨，可見太平之休風矣。蓋青草一湖，尾盡鹿角哨，悉爲湘江之尾閭，而八江皆來同焉，夫豈凡江所可絜度也哉！

---

① 據上下文，"稻梁"當爲"稻粱"。

九江沅水説

沅水，即古經出牂牁郡，且蘭鄉皆傍蒲水，初無實指，其地蠻荒，未入版圖，在所略也。考漢牂牁郡，今爲雲南東川、曲靖二府，貴州大定、南籠、安順、遵義、貴陽諸府，四川叙永、廣西泗城皆是。曰盤江，曰烏蠻江、普安江、白口坡江、烏梅江，皆南入廣西。曰播，曰婺，曰湄，曰印，曰彭等，水都北入四川，未見所爲東流之沅江也。宋、元爲田酋據，名羅施鬼國，無責耳矣。

明隆慶初已設郡縣，游宫纍纍，從無一人指出源流所經，但曰偏橋以上不可通舟，源在此也。夫舟不可通，將崩石及沙所擁，源豈在此乎？

今考實，惟省城之水自貴定縣甕城橋下甕安縣入川，其東南十餘里旁澗水數派，咸從南龍脊下分來，蓋源於都匀府北界麻峽江，爲麻哈州。合都江八寨九股各洞溪水，至新添衛龍里大、小平伐土司，曰甕首河。又上流爲加牙河，今衛歸貴定，止去省城三十里，灼然流下平越府青平縣重安江渡浮橋，下黄平州興隆衛，始合凱里營諸葛洞水，出於施秉縣，源不一。源至此合一，總以貴定縣之傍澗水爲長。今本朝《一統志》以貴定爲漢之且蘭，桑欽所稱且蘭傍蒲水，豈欺我哉？余久知南龍脊界自貴州省下三十里谷峽舖分界，而沅水即應源於此，所謂“龍里東來貴定西”也。以是爲源，較之偏橋所稱二千五百里者，又長四百餘里，蓋二千九百餘里入洞庭也，故九江莫長於沅。

云偏橋，國初尚屬湖南偏沅撫治，至康熙三年始改長沙爲省會，而以思州、鎮遠二府歸貴州撫治，其黎平、清江、朗洞、天柱尚隸辰沅黎靖道，康熙中始以黎平、古州、清江、台拱隸貴州。雍正九年，又以五開銅鼓改開泰、錦屏二縣屬於黎平府，天柱縣属於鎮遠府，所謂用夏變夷也。其古牂牁江即戕戰。則在貴州五百四十里之南籠府普安縣，爲盤江，皆用椿橛以繩筏渡，明天啓初監司朱安民始用鐵索爲橋以渡，蓋倣古人繩行之法。於是，川、滇一帶倣此，絶無胥溺。名曰安民，信不誣也。是則牂牁江去興隆衛舊黄平州七百里，而沅水始著，則牂牁治城當在雲南曲靖府交水關一帶地方爲得之。興隆且非牂牁所隸之且蘭，而考水諸家竟以此爲古牂牁治城，豈川、滇、黔、粤四省十數府之漢牂牁大郡，竟在此廢州一巡檢之地乎？雍正十年，苗殘破黄平州，即興隆衛。今遷治城于舊城，設一巡檢。凡皆井蛙甕雞之見也。

國朝以來，諸巨公奉使滇、黔者多紀程、紀遊、紀略、紀聞，而於沅水之源，則騎牆無定説，可知黔志之簡陋矣。況前明郭撫子章、本朝經略洪公、近時諸節度中丞，皆于偏橋治其上流以通舟楫，曾不聞之武侯所通以饋糧者，而遂指偏橋爲沅水之源乎？源辯已悉，流則偏橋，下七十里鎮遠府收邛水，又通黎平青水江，收青朗水爲清谿縣、平溪水爲玉屏縣，六十里抵湖南晃州營，合凉山榆林灣水，至沅州府江西橋，而沅名大著。未入楚界，行千二百里。至是，又千七百餘里至武陵縣楊城村尾沙夫入湖。較湘流長四百餘里。此下爲黔陽縣，漢曰鐔城，酈元時潕城縣。其上十里有龍標城，下六十里爲洪江鎮，元水入焉。桑經、酈注俱未分曉，“元”混“沅”不辨。本朝顧氏開雍身親歷之而説始定，特未經指其源耳。

又下收溆水、錦水、大西水，至浦市，下辰州，收北河、小西水。凡皆蔡注所謂“九江”者，其考見於前。此外，小溪在瀘溪、沅陵、桃源之間者，曰船溪、麻溪、洋溪、楠溪、辰龍溪、大小敷溪、彝望溪、白馬渡溪、菉羅等溪，不下數十流，皆不長。惟辰州下百里之楠溪，爲辰郡五溪之一，又號明溪，水清見底。又下會溪、武溪，五溪會於此。下清浪灘壺頭九峰岡，伏波討五溪蠻、阻兵得謗之處。

又桃源、沅西之大小數溪源自澧州永定界來，沅東之彝望溪源自寶慶府新化縣古溶山來，訛“牯牛”。四溪爲差遠耳。

越桃源治城章江閣下五十里，得《水經》之油水焉，今曰漵溪，其上曰蘇溪、九溪，皆音近之訛也。源遠近不一：自石門縣來者曰湖金堈靈岩山黄操坪黄盖操兵處。蘇溪、漆家河盤塘神女溪；自慈利縣五雷山三王峪者曰熱水坑、黄石公市九曲溪。要以永定縣驪兜山來者源流三百里外爲正鵠耳。油水既合衆流，至漵市而列肆列舶、烟火數千家，截以高吾、河洑二山志作平山、武山。爲武陵溪入沅。孟浩然詩“鳥飛青嶂合，雲度緑溪陰”，張虚白詩“醉卧白雲深洞口”，即此也。非得鋼市窖下小源界之與漸水混合狂浸，寧可制乎？過河洑關西岸，沅爲外江，内江即漸江也。東岸若桃源穆塘溪、文石濤先生墓。武陵百度溪，流殊不長，即對郡之朗江源於朗山。又安化界黄土溪、司馬錯溪即草坪。統歸善卷溪，即朗江也。

又爲枉人渚，國初郭青霞故將軍被緇塔在焉。明督師孫傳庭副將爲僧。龍陽江、東滄江源出武陵，倉山、滄浪二水交錯，瀠洄曲折。滄水又爲青泥，水溢爲湖，土黏夾青，故曰滄，非若浪水之清且漣漪，爲高蹈先生之所游泳也。其出口有小市，市南爲明史侍郎贊舜先人墓，市北爲明袁總憲鯨先人墓。二公當明末“三案”之時，行已介清、濁之間，與滄氣相感召，而浪水則爲善卷。屈子所居遊上有楚望、臨睨、仰止三亭，祀二先生並漁火。今又有賓華和尚，均足千古矣。况前代三袁氏、江氏盈科、龍氏兄弟膺京襄。歲時結社於此，鍾伯敬、譚元春、楊鶴、周聖楷嗣踵事焉。嗚呼！地豈不以人哉？但其源僅越百里外，以漁父之歌得名，非夫子所過孺子之歌，爲《禹貢》“漢濵”。在襄陽城外者則非，巨浸之當治矣。若乃郡城迤北，曠衍無山，則亦無溪，而論沱、潛、渚焉。

牛鼻灘呼“牛皮”，土人易爲牛碧。水愈决難防。乾隆甲子歲董肅亭郡北翁晋英明府徵所以易其名者。余謂惟土止水坤土，惟牛丑季土，惟艮良屬土，鼻主中州則亦土也。且牛之用在鼻，而斯水之呼出吸入宛似之，盍改斯名。二公曰：善榜於坊，載入國志，二十五年中，未嘗聞有汜也。自沅西旁出爲沱，通漸，通澧，通虎渡、荆江，皆是水也。渚則桃源萬家洲、龍陽大小汛洲，三國吴丹江太守李衡種橘處，爲大汜則罩娑口、訛“照沙”。國初高僧袈裟覆之乃堅。娘娘灘、余家港、青泥灣、化苗隄、訛“花馬”。皇經閣、國初黄水冲先生赴滇不果，書伏虎圖。棲賢寺、王文成貶貴州龍場驛丞經此。迴風浦、屈子涉江遇迴風而上處。馬公堰傳屈武修。防禦爲難。元時異僧云“武陵雖好，終爲魚鱉之渚”，深有惴乎言之也。遥來連年大水，甲申夏，五城不浸者二版，盖沅水納黔、楚百千細流，挾高大之勢，奔瀉如雷，由龍灣渡至郡城反張如弓，雖有金龍廟、筆架城、三閭廟、沙灣迴風浦四大石櫃，唐賢沈傅師所建築者，不過少殺其怒耳。又自化苗、皇經諸隄俯視後河，三十四村民居皆若釜底，如淮上高家堰同一寒心。且武邑四十五坊村惟前河十一村内四五村無水患，其善卷之堤障數十里。前歲丙戌，諸大中丞決意廢之，僅許雜植。廢之，誠是也。

因憶丙寅、丁卯，余曾奉檄委勘修，共任事者水利丞王君源洙兩任十餘年，刊有成書。繼以晋安蔡君奕淳，不變舊章，且曰“不潔己不能勤”，以成功旨哉！言乎可以集天下事矣，而卒民食其德焉。後之司水利者，使盡如王、蔡二君之盡心措置，安有甲、丙二載之蕩析離居若此其甚乎！

九江資水説

資水，即益水，資於衆流而益多也。水北曰陽。宋、元有益陽州，在今岐頭上魯肅城故址，明初遷此地。舊志以爲張詠所牧之益陽州，非也。又以爲水源出新寧縣望香山，爲扶夷水。又云武岡之都梁山，皆非也。都梁山，或云即風門嶺，爲入滇、黔密捷之徑。國初防吳逆逃遁，于此置寨。旧荆門用方伯昌之條陳。嶺西水入綏寧，爲大、小零水，東入武岡爲資水。扶夷在其下流，是都梁源較長也。不知資有數源，皆出廣西柳郡羅城縣、融縣、懷遠縣界及桂林郡義寧縣界，中有生苗，曰龍勝寨、長安大寨、黄磉寨，綿亘千里。苗自古未服王化，乾隆六年以黔督張廣泗爲三者經略，半載殲厥渠魁，乃於粤置龍勝通判、楚置長安同知、黄磉州判，以撫苗民及流人。中有龍脊岡、爬冲廠、老寨、哨蚪塘衆水，先後湊合爲巫水，伏流寨洞三百餘里，出於城步之横岡等處。至江頭司而巫水始大，下流合武岡之風門水爲都梁水，下峡司石門寨。此西陽關歷新寧縣之望香山爲扶夷水，受蓼溪、絲茅溪水。又武岡之塘頭司高河大鎮光遠寺溪、鸕鷀塘水，又五百八十里達寶慶府東橋關，下收茱萸溪、黑田市溪、龍山間嶺溪，花塘市龍庄橋各溪，新化縣之蓮溪、湖西坪白溪、白沙溪、大小洋溪、葦溪諸水，入安化縣界，内收煙溪、潤溪，江南市東坪小源橋口四市溪、大敷溪，始出石門隘口，下九岡山，收首溪、武潭津、安化大河坪，下馬家塘、市溪、株木潭，金竹衝之鮓部溪、龍牙塘溪、龍子市溪，書堂脩山之陸溪、訛“漉溪”，乃接輿修道著書于此，志失載。資西青修山亦是。又有陸賈山，以爲陸遜屯兵者，非也。乃陸賈使南粤歸，訪先人故蹟。莊周以爲入深山，莫知所終者，亦未嘗考實也。新橋觀溪。又渭溪、子良崖溪，經桃花紅鎮汛而下。又七里，江謝林市港出口之誌公溪、崇山粟公七里橋三小溪，至益陽縣治對岸石帽、白鹿二山，山盡而溪亦盡。由邵楊〔陽〕[①]東橋，水程經流新化、安化，至此九百餘里。又下流一百六十里至沅江縣東北，當湘陰青山之陰，龍陽赤山之陽，大青口入湖。輿志載，入四川嘉定州。皆源流二千一百里有奇也。

其澬瀆所納有名之溪七十有二，源於附近者流皆不及三百里，無容另列。惟邵陽縣緑溪汎水發源漵浦縣東北瑶山，至本郡隆回瑶人司流出，經十里市魏家村，逶迤屈曲至緑溪市，汎折而東南流，入茱萸灘之下浦。其實茱萸江即此溪也。源流近五百里，志益及志郡者竟以是爲澬源，則不可。以是爲澬之别一小源，則可矣。其次自新化東山，來合大、小伊溪，仙溪，經安化縣治前，流至烟溪市入湘，源流三百里。又益陽桃花江水，源出寧鄉黄蘗山西南麓澗，忽起侯家大山，歷土門石井，至益邑之潘仙洞、六朝隱士潘希逸號梓梁山人。梓梁岩，下合屈原故宅作《天問》之弄溪。今有鳳皇廟。又下合湑溪，至浮邺子劉宋隱士。山之麓浦爲桃花江入澬。是江有三大高隱，志乘未顯列。雖流差及三百里，必特著之，惟善是寶也。

又誌溪上流溯柱香橋，爲漢虎將黄忠故里，土人呼“冲祖”，墓宛在，新郡會志意删之。由軟橋而下有小歐陽公寓店，至是合大橋堺南壩水至龜潭，明清流羅文介公里。合七里茅江水下石筍月明浦紅船埠入澬。此溪北岸障以青修山、小廬山香爐峰、匡裕故宅、遠公道場諸名勝。或云匡裕、慧遠曾遊此，皆因小廬之名而附會之也。盖唐末有諲公偏遊東南，卓錫於此曰“此小廬山也”，以碧雲峰爲香爐五老峰、“諲”訛爲“遠”，職此之由。新志竟作遠公。宋時朱子、張南軒遊此，有詩。雖流僅三百里，黄爲名將，歐羅爲名臣，接輿爲高士，皆楚産也。又朱、張爲大儒，則不可以無紀之。假令諲公即遠公，亦爲佛之徒耳，何足以當人傑乎?

水自治城而下，浩然泥濫，無所截束，惟一龜臺山作鎮，若毛窖口、沙頭口、夏子口、澬之沱通於湘也。汜則乾溪港、白泥湖、上下瓊湖決入決出者，難以悉紀。渚稱玉皇洲、千家洲爲大云。

① 據上下文，“邵楊”當爲“邵陽”。

九江澧水説

説澧源者有三：曰漊，曰溹，曰洪。一作渫。莫能指其出之地。雖《地里〔理〕志》亦但云“出武陵郡充縣，行千四百里入湖”而已。夫以漢武陵郡之大也，郡治今辰州府，舉蜀之忠夔、酉陽一郡二州及各土司，黔之思南、石阡、鎮遠、平越、銅仁、黎平諸府及數十土司，咸隸焉。楚北宜、施二府，楚南辰、沅、常、澧、靖三府二州，皆在域中。六朝以後，淪入蠻窟，從何指其爲源乎？

先皇以來，苗民向化，改土歸流，然後漢人得踐其境。按籍廣陬，乃知以渫爲經，而溹、漊爲緯。

渫有二源，流長略同。一出四川夔郡奉節縣南鄙石龍關，洑流至建始縣，雍正年間改隸湖北施南府，地名分水嶺而流乃見，經行容美土司，今爲鶴峰州地。雍正七年，宣慰田旻不法，制府邁奏改爲流。一出夔郡後新改同知之石硅土司馬姓，明女土總兵秦良玉之後。中之石硅峰，行入湖北忠路土司，今改來鳳縣。抵古城地方，今石門縣新收之甌脱合流，以達於水南渡司。而後溹、漊二水先後歸焉。

其溹水源出四川黔江縣，今隸酉陽州，地曰石牙關，流經湖北天蛀、臘壁二長官司地方，今改咸豐縣，屬施南府，亦入甌脱之東北界，至湖南九谿舊衛城，有遊擊巡檢司。會漊水以達於石門縣。

夫二水三源，石硅、石壁、石牙，而皆入九溪十八洞。二十七長官司已改土，未設流官之甌脱以總會于石門縣，縣以此得號，歷無人論及此也。

至於漊水浩亹，四序通舟，内產鐵、石緑、石耳、香菌，通片東陽潭之崖鯽。又驩鳥吽風，驩魚噴雨，商賈日集。而其源僅五百里，一自永順府桑植縣上、下方崗洞，一自本州永定縣苑罔楫榔洞，合流下縣，經驢山脚，古崇山，五代朱梁改天門山。因馬氏據長沙，以此爲南岳。此上永順、永綏，苗民皆祀北地天王，即驢兜也。《山海經》稱驢頭國即此一帶地方。又經慈利之五靁山陰，下受石門縣鹿角啞、花草坪、稻羅岡、盤塘諸水，即揭傒斯□贈詩之神女祠。余石橋、揭家溪水。揭文安題碑。後人有居此者。又水經之沘，一作澧。即澧河鎮，《志》載裴家河。近改爲安福治城。

三水既合流，又收石門縣鄘山陰各澗水，《志》作浮□山，又作壺公山。當以《漢書・地理志》爲是。安福縣打石窯沙溪、夾山寺牯牛溪，明流賊李自成晦迹被□於此，號奉天和尚，有像有塔。余陪何郡守十樵入寺見之，作小記，已采入省《志》。至州治前囊螢渚而禮江始著。今人但知安福以上之漊水爲澧源，亦可哂也。

此下會于津市，爲春秋津子國，達三汊腦，抵安鄉東門，歷華容東明山而入湖矣。洵哉！源流可溯千九百里，較地《志》所云而過。自湘、沅、濱而外，未有源遠若斯者。可但以爲紀江流所經，如康咸説書之例，而夾漈遵之作《通志》。如前、後二鄭，皆不得與於九江之列乎？特其流所從入，有謂後四水口彌陀寺入大江者，此《禹貢》導江"東别爲沱"之文也。江自巴東而下，爲沱數下，無若虎渡口之大者，於澧水何與也？有謂從華容石門山口入湖者。不知華容乃楚靈王細腰宫，爲章華臺故址。所謂"登强臺望奔山"，即明山突起千仞、綿亘百餘里於湖涯也。劉忠宣公號東山，以此名。又曰"左江而右湖"，以華容明山之北、墨山之南，皆大水漲入之汊嶼故邑，舊名沱水，而湖在其右，益見非澧水所入明矣。更有謂其從武陵陽城村泖河口、安鄉洸口、滙口入湖者，莫適主也。不知三口乃沅、漸、澧相通之沱汜，非正入也。余心疑有年而未有據。己未秋，歸自金臺，守風東明山下，登頂遠眺，北望石山門七峰巀嶪於江南，爲洞庭西北之障，回顧西南，盤松繡柏，盡逼濱、汊諸水道東南趨，始見窪口一帶，一泓淵湛直趨傅家磯，出舵桿舟洲北，以抵雞子團山東北，向布袋口，乃知昔所稱入皆謬也。且石墨山尾隱隆一線走湖中絡九江水而南起。君山十二螺峰。其北則九江之浮瀾溢出。所稱雲連藪者。即雲夢澤。繞君山自北而東會扁山之淵以下岳陽樓。故岳陽城西有三江夕波亭，湘水合瀇、沅、潊、灑、澨、辰、漸，統八水爲湘江，曰“南江”。大江自西來爲西江，澧爲中江。澧固未嘗入湘也。《禹貢》亦特列之。澧之源流難明如此，良由據耳聞、憑臆斷，未嘗身歷而目診之也。

九江漸水、辰水説

漸水，即潛水。沉、漸，剛、克，古通用。又爲“澹”、爲“灊”，皆羽聲之轉注，相近也。出澧州石門縣酈山陰，洑流武陵七郷、同古二村，至梁山陰龍門洞劉禹錫禱雨處，滃然瀵出。乾隆乙丑大旱，邑侯翁君運標禱雨，取水入洞，時夏首，朱明寒沁，不可邇也。余作《龍門洞後禱雨歌》，亦嘗尋至其處，見洞口流出即成河，合白家山、華氏莊、白馬湖、貴家岡一帶水，過四府陵、明□藩。研瓦灘、楊太傅嗣昌居。花山脚、善卷橋、潛水橋，爲元郡丞哈珊疏濬城北壕土橋、七里橋水，抵潛橋，爲便民河。又曰：府後河、後河、三十三村，皆此水通，至今歌之曰“恩多怨亦多，恩在怨消磨”是也。非郡城一埂子阻之，則由慕公橋、爲哈公珊立，《志》失載。柳公堤，宋進士柳□□築，《志》亦漏。逕通南關前河沅江矣。由潛水橋而下張家橋韓文公渡重河，合洩陂、西陽陂、石公橋市，上接九龍盤戎蠻子水，經江陂廣德村，抵安鄉縣之江北堰，又下至武陵落粑村沙洋埂入湖。雖流不及四百里，而昏墊沮洳亦已甚矣。觀其决出爲瀝湖、即瀝葉湖。牛溪、土蛟狆、天馬頸等湖，沱出爲流，花口、泖河口亦洞庭瀕之巨浸也。其間，高渚爲障防者一十有六云。

㴬水，非蔡注辰州之北河水，即龍陽縣南之後江水。辰爲軫舍分野，在軫九度，又居沅水辛壬會聚之方。《楚詞〔辭〕[①]》“朝發枉渚，暮宿辰陽”，適得八十里，即今龍陽城，辰龍属也。戰國有龍陽君，作《志》者不察，因三國吴大帝黄龍見武昌，建都、紀年牽合，以爲龍陽，謬矣。龍陽縣之稱起於唐開元，或有内諱名辰。而其源自邑南、安益二縣烏雞、金牛、太常、軍山來，其流不一，右出者注赤沙湖即後江湖，

① 《楚詞》誤，當爲《楚辭》。餘同。

左出者注天心湖。二湖交連，又呼“范蠡湖”，赤山岡上有范大夫廟、武陵娘子祠。即施夷光也。泛舟五湖，避勾踐之踪跡。若五洋港，周頭、荷葉二寨及黄泥窖者，辰水之渚也。大菱湖、接港、小港者，辰水之汜也。正流繞赤山南嘴下，經竹雞汛、兔子哨、楊閣老墳，逕下廠掘由鼎港口入湖。初行與澬江相望一帶而不混者，沅江白沙埂界之。沬入與沅水相望一帶而不混者，方入湖則猪婆夾界之，既入湖則冷飯洲臺界之。徽人江敬和砌石臺建寺以泊舟，乾隆十二年奉旨入常德義民祠。猶夫漸江與沅水隔一帶而各别者，沙夾埂界之也。準其流蓋三百里外焉。此下東行百里，至黄牯潭，合沅、漸二水。又北行，至白泥窖，即舵桿洲之南，會于澬水。又東北三十里神木窖，有楠木大王神。岳忠武伐君山，木塡港而擒楊公，木得水滋爲神。當傳家磯之南，下趨洞庭。夾夾長百餘里。出夾尾，即合沅、漸、澬三江同入湘江之小布袋矣。此外，東北、西北之巨浸，則又澧、沱、澂三水及雲夢藪、澧、湖、津爲之，而皆投入大布袋者也。

九江新收泚水説

湘、資之間，有泚水焉。《山海經》云“長沙有泚水”，《水經》“在湘水西”，當即盧江水，而謬呼爲齊，故有齊湖口。此水爲患長、陰、益、沅四縣，歷無人指出者，以其浜汊百出，莫辨正流。且經黄巢、金粘罕、陳友諒三亂屠城焚籍，八百餘年中，典刑外徙，乘籍缺如，但曰“洞庭西汊”而已。而其源出安化縣大芙蓉山麓，瀉油嶺西邃山堙谷，至益邑、銅阬衝訛“銅岡”，又俗傳五代尚書蔡郢九子分銅鍋九片。兩山，忽中開曠。然夷壤平田，一水中流二百里有奇，中合苦竹、石燕二溪，由千工壩又合大、小二河，至嚴河鎮，繞火田隄右，受侍郎橋水。源流百餘里。經大汾湖俗呼“爛泥湖”。出盧江，受新橋、杉橋、楓林等水，溢爲鳳皇湖。因屈子作《天問》於此，渡江而行吟澤畔，即《楚詞〔辭〕》“涉江”處也。其渚高者，統益、陰、沅三邑，得百有餘。

我生之初，悉曰：“洞庭之汊，自遊宦卅年歸，悉隄爲田，煙火村廬相望，蔚然稱盛焉。”他若八字哨、八子腦、白馬江一云屈子乘白驥，有祠；一云唐慈利人張抃爲張巡部將，殉睢陽，人呼“黑公”“白馬將軍”，宋封榮禄大夫、南岳大總管，又夏忠靖公讀書處。臨泚口、哨舟口，皆是水之決出爲汜，右達于湘者也。若董良灘、紙錢河、湑港口、泚湖口、汎泚湖口，皆是水之決入爲汜，左通於資者也。考自嚴河鎮下，又行三百餘里，經益邑之西陵港、高沙洲，陰邑之關公潭、塞梓廟、楊柳潭，沅邑之滄、浪二山，陰邑之畎口，歷盡青山之陰楊公孩兒城，又曰子母城，於小青口入湖。盖青山之陽爲湘江入湖之口，而大青口乃資江入湖之口，中止隔青田一坪。其坪徑走青草湖，中數十里爲高沙洲，又下百里爲洞庭夾。小青口之泚水由夾裡入湘，大青口之資水由夾外會沅、辰、漸而後入湘。青草爲東湖，洞庭爲西湖，以此夾而分東、西也。觀是水之濵汊百出，正流終能入於湖，又經行湖中之夾東百四十里，抵青草湖老廟臺，始投入湘之泓，源流七百里，不謂之江而何？獨怪三邑新舊《志》絶無指出者，亦不盡經三犯兵燹之故也。南宋渡江，爲水賊楊太、劉花所據，無論已明。自隆、萬間張居正築湖北新隄九口十三穴，鄰國爲壑，至雞栅變爲鶴陂。又天、崇之世，時政不綱，隄圩不修，民皆爲洞庭西汊而棄之。西汊之名，自公始也。

今承平日久，生齒繁昌，奉旨□文修院報墾，仍復舊規。而北楚人居其四，閩、廣各籍人占其三，業户、土著者止存其三，無力者仍售于墾户而賃佃納租焉，此又鵲巢化爲鳩居矣。然考《輿地志》曰“青草湖北達洞庭，南接洮、湘”，並稱久矣。此水列於九江，其亦晦而必朔之理乎！

九江新收灈水、濊水説

踰湘而東有二江焉：湘陰之灈江，巴陵之濊江也。汨羅一水而二源：汨水出江西袁州府萬載縣大圍山西，灈水出南昌府寧州太光山北。至瀏陽東鄉，古江合流爲汨羅水，經岳州府平江縣治前爲昌江水，下收長樂市溪，至武陵市收漕之所，由新市入湘陰界，南受縹峰、玉笥、神鼎三山迤北鴨子湖等流。有古羅侯國城址，元玉州舊址。至何塘鎮下，有三閭大夫乘白驥南渡處，《志》作李蘭渡，野史作“你難渡”。以五代時馬祖渡江，母韓婆追之，忽起烈風，遥呼母曰“你難渡也”，此不經甚矣。又有穆屯，爲岳鄂王屯兵征楊太至滎田驛上，下有岐汊入湘，正流則繞皇陵磯二女鼓瑟之浦。又鳳皇臺，軒帝巡衡、岳張樂洞庭之野，長沙城有軒轅廟。鳳皇集而雄雌聲各六臺。下萬歲潭，傳趙宋先人水葬於此，而水遶其陰。收石子澗畬子營之水，越白魚岐，有魚骨廟。至琴高騎赤鯉之淖入湖。《志》曰“琴碁望”，又曰“陳啟望”，名皆自近，逝不古處也。觀《輿地》曰“青草湖東納汨灈之水”，而新《志》皆以爲入湘者，不訊其末也。源流近六百里。

云濊水即麇湖水。《春秋傳》“楚人滅麇。地多麇，以名其國”，今通城、平江二邑猶然。麇鹿屬水出，鹿角非特山之形似，其國地勢亦盡於此也。又考《戰國策》：“秦昭王伐荆，取荆之洞庭五渚。”五渚，湘、濱、濊、澧、沅。是濊與四大江埒也。而其源二：一出江西上高縣靈峰山；一出新昌縣黄岡洞，壤接湖廣暮阜山麓。流經通城、平江，受諸溪澗水。又收出豫章郡艾縣之潤水。漢艾縣，今寧州也。與潏水同源而異流，至巴陵界合濊水。下楊林街南，收大荆司水，東收巴陵青岡司水，抵新祥鎮。又境内有東、西二城，流衍益廣。左溢出爲黄茅港銅盆湖，即唐人詩“青草湖邊日色低，黄茅瘴裏鷓鴣啼”是也。右溢爲綫湖港萬石湖。至鹿角哨後九馬觜，下十里新祥江口入布袋，與八江水合，同趨扁山。夾此水之波，撼岳陽城矣。而其道里約計較灑江稍長。至今平、陰、巴三邑歲有水患，此二江之故也。矧神禹未治之初乎？明李西涯相國亦以二水當入九江，非無見而云然也。

青草、洞庭二君考

九江之考如此，而二湖神君爲千古疑案者，亦須著其何以在祀典焉。秦漢以來，祀虞帝二妃。夫坎爲中男，艮爲少男。中國山川，從無婦人主祀者。有之，惟孝娥一人。餘非淫祀則寓言，如虙妃洛神之類。或附會。如大、小孤山，訛姑。獨海神之稱天后者，天一生水。太陰之精，陰中含陽，其晦冥神燈，即木華賦陰火潛然也。豈如王阮亭、汪悔齋、林西仲、林四娘子之説乎？而九江之祀二妃，則幾於誣帝女褻聖后矣。帝卒鳴條，即今鮮州。陟方勤事，不出巽方，孟子之鐵案也。蒼梧之陵，特巡狩施惠升遐之日，臣民封樹以志，不忘五帝陵墓，無在無之，不必舜也。舜未嘗南巡，二妃安得至此？即曰史文闕如，帝已百有十歲，二妃未必皆存。即存亦百齡矣，何從僕僕至此？且椒房玉質，非有胼胝之功，奚克膺歷代官家望祀之隆典乎？近日學士家以爲不祀二妃，而祀赭顔偉丈夫之柳毅，以手加額，加額何爲望潮頭之盈□耳？此爲戾古。夫柳生何人？唐郴南之下第舉子也。龍女一事，見於《虞初志》，而《續三湘野録》載之。牽合曹唐《遊仙詩》，杜蘭香所贈詩之桂陽張生碩，以爲重湖古所祀之張、柳二相公，又有小説，知人吉凶，爲樟樹之神。湖上笠道人演入俳場，牢不可破。近又混合爲一人，知柳不知張也。夫二生雖楚人，何功德於九江之民，而受職官、士庶、商賈之報賽乎？要自人所混被，於水行坎德、聰明仁惠之神君何損焉！然而《山經》《楚辭》所載，世代相承，必有以也。考六朝及岳陽風土前後記載，軒帝子張渤子即孫也。爲唐帝臣佐，禹平水土，分治彭蠡、洞庭間，受封于羅，非屈瑕所伐之楚宗，在楚北棗陽、遷於枝江者。此爲古羅國以别之。若然，則鄱湖吴城鎮所祀湖神威顯張令公廟，今精爲唐中丞巡者，非也。即嘉魚、咸寧所祀睢州張公者亦誤。中丞有遮蔽江、淮之功，祀于兩淮、江北爲宜。惟此張君協於楚國，有禦災捍患之典，故祀於磊石、鹿角二驛，曰“青草君”。没亦君，其地也。

而洞庭君之在君山者，亦以麋國之君佐治水有功，死則列廟於麋山。呼“君山”，自君其封内山川，非湘君之指也。古聖王生名死祀，象于天，殽于地。山澤所以興雲雨，取財用也。則祀之而必配之以人者，乃后稷配天、文王配上帝。今日南郊亦以歷代帝王之賢哲者爲配，所以爲神之憑依在德也。後儒不達此義，而以爲專祀人神，是望祀山川，皆爲虚位矣。又考天官家，張于列宿神爲鹿，柳于列宿精爲麞。麞，麋也，軒帝第十五字。始造弓矢，錫姓名曰張弧，象張之宿也。張通和音和之弓。亦或即爲麋侯之名乎？但考禹治水，帝命四相，曰柏翳、防風、伯倕、叔渤。又有二佐：殳斨佐倕，仲熊佐伯益。即柏翳。柏翳掌火，封于東瀛，防風伐山通道，殳斨從之，同封於東甌。斨封桐鄉，防風封武康。垂〔倕〕[①]、渤繕器械、治弓矢，以豫隨刊威夷裔。仲熊有烈山澤之功。咸得受封南服。其時，三苗阻洞庭之南，負固不服。服者惟洞庭之濵，則倕、渤、熊之封於灑水、麋水、湘水明矣。渤張氏善爲弓，倕爲相。柳氏善爲竹矢，張矢之利以威三苗。柳固麋侯之姓也，然乃佐虞官馴猛獸。渤出黄帝後。仲熊八元之一，出高皋。皆於舜爲同姓。相柳爲共工氏，繫姜姓。是兩湖水德神，配以治水。張、柳二相，義有在矣。其他二妃之傳，亦非誣也。《山海經》曰：“洞庭之山，帝之二女居之。”《楚辭》：“祀湘君湘夫人。”今君山黄陵磯俱有二妃廟，舟人罕泊，惟老髡居守。經又曰：“虞帝之二女名宵明、燭光。”諸家注云：“降于洞庭，國君遂主斯山，故曰居之。”明此外之非華人居也。盖麋爲異姓，與灑湘皆軒皇有沃之國。嬪而觀刑，所以雄長南服，控制苗夷。當年檮杌稱凶，尚祀北地天王。熊繹啟山林，夫人戴爲國母。今日催生送子瘟神，皆祝熊始繹娘娘。惟楚地有之。矧帝女歿後，有不奉若神明、與主君合食者乎？是以今咸稱阿公娘娘，明其爲九江之主君衆母也。觀其稱

① 據上下文，“垂”當爲“倕”。

君，則當年諸侯，稱相則神禹治水之相，而君夫人皆得稱妃也。於二生何與焉？特誤以帝女爲堯女，則緣蒼梧有舜陵，遂疑殂落於兹，而二妃追之不及，則秦漢間博士錯會《山經》《楚辭》，不善讀之過也。雖然，今日河東無舜陵，由五部入内，林谷變遷，蒼梧以遐方得無恙。而我朝亦肇祀於九嶷山，所謂帝之德在天下後世，無所往而不在也。矧《山經》《楚辭》之確有明文者乎？

附《神異經》：禹治江流不行，禱於高唐神女，得六臣，皆神物：支祈導淮，鱉陵通漢，貳負猰貐通陽臺，龍門神女通三峽，元衣導九江。厥後禹受舜薦征苗，帝女猶以甘酒饗禹。

楚南水入江説

三湘九江既定，外有源出楚南流入楚北大江者，更有流入他省者，不可昧其流也。岳郡前有湺水焉，唐相張説有詩，《志》曰南津港，當曰瀾青。取“潮來天地青”之義。源出江夏郡雋邑天岳山雋通城也，經九陵山、《列子》：禹斬巴蛇，九段積骨成陵。鼋山，至扁山夾湖口，下入江岳。郡後有城陵水焉，源出巴郢東嶺岡，由磯市口入江。再下有濡水焉，出楚北下雋今崇陽。幕邑山之陰，合通城、嘉魚之水，又收巴陵雲溪驛水，滙爲白泥湖，於臨湘縣治北關入江。又下爲望江湖石頭關水，源出豫章天岳山北岡，收臨湘縣桃林土門司及長安驛各水，又嘉魚縣東南鄉各溪水，由赤壁祭風臺口入江。臺下北岸數武屬嘉魚汛地，而楚南之地出湖至此乃盡。考此水，當爲《水經》之瀡水，此其流在大江東者也。其澧州安福、石門、安鄉、華容迤北之水，岐汊不一，皆流入楚北長陽縣之洋溪口及宜都縣之三河口蘆花蕩、張桓侯伏兵截周瑜處。松滋縣之磨盤口蓮花蕩、江陵縣之黄荆口、石首縣之柳子口、監利縣之唐家洲瓦子口車水灣各處以達于江。此大江迤西之流水也。

其四川重慶府涪州江，西南源于貴州遵義、平越二府，東南源於楚南永順府張壩永綏廳地葉壩，至四川酉陽州，合龔灘郁山司水，屈曲而西，經貴州思南府，合婺印湄甕諸水，下彭水縣，北至涪州城下入江。此又楚南水之由川入江者也。

楚南水入黔、兩粵説

楚西南徼於黔、粵，犬牙相錯。其靖州通道縣龍背關西一水，下流貴州黎平府丙昧土司，入八萬生苗地，爲貴州下江營諸水之一源。又會貴州獨山州三足屯及古州崗寨水，以達廣西之右江。又一水自通道縣羅家汛佛子嶺出，流經廣西羅域縣通道廵司，合貴州下江水，以達柳州龍灣城下。此楚南水之由貴州通廣西爲右江者也。

若夫城步綏寧、長安黄磉二廳西南岡脊以外之水，咸入廣西融縣懷遠以達龍城，合慶遠象江水而下尋、梧二郡，直趨廣東香山縣前山寨入海。惟城步縣横岡脊之水，則下桂林之龍勝廳，由義寧縣下蘇橋司，歸於省城灕水江，流至昭平縣，抵蒼梧縣城外三江口，始合左、右二江，同歸雙魚汛，下廣東江。此楚南水之流入西粵、下東粵者也。

其徑流下廣東者五水焉，曰濆水、富水、溱水。《水經注》以河南新鄭縣溱水，當爲“潧”字。而此水爲溱，源于永州府永明縣鎮峽山，由廣西平樂府恭城縣界岡斷：東起爲舂陵九嶷，曰桂嶺，乃南幹之脊；南起爲臨賀嶺，五嶺之一，爲南幹大盖角。合江華縣錦田、錦岡二所水，至廣西富川地方曰富水，合賀縣麥嶺汛迤東之水爲濆水。東流至連山縣八排寨，明襄毅韓公雍所平者。過臨武縣，由牛汾鎮至韶郡樂昌縣平石岡之上沙隄市，爲臨武秦水江口。三水源楚而經行多粵地。又入臨武地方，其出口合韶郡湞江則東粵地，道里甚長。戰國秦將王翦南取北粵由此水道。舟子曰，此湖南來之西大河口，云曰瀧水。水自郴州良田鎮析而南，穿伏樟橋摺嶺澗，至宜章縣南關湖公廟，下小韓文公瀧，又大瀧文公祠，訛呼大、小章水，而縣以宜章得名。至樂昌九峰司，流會溱、濆、富三水，爲臨武江口。以下有三瀧水，至曲江，舟子所謂“湖南小河水”也。一曰洭水，即湞水，源自郴州桂陽縣盧聚山。又爲老萬山。受仁化乳源、翁源水，經由英德清遠，合湞水以達廣東省城。稱濛、稱漢、稱洸，未之能辨。考正《水經》，爲桂林郡之横水，一作湟。漢武帝遣路博德，由横水取南粤城，即此水也。此流入東、西二粵之水，俱以南海爲歸宿者也。

楚南水入江西章江水説

楚南水流入江西章江、歸鄱陽而達長江者，又有七焉：

一曰桂水，源自桂陽縣益將司，東行至南安府崇義縣，合横浦汛水，由贑縣桂源司口入章江，《山海經》所謂“聶都之山，諸水所出”即此也。

一龍泉水，源自桂東縣八面山陽，經左安、北源二司，過吉安府龍泉縣城而東北行，繞葛安縣北百嘉鎮，上二十里爲龍泉河口，入章江。

一永江水，出茶陵州皇雩山陽，經橋頭十五里，至永新界爲路江。又下爲箭市江，至廬陵縣敖城而下，歷永陽太鎮。又下雙江口，至永河埠口入章江。

一曰琴亭水，源於攸縣鳳嶺東，經永新縣合石潭水，至蓮花廳北爲琴水。又合安成水、固江水及武功山南諸小澗水，至吉安府城南，上十里爲安福河口，入章江。

一鈐江水，出瀏陽縣首埠山頂大湖，流經袁州府萬載縣，合龍江水至分宜縣，下四十五里河口埠，合袁州府之渝江水，自插嶺關下爲蘆溪水同流，過新渝縣臨江府，下至黄土店臨江河口對樟樹鎮入章江。

一曰錦水，又曰蜀江，亦出瀏陽首埤山東，經萬載東北界，至上高縣合銅鼓營水，又新昌縣之塩溪水，花橋、天寶二鎮水，至瑞州府爲華陽水，由豐城縣對岸龍頭書院，下小江口入章江。又曰由南昌縣市汊口入江，或其歧汊也。

六水源流行五六百里不等，惟南昌府艾城縣之滲水爲最長。漢之艾城，今寧州也。源有三：一瀏陽首埤山頂之大湖水東北流，一瀏陽平江界大光山澗泉，一平江通城界之天岳山東南麓水。俱約長一百八十九十里。會於州前犀角津，下收梁口水，過鈍埠，至武寧縣收鳳口、金口水，至建昌縣收淳湖水，由凃家埠下至新建縣之吴城大鎮入鄱陽湖。由發源至此約七百五十里。又一百八十里經青山汛、大孤山汛，至小孤山湖口縣入大江。適得千里焉，故經名脩水。“脩”，長也。又郭璞曰“有水名脩，天下大亂，此處無憂”是也。

密而循之，朗而括之，楚南之水無餘派矣。嗟夫！有夏先后之明德遠矣。後賢桑、酈亦既没矣，郡會、行省軍衞、道路之沿革，名屢更而變其舊，以致志乘仍訛踵謬，挂漏什九。愚誠欲討源而津未逮也，先之楚南，以發其例。

黄河源考采入《續修甘省通志》中

河源皆曰崑崙，不知崑崙有二，盖遠近殊絶也。《禹本紀》及《水經》言去嵩高五萬里，《穆天子傳》則去洛陽萬一千餘里，唐劉元鼎《吐番紀略》則去長安五千里。自是而河迷其源。非其源失也，無以定昆侖之所在耳。夫果昆侖無定在也哉?

按:《山海經·海内西經》有“崑崙之墟”,《大荒西經》亦有“崑侖墟”。東方朔《十洲記》云:“大昆侖東南接昆圃。”昆圃，實其枝輔。班固《西域志》謂:“南北有大山，中有河，東西六千餘里，南北千里。東接漢域，北阸以陽關、玉門，西限以葱嶺，迤而西南，即天竺諸國。”循是數説，参以里至，而知《禹本紀》《水經》所載者大荒之昆侖也,《穆天子傳》所載者海内之昆侖，即昆圃，爲大崑崙之枝輔，居葱嶺以東，爲黄河之源者是已。晉前凉酒泉太守馬岌言昆侖宜建王母祠，以禆福朝廷，张駿從之。范蔚宗遂有“臨羌昆侖”之考疏，班史地志者摭撦焉，是馬岌之言误之也。今在肅州嘉峪關南七十里。昆侖湖出石煤，中有噶吧玉、菜玉，所謂“火炎昆岡，玉石俱焚”也。而考河源者，非緣此之誤。唐之衰，吐番叛，宣言昆侖在其國。劉元鼎出使還，著《紀略》實之，盖掠昆侖之大名爲此誕説。元鼎受其愚，轉疑《山海經》《穆天子傳》皆誕。嗚呼！其亦少所見、多所怪矣。如彼《文獻通考》《潢池記》及元人鄧展、都實、柯九思、潘昂霄輩，皆堅執元鼎之説，以朶甘思宣慰司之騰乞里塔山爲昆侖、今收入内地西寧道，所治出塞千餘里。星宿海爲河源。今呼“火敦腦兒”，黄河流其西北。此在東南趵突泉百餘□，于河無涉。將谓河源，果在此乎？此下别無所謂積石矣。其將以何處爲禹所導乎？抑將指河州西老鸦關兩山夾峙者是積石乎？此又與於誤之甚者也。考《水經》及班《志》云:“河水南流，至積石有石門，冒以東南流。”積石在金城郡今蘭州省城。河關縣今河州。西南三千餘里。以今所指老鸦關爲積石，近在河州西九十里，與南積石不合，而里數亦大懸絶也。又《後漢書》：段熲出河關，追燒當羌，割肉餐雪四十餘日，至積石山。《唐書》：李靖侯君集追吐肉渾出河關外，行空荒之地二千里，乃越星宿川而西南望積石。觀河所經流，以此証之，積石且在星宿海以上矣。

禹纔自此導之，而豈星宿之遂爲河源也？又豈積石之近在河關縣爲今蘭州省治也？且漢唐《疆域志》“玉門、陽關外，皆撫而有之”。從無積石山在金城郡是載者，而必待後人考而實之耶？盖嘗閲《史記正義》矣，其云“河出小昆侖，東行旬餘日折入吐肉渾界，得大積石山。又東北流，經數折，至小積石山”，則今所稱“河州關”者，小積石也。大積石山自在靈藏口通天河東北，相違正三千餘里外矣。此大、小之宜辨也。然則不誤於范蔚宗而誤於劉元鼎者，何也？范所志酒泉南山河水，所不經元鼎所志，乃《唐書》“吐番之紫山，番人呼‘騰乞里塔山’，河流經山麓之東星宿海”，當其東北墟，遂以爲源而信爲昆侖。然流經山脚，亦未嘗夾冐而中出也。且至長安，適得五千里，西安至西寧三千里，西寧至星宿海二千里。則亦非去《禹貢》“織皮之昆侖”去宗周萬一千餘里者矣。

余曾奉檄會哨至西寧郡部外，詢及老革並比年來入烏思藏拉撒召者，咸曰“河自罇口瀉出”，星宿在東壖，於河無涉。西行十九日呼浪河，又四日阿目達河，皆上流也。又沿河行七百六十里拾拉烏素行台，台立山梁上，營房公廨列肆，多漢兒人，梁下聽澗聲蔌蔌，番人云此黄河腦也。自郎錯章錯山頂，二海子分出，西南爲騰裕那爾川，折而西北，入噶爾藏骨岔。此其北派。至此間約二百里也。余考《西藏圖志》及《一統志》相符。以是爲《海内西經》昆崙之墟，合作大荒昆崙之支輔，禹跡所掩，穆駿亦及焉，即此郎錯章錯山也。昆崙定而河源不迷矣。若乃班固《西域志》：“河有二源：一出于闐，一出葱嶺。”考河源者主之。不知此志西域之河，即《禹貢》雍梁西界黑水之二源，非溯黄河源也。黄河出藏中二河，行藏外西北，又當辨焉。

源源本本，考據精詳。余曩亦究心河源，及秉節全秦數載，得讀君作，千古聚訟頓開。始信讀書萬卷，羅心胸也。昌黎齊養浩先生。

河套源流論

河套東距河，則山西之偏頭關；西距河，則寧夏之横域堡也。三面有黄河之阻，長城限其南，袤長二千里有奇，廣隘或八九百里、四五百里不惀也，荒廢之州郡城郭錯雜焉。歷古爲中國地，未有此名。自明築長城棄之於外，而河套名焉。

其地戰國屬趙。秦爲上郡、河南、新秦三郡地，太子扶蘇、將軍蒙恬所經營，爲縣者三十有奇。漢置九原郡，一作五原。主父偃所謂“河南肥饒，秦人城之，内省漕戍，廣中國雄邊”者也。晋因漢，領縣十，中屬符秦，末始據於赫連氏。其後魏及後周，皆撫而有之。隋置榆林郡勝州，更築堅城於套外。唐滅突厥，以處頡利之來降者，仍以唐人爲刺史而置六州。中宗置都督府於蘭池，賀蘭鹽池。分州爲縣。元宗改爲寧溯郡，復爲六州，又增設宥州而七焉。當高宗時，韓公張仁愿踰套渡河，又三百里外，因趙武靈王故址，築三受降城。及靈武中興，而武臣帶甲之力多出於此。唐末拓拔思恭、思忠兄弟，以隨李克用討黄巢功，賜國姓，拜節度，奄有套中綏、豐、勝、宥、麟五州地。延至五代訖宋，遂建號爲夏，歷十四世，垂四百有年。唐僖宗起。當元昊跋扈時，以韓、范名臣爲經略，种世衡、狄青爲大將，僅遏其虐。盖土宇廣沃，根固枝隆，終宋之世，莫之誰何矣。元始滅夏，置中書省，如中國事例，亦謂之中興路。有明追元將出納哈於察汗腦，逐擴廓王保保於和林遂城東。勝州墻塹，墩戍塍圳，居然腹裡，何以有河套之名乎？誠以言棄之于外也。考自天順，特東勝不守，廵河探哨，焚草燎原，於是北裔部落毛裹孩等，往來猱踐。成化初，閣臣李賢知爲後患，而當事者苟安眉睫，智不及於徙薪，力不能以撲火。及益以乩思蘭糾合滿都魯等，樹黨日多，寇邊日棘。而大同、延綏、寧夏數千里狼煙不息、聲鼓相聞者，則此河套爲之窟巢也。

棄套築長城論

昔漢虞詡言河壖。秦時三郡，沃野千里，水草豐美，土宜種牧、宜繕城，郵事屯墾，灼灼明矣。自葉盛倡誕謾之論，遂堅棄河套之心。

嗟乎！古郡縣其中者皆移粟於他所乎？當日延寧人耕藝於中者皆種豆成萁乎？河套畜牧十倍延寧，昔誠易矣，今何以難乎？一言喪邦，誠棄盛之謂矣。於是王楨、余子俊陰用其言，後先合志，設重兵於榆林，東起黄甫川，西至寧夏，乘障列燧，畫堠分疆，舉二千餘里而棄之，所以至今不爲腹地也。度子俊與楨之心，或先自守而後可施攻取乎？然城已成，已示戎，爲已棄之地，立懦夫自守之，强日蹙國百里，非二子作俑而誰耶？英、憲二宗之世，未嘗不謀搜套而復東勝也。然當時膺閫外寄者朱永、趙輔、劉聚之徒，用非其人，宜其相繼無功，而以搜之復之爲難，以蔗杖爲梃，而謂天下無堅器，亦惑矣！及王越搗巢寇，悉駛矣，易復亦明矣。機可乘而卒不能者，因循久而葸懦生、議論多而求備甚，宜其果於棄也。孝宗之時，火篩入套，延寧、大同數千里間，覆軍殺將，掠野屠城，而後圖搜套，復東勝，開屯田，如楊一清，巴陵人。是猶可爲也。而逆黨阻之，劉瑾、張綵、焦芳等。不俟終日，以至勞臣無功，趣之入朝矣。是以正德間，有固原、臨鞏之禍。延至嘉靖時，視爲久棄之地，而平慶、延綏以至固靖、涇陽、三原，歲遭虔劉，動以萬計。政〔正〕[①] 如宋王庶言“延安陷，則南侵三輔，如建瓶〔瓴〕[②] 而下”。明棄河套，而全陜騷然，四方震動，固如是哉！其時皆不敢議恢復，又未有守禦之方，惟總制、中丞、檻車對簿而已矣。

嗟夫！以金甌全盛之勢困於彈丸之甌，脱以嘽嘽苞流之師而制於晻

---

① 據上下文，“政如”當爲“正如”。

② 據上下文，“建瓶”當爲“建瓴”。

嗒吉囊子旃裘之部長，猶謂國家之有人乎？夫套自古爲中國地也，明亦世守之，自築長城，凡踰短垣，謂之造釁，是委套於寇而自貽，腹心之疾不知。套復而後延寧安，復東勝而後套固，必然之勢，中國百世之利也。唐築三城，乃禦寇於黄河之外。明築榆林，則養戎於河套之中。自損其腹地而揖盜居之，豈非棄利就害、徒爲天下後世惜者哉！世宗誠厭兵端。雖曾銑有壯，猶兵出有功，遭嵩鸞之搆主者，効力者盡於一網，是自壞藩籬以媚盜，且明示臣工以搜復爲戒矣，又咎開邊之禍。嗚呼！銑未出師之先，無年不寇，誰開之歟？是非寇能取之，乃棄而與之，非不能復，直禁人之復耳。英宗而下，有欲復之君而無其臣。武宗而下，有能復之臣而無其君。至於發言盈庭，惟楊一清議得上策，楊琚移堡防邊之議得下策，其他遥度坐談，皆爲無策。嗚呼！河套非絶徼也，復之固難，言之亦難耶。

駁倪岳議河套論

當武宗之際，希旨議河套，以巧言亂真者固多矣。白面書生，不履邊垣、親戎馬，宜其失不止於半。獨怪倪岳者以三朝卓然名臣，猶不免焉，其他又何讓焉？東勝之廢纔數十年，非久也。地形去偏頭、寧夏僅二三百里，非難知也。唐守受降城，明初守東勝，非別屯一軍以助防也。則岳所言，出孤軍，涉絶漠，勞師絶餉之大害，乃漢、唐通西域之陳迹顧襲言之，以止人復東勝耳。至於套形雖長二千里，然三面距黄河爲塹，非綿亘無際也。城郭未盡傾，土壘未盡廢，非如沙漠無可居也。土地肥腴，利種植，非無委積也。不鼓勇前行，而内縮地千餘里，於嶔崎磽磧間，纍築綿引，但固一牆。寇偵中國，厭邊事，居比鄰之地，排數尺之牆，小寇大舉，無日以怠，内侵不已，殺僇無算，卒至朘削國本，民窮財盡，驛卒一呼，天下瓦裂，廟謨如岳者。可謂據全勝而取大敗，反至逸爲作勞者矣。夫河套之與延寧，無名山大川以阻搤也，又未有高壘深溝以陷戎馬也。此老成謀國者宜竭智以圖恢復，更不應以剥膚之患等之邀功絶域，而爲郛郭之説也。獨擿指當時，兵將虎翼鼠竄，則固燎若觀火矣。終不圖數萬兵卒，坐食窮邊，陰耗物力，曷以善後？不至亡命，流爲饑且盜不止也。

舉河套而棄之也。當是時，道謀是争，交執互詰。自萬達以人望爲是言，而賊嵩之謀決矣，守謙之獄成矣。終明之世，遂無人復議套事者矣。嗚呼！萬達者，誠媚賊相嚴嵩耳。否則，久在行間，憚於効命而已，烏睹所謂時勢者哉？奈何創爲交趾之征，以奮桑榆之績？是又日暮宵行，盲揣瞎騎者之所爲，君子責之備矣。

駁翁萬達議河套論

世宗朝，河套之議數千言，娓娓動聽者，翁萬達也。萬達總制宣大威名赫奕，宜其知時勢而諳於邊事矣，乃飾浮説，以取悦奸嵩，尤可怪焉。延綏鎮撫侍郎楊守謙長沙人。之議，議出萬全，豈不知省？乃故爲舛謬誖盭之説，與之背馳。將謂進戰至難，何王效、梁震屢有成跡乎？守險誠便，河套中頻寇塞東盜西、固南潰北乎？冬河凍草枯，膔騰已減，春米泮渙，又更虺隤，非戎馬之瘦脆乎？廞潤而居，芻豆而牧，雖冬春時，我馬不肥踔乎？大同、五堡猶屬境外河套之地，内居河南，患其必争則不復，將俟揖讓而後復乎？沿河雖二千里，較邊垣僅多五百里，移延寧邊卒於沿河，因河爲隍，繕壘爲城，其易十倍，何守兵須三十萬衆乎？套中地一歲而耕，再歲而穫，復套移營，耕墾沃土，何爲仰給内地乎？曾銑用兵已有大效，萬達非不耳而目之者。勢之强弱，事之難易，彼、己之有餘、不足，守謙之論具以悉，彰彰明矣，而故反其説，何耶？塞上之民横被屠僇者日益多，沿邊之卒死於鋒鏑者日益甚。所宜蓐食枕戈，撲燎援溺，復套以安延綏。安延綏以固秦晋，而益培中原之元氣，無耗東南之財賦，利莫大焉，功莫高焉！不宜誇張寇勢，引喻失義，沮志士之心，杜天下之口，使寇戎坐大。

河套近日形勢論

套中自吉囊而後寖式微，南恐搗巢之患，北偹瓦剌之侵，則亦巢於幕上焉。有明苟有中智之主，乘可爲之時勢，取而復之，易若反掌。顧乃畏之如虎，竭脂膏、增市賞以貪一日之安，方謂羈縻爲得計，寇戎豈不内笑其愚哉？求成有年，土地肥而豢養久，戰争少而筋力疲。天啟間，挿漢入套，横相翦屠，相率舉族内附，此非成哀短祚、呼韓稽顙之故事歟？套人德中國卵翼之恩，願備北籓，當李過攻榆林，猶舉義旗爲敵愾之忠，其若天之不祚明也。何哉？河套天崇末造分二大部：一曰古禄王，一曰山旦王。其分地以榆林、寧夏之邊界爲疆，名六掌撒，猶曰“五軍”也。

今日既封以王、以貝勒，月有禄，其台吉[①]，色目人以下爲差，埒於華封。嗚呼！盛矣。然套中已事多爲别部吞併者，有黄河衣帶之水而無繕城列戍之防也。又以其地饒，耕牧久，不事弓馬，舉國之衆不能禦千騎。當我仁廟初年，三輩未珍，外裔觀望，逼近阿蘭善山，即賀蘭山後。頻請内地官兵代爲防秋，祝囊西蒙古。聞而笑焉。今久臣僕於我大清奉正朔，曰鄂爾多斯、内蒙古，則所以永保我脣齒者，非盡犂準嘎爾不可也。而議者或言非計，於戲自非睿斷，罕此膚功矣。小臣鑒明列代之失，而知聖天子之自有真也。

---

① 台吉：清代對蒙古貴族的封爵名，位次輔國公，分四等。

楚北江漢宣防備覽

〔清〕王鳳生　撰　　林久貴　吴　婷　點校

前　言

《楚北江漢宣防備覽》二卷，清王鳳生撰。王鳳生，字竹嶼，安徽徽州府婺源縣（今屬江西）漳村人，僑居江寧白鷺洲，建有江聲帆影閣、三山二水居。父友亮，曾任刑部郎中，有清直聲，以詩名。嘉慶、道光年間，王鳳生歷任浙江通判、嘉興知府、河南布政使、兩淮都轉鹽運司使等職。道光十二年（一八三二年），湖北大潦，總督盧坤疏留王鳳生治江、漢堤工，半載告竣，秋水至，新堤有潰者，王鳳生引咎乞疾歸。道光十四年（一八三四年），他復任兩淮都轉鹽運司使，赴任之途，因病而返，於道光十五年（一八三五年）乙未四月二十四日卒於江寧，誥授中憲大夫，例晋中議大夫。《清史稿》有傳。

王鳳生亦仕亦學，尤好圖志，成《越中從政録》《宋州從政録》《荒政備覽》《浙西水利圖説備考》《河北采風録》《江淮河運圖》《漢江紀程》《楚北江漢宣防備覽》《淮南北場河運鹽走私道路圖》諸書。他每官一地，即能指畫其形勢，籌謀其興革，《楚北江漢宣防備覽》即是其臨楚治江、漢堤務，“就年來周歷之各水道堤防源流要隘，繪圖輯説，編刻成帙”（見該書卷首“序”）。

是書分卷上和卷下，首載《楚北江漢水道堤防全圖》，并以《楚北江水來源及境内諸水附入攷》《楚北江漢現在情形及堤工積敝説》《上湖廣訥制軍籌議江漢宣防略》三篇文章，對江漢水道、堤防及其積弊作總體概述。其後，分縣進行詳細介紹，每縣一圖，勾畫該縣水道流向、堤工名稱以及地理形勢，并以“水道堤防説”作爲文字説明。如“江陵縣水道堤防圖”勾畫了長江在江陵境内的流向，標明了沿江各地堤工、村鎮、沙洲名稱等，并對長江在江陵縣境内接納的各支流情況也進行了勾畫；而“江陵縣水道堤防説”則對江陵的歷史治屬、面積的四至、山水情形、各堤工起訖及長度、險要堤工之處等均作了詳細説明。全書所涉各縣計有：松滋、江陵、公安、石首、監利、嘉魚、江夏、廣濟、黄梅、鍾祥、京山、荆門、潛江、天門、沔陽、漢川、漢陽。最後收録的是“道光壬辰盧制府奏定修築湖北堤工章程”“續行修築堤工事宜”“詳定江漢堤工防守大汛章程”“擬堤工修防善後事宜”“附録《天門縣誌》載王觀察概《詳定歲修派土條規》”。

該書最主要的特點是：分縣介紹，每縣一“圖”一“説”。不同於以江河爲綱的堤防文獻，分縣介紹的文獻重在分片記述，以江河爲綱的文獻重在通覽，兩種體例的文獻資料可互爲補充，這也是該書的主要價值所在。

此次整理所據版本爲清道光十二年刊本，正文前有王鳳生自識（即“序”）一篇，説明此書成書的原因及簡要經過。此次負責整理點校者爲湖北大學文學院林久貴，主要對原書進行了標點，另據其他影印本進行了少數文字的校勘。不當之處，敬請批評指正。

點校者

目　録

序[1]

江爲天地間一大澤，漢亦西南一巨川也。江至荆州其流始大，漢至漢陽以江爲墟，兼有洞庭、彭蠡二湖之水滙注於楚江上下，澒洞奔騰，故氾濫横流之患，楚北一省已自昔爲然矣。近以上游墾山之沙泥流注，洲渚叢生，江漢底日淤高，其患爲尤烈。道光十一年辛卯夏，江漢大水爲灾，潰决堤塍七十餘處。時涿鹿盧厚山宫保總制湖廣，古六楊介坪中丞巡撫湖北，念切民瘼，於蠲緩賑卹外，復籌辦宣防水利，以冀久安，疏請動借帑銀二十九萬餘兩，堵築潰口堤共長三萬三千零二丈，其餘漫潰之漢堤以及各州縣堤之殘蝕坍矬者，另由官民捐辦，一律修築加培如式，計經費亦不下十數萬兩，仍於鹽業捐銀十五萬兩，分限三年，以儲善後之用。深謀遠慮，可謂至周且備矣。

壬辰春正，鳳生奉奏調來楚，綜理是役，適厚山宫保以楚南猺變，將赴軍營，倥偬之際，猶相與究致患之由，籌弭患之策。竊以爲，《禹貢》"敷土濬州，九澤既陂，九川滌源"，"滌"與"陂"即"宣防"也，二者原不可偏廢，今若堤塍築固，假以時日，繼長增高，然後疏通支河，濬深閘堰，次第興舉，以三年爲期，庶可出斯民於昏墊而登袵席，此其始願也。詎意堤工甫竣，夏秋又值異常大水，雖原口復潰無多，而歲修各堤漫潰成口者正復不少，目睹洪濤浩瀚，拍拆盈堤，與河上無以異也。伏思國家經費有常，豈能以帑項借之不已，而民力又叠遭水患，年困一年，救死不贍，徒切望洋之歎？是堤之觀成今且不易，遑恤宣洩以爲後圖！何天心之未厭亂耶？余無術迴瀾，憂懼交迫，致以病廢，將歸而抱此區區終不能恝然自已。孟冬，長白訥制軍蒞任，因承下問諄

[1] 此標題原無，本次整理校補。

諄，不敢以敗將之嫌甘於緘默，爰抒所見以對，並就年來周歷之各水道堤防源流要隘，繪圖輯説，編刻成帙，以俟諸後之君子，或可爲嚆矢之一助爾。

道光十二年歲次壬辰冬十月婺源王鳳生識

卷上

楚北江漢水道隄防全圖

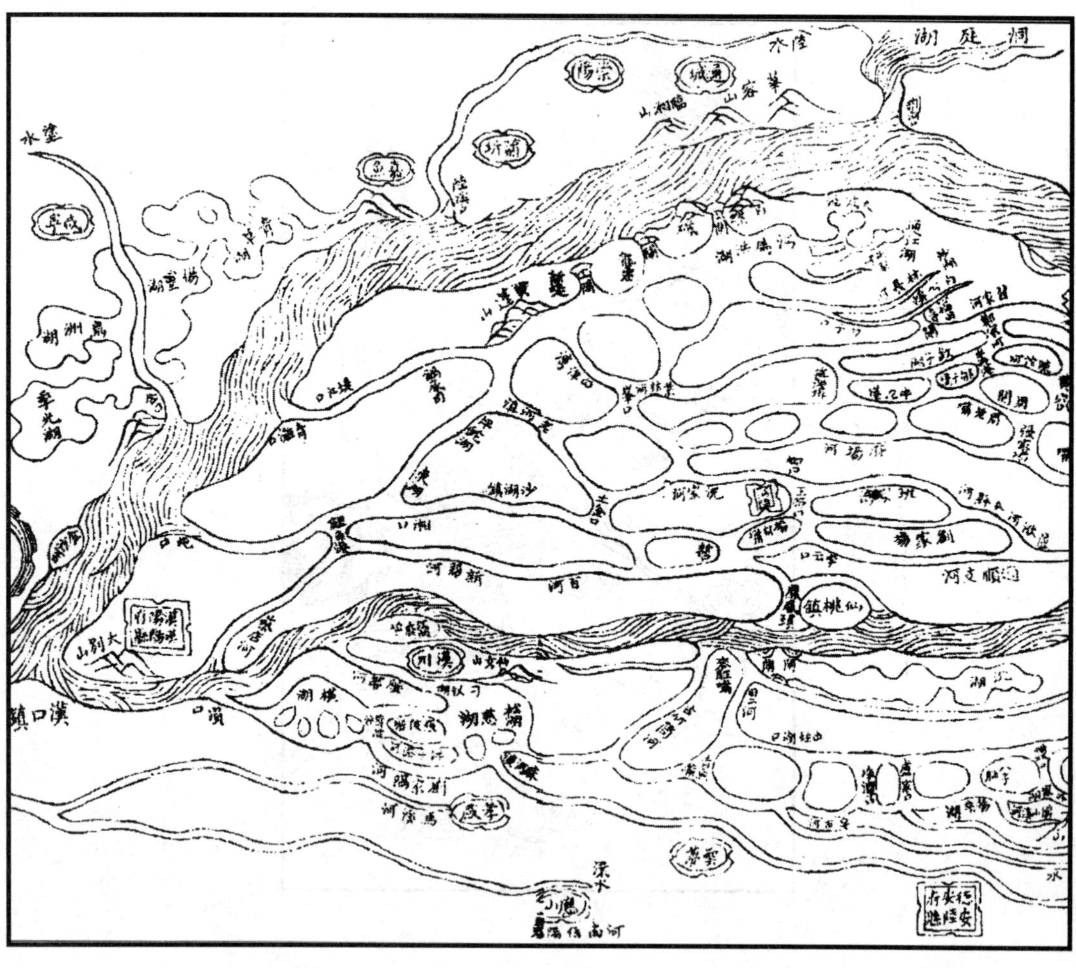
洞庭湖
漢口鎮
沙湖鎮
仙桃鎮
新灘河

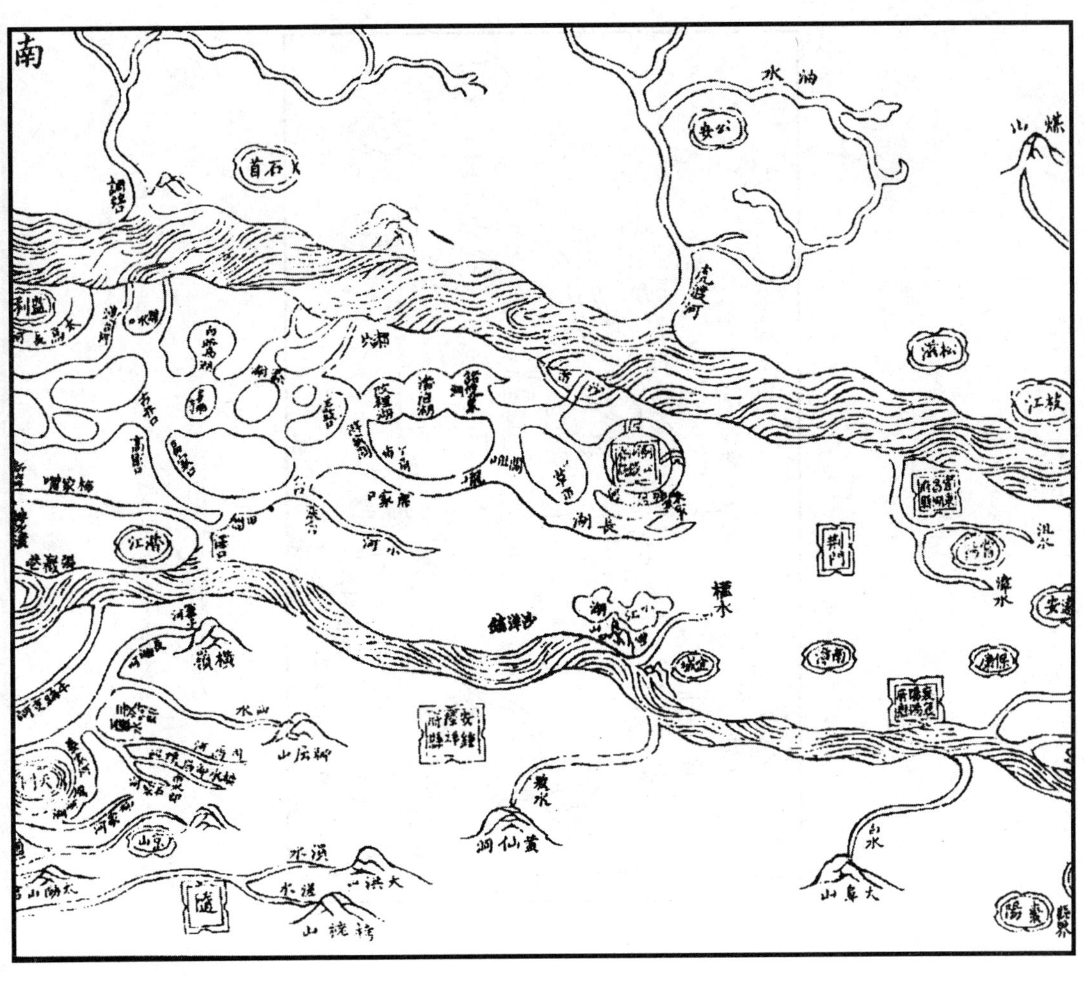
南
荊門

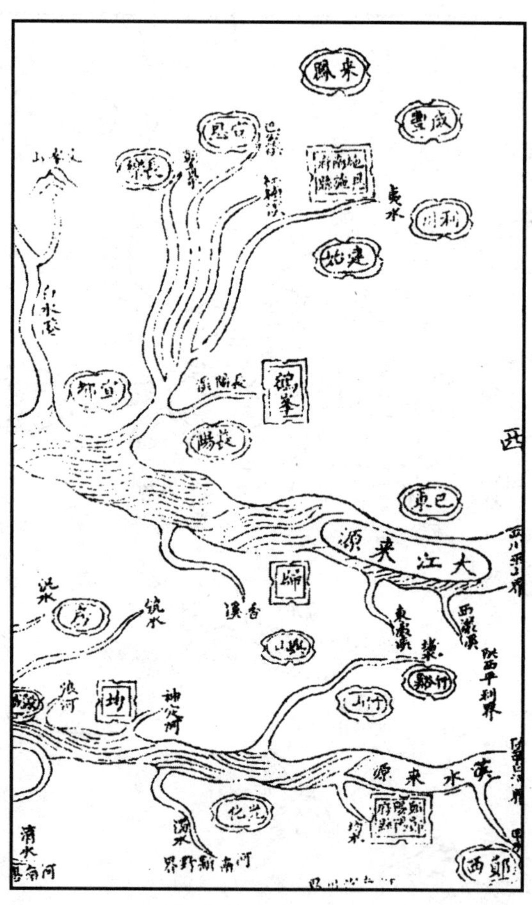

楚北江水來源及境内諸水附入攷

江源出於岷山，西南流經松潘衛西。又南經疊溪所西，又南經茂州城西，又西南經威州之西，又南經保縣東；又東南流至汶川縣西，又東南經灌縣西，又東南經崇慶州北，又東南經新津縣南，又東南經彭山縣東；又南經眉州之東，又南經青神縣之東，又南經嘉定府東，又南經犍爲縣東；又東南經叙州府城北，又東南經南溪縣東；又東經江安縣北，又東經納溪縣北；又東北經瀘州城東，又東經合江縣北；又東北經璧山縣南，又東北經江津縣北，又東北經重慶府南；又東經長壽縣南，又東經涪州北；又東北經酆都縣南，又東北經忠州城南，又東北經萬縣南；又東經雲陽縣南，又東經夔州府城南，又東經巫山縣南。以上隸四川境，諸水之附入不具考。又東流入湖廣省宜昌府巴東縣北界，有西瀼溪源出孫家巖，東瀼溪源出紫陽山，自北來注之。又東經歸州城北，有香溪，一名昭君溪，源出興山縣寧都，自北來注之，其入江處謂之香溪口。又東經宜昌府，城西北二十五里，西陵峽在焉，與夔州之瞿唐、巫山之巫峽，共爲三峽。又自東曲折流六十餘里而至宜都，縣西北之荆門山與南坼、虎牙山對坼，自昔爲險阨之處。縣西有夷水，源出恩施縣羅錫堰，經長陽縣流入縣界，合源出宣恩縣萬里山之朝貢水，及恩施縣源出翠濤山之巴公溪、源出班鳩崖之紅蘭溪、長陽縣源出桃符山之長陽溪，滙於清江口。又縣東有白水河，俱自南來注之。又東北經枝江縣城北，江流至此分而爲二，間以大洲，謂之百里洲，洲之北曰北江，南曰南江，《方輿紀要》謂“《禹貢》‘東别爲沱’”，即此地也。又東南經松滋縣北，又東北經荆州府城南，有沮水源出房縣之景山，與源出南漳縣荆山之漳水，至當陽縣河溶合流，俗名沮漳河，自北來注之。對江南坼有虎渡河，係分洩江水，支流自北而南下注澧水，歸洞庭湖。又東南經公安縣北，《誌》載，有油水歸江，今爲堤阻，改由虎渡河下達洞庭。又東南經石首縣北，有調弦口分洩江水入洞庭。又東經監利縣南。又東經華容縣北。又東經岳州府北之城陵磯，有洞庭湖水自南而北由此注於江，謂之荆河口。又東經臨湘縣北。又東北經嘉魚縣西，有源出蒲圻縣港口之新溪河納大羅、龍坑、磐石等湖之水，至石頭口南來注之；又有源出崇陽縣之陸水納崇陽、通城二縣諸水，至陸溪口即古陸口南來注之。折而北經漢陽縣西，有青灘口、沌口上承江陵、監利及潛沔分洩之，漢水自北來注之，其南岸爲江夏縣，有塗水源出咸寧鍾臺山至金口鎮自南來注之。又六十里北經漢陽府城東之大别山南與漢水會，所謂漢口也，亦謂之夏口。漢陽、武昌二府城隔江相對，不過七里，爲自古津渡必争要隘。江水會於漢水，並流而北，復折而東。江之北岸爲黄陂縣境，有濃水，源出河南信陽州天磨池，經孝感縣流入境，東通武湖之灄水，西會馬溪河，至五通口，一名沙口，自北來注之。南拆爲武昌府江夏縣及武昌縣境。武昌縣西有樊水，源出咸寧縣石燕泉，北流入境，納縣南湖澤諸水，至樊口南來注之。北岸爲黄州府黄岡縣境，有舉水，源出麻城縣黄蘗山，西南流至縣西三江口，北來注之。又東南三十里，有巴水，源出羅田縣之鹽堆山，經蘄水縣流入縣境，合羅田諸水及縣之上巴河，至巴河鎮，北來注之。又東經蘄水縣南，有希水，源出六安州英山縣之霍山，西南流至蘭溪口，北來注之。又東經蘄州城南，有蘄水，源出四流山，至挂口，滙廣濟縣迤西之水，北來注之。江之南岸爲興國州界，有富水，源出通山縣九宫山，東流遶州城南，納境内諸湖水，至富池口，南來注之。又東南經廣濟縣及黄梅縣南境，出安徽宿松縣界。凡廣濟境之梅川、斤竹諸河，連城、赤磯二湖，及黄梅境東北源自唐家山、西北源自紫雲山諸水，均滙入縣之太白湖，逕東觀市，由望江縣之急水溝入於江。黄梅江岸與江西德化縣犬牙相錯，對江爲九江府，城之北迤東爲湖口縣，其彭蠡湖水自縣城西南注於大江。

楚北江漢現在情形及堤工積敝説

按：江水自四川岷山發源，至巴東縣入楚境，歷歸州、東湖、宜都、枝江、松滋、江陵、公安、石首等縣，東至監利縣滙洞庭，又東由沔陽、嘉魚、江夏等州縣，至漢陽縣與漢水同流，出黄州而達溢浦。其在東湖以上，兩岸皆山，江流順軌，故無所患。迨至荆州之江陵縣，地勢寬衍，三峽之水迸流至此，如櫪馬脱韁，隨性奔逸，兼以宜都下至監利，其中洲渚蔓延二十餘處，錯綜阻遏，勢益湍激沸騰，故江水之患，首在荆州一郡。查唐、宋時本有九穴十三口分洩上游之水，後漸湮没。明初猶存其三：一虎渡口與調弦口，流注澧江，同入洞庭；一郝穴，流入漢口，與大江復合。自嘉靖間將郝穴堵塞，僅餘虎渡與調弦二口宣流，全藉堤防爲捍禦。南岸則枝江、松滋、公安、石首，堤凡五萬四千餘丈；北岸則江陵、監利，堤凡四萬九千餘丈。脣齒相依，一處不堅，勢難獨保。然地本居高，苟能順其就下之性，隨長隨消，原可不致渟積，無如在下之洞庭湖，每當夏漲，受黔、湘兩省之水，出荆河口而入於江，致截川江去路。夫水緩則沙停，沙停則洲之有者漲而愈寬，無者生之不已，江面之日占日窄，水患之年盛一年，其勢然也。上年，洞庭南水大旺，致荆州江水壅滯，經久不消，淤墊尤甚。本年盛漲，荆州之楊林磯誌樁水痕，較比上年仍大二尺一寸，而下游水不加多，可見非汛漲之較增，實江底之高仰耳。又東流至武昌漢陽，復有漢江受秦、豫諸水，北出漢口以入江。又東流至黄州達溢浦，復有鄱陽湖受章、貢、徽、饒諸水，南出湖口以入江。故嘉魚、江夏、廣濟、黄梅等縣，無山處所，亦賴堤防。凡楚北江水經行之區，悉爲諸巨川滙注之地，勢猶横截，漲每同時，節節紆迴，自不免逆而旁溢，此楚北江水頻年爲患勝於他省所由來也。兼之漢水自陝西嶓冢發源，至鄖縣入楚境，歷均州、光化、穀城、襄陽、宜城、鍾祥、荆門、京山、潛江、天門、沔陽、漢川、漢陽等十三州縣，出漢口與江水合，其水本如黄河，性帶沙泥，隨處坐灣淤積，尤易生灘，凡灘嘴挺生之處，往往逼溜頂沖，勢成危險。迨流至漢陽界，又有涢口，上承德安郡屬之府河及安陸府屬堤内湖河諸水，北來注之，每於夏秋奔騰浩瀚，已有宣洩不及之勢，且出口歸江，僅只漢口一道，正值川江、洞庭並漲，阻遏不能暢流，宜其益形淤墊。若從前不與争地，亦不過水漲時一漫而過，爲害尚輕，積年漸即渟淤兩岸，轉成高阜，乃昔人狃近利而忘遠患。自襄陽以下，至鍾祥、荊門、京山、潛江、天門、沔陽、漢川各州縣，南、北兩岸千數百里，皆築堤以禦之，自此内外判然，即不能棄而弗守。查宋元時，自鍾祥以至漢川，均有支河可以分漢流而殺其勢，後俱湮塞堵築以堤，至今七邑民舍、田疇，但倚堤塍爲命。然河身日高，則堤内之地日下，設遭潰漫，勢若建瓴，皆成巨浸，甚至積潦無從疏洩，仰似缽盆，連歲不能耕藝，此楚北漢水頻年與江水同患之實在形情也。考諸《誌》《乘》，自明季以來，此塞彼潰，已無歲無之。國朝乾隆、嘉慶年間，連年潰堤，歲比不登，民困斯極。嘉慶十三年，前督院汪勘明湖北各州縣應疏應堵情形，當經疏濬河道，堵築堤防，修建石牐，分别奏請籌辦，其時積潦藉以稍疏，民可安業。迨嘉慶二十一二等年，不旋踵而水災又見。道光元年以後，迭遭潰漫，至道光十一年，江漢與洞庭之水泛濫爲災，各州縣衝潰堤塍七十餘處，更爲百餘年所未有。本年六月，復異常盛漲，致濵江之松滋、江陵、石首、蒲圻四縣堤，濵漢之鍾祥、京山、天門、沔陽、漢川五州縣堤，又多潰口成灾。伏思澤國固多苦潦，而今之視昔，何以流愈滯而害愈多？推原其故，竊以爲人事、天時有二患焉。查漢水之上游，逼近皆山，山多藏蛟，每一舉發，水來甚驟，且高逾數丈，所至成灾，非泛水之日，長尺寸可比。然從前只春、夏時有之，亦不經見，近則屢受其害，且不獨春、夏爲然，如湖北鄖陽府在萬山中，踞通省最高之地，本年七月初三及八月初九日，連次陡發，山水數丈，水勢奔騰直下，冲潰襄陽老龍堤並襄陽、宜城等縣城垣，其地勢之在下者，更屬如頂灌足，沛乎莫禦。至江水向只夏汛一漲，今則屢漲不已，秋汛幾與夏汛無異，節交霜降，仍未歸槽，是皆未之前聞，此天時之爲患也。在昔江面寬濶，江底深通，故漲水易於消納，不致爲灾。近因上游秦、蜀各山多爲民人開墾，土石掘鬆，每大雨時行，山水挾沙冲卸，水緩沙淤，以致江河底益墊高，在在易生洲渚，其在中流者爲洲小，民貪利報陞，輒種蘆葦，久漸漲寬，其近兩岸者爲灘，沿堤居民亦各報陞，墾成田畝，並私築堤垸，自謀捍禦，二者兼之，故江面日爲侵佔，兩旁既斬其瀦蓄之寬，中央復阻其暢流之勢，未有不横溢四出者，堤身稍爲卑弱，力豈能支？此人事之爲患也。夫患在天時，其爲害固非可逆料，若第以洲灘而論，其患係在人事，似尚可力與挽回然。凡此已成之地，或開阡陌，或結屋廬，儼成村落；即種葦沙洲，其來已久，延長數里及數十里不等，沿流皆是。皆由從前地方官，或因幅輿遼濶，查察難周；或因生齒日繁，遷就姑息；或因民情强悍，畏難苟安。事遠年湮，致成積重難返。今欲設法挑毁，以江漢之在楚者，各長千數百里無論，斷無此鉅費可興大工。且案查乾隆五十三年，荆州江水泛漲，衝潰堤城，經欽差大臣查辦，以江中有窖金洲一道，約長十餘里、寬五里，侵占江面爲害，奏請永禁開墾，並於對岸築石盤頭以挑水刷沙。迄今四十餘年，雖洲地墾禁未弛，而寬廣已較前增倍，徒勞無功，是其明驗。總之，江漢受患之由，大率在於與水争地，以堤阨束其流，益恣盪擊。然宋、元以前，疏穴口以洩水，其患尚減。自明以來，諸穴多湮，而專事堤防，其患益密。蓋下洩則上無横溢，支分則流必平緩，"宣"與"防"原不可偏廢。若議"防"而不議"宣"，一綫長堤，障千里之溯湃，欲其萬全，其可得乎？故南塞則北潰，北塞則南潰，前明迄今皆然。兹以上游墾山之泥沙流注，到處洲灘滋蔓叢生，江河底日淤高，水益勤而且大，川壅則潰，後患殊未已也。查江漢堤塍，有按糧徵土、官爲經理者，如江堤之松滋、江陵、公安、石首、監利五縣，漢堤之鍾祥、京山二縣是也；有按糧派土、聽民自修者，如江堤之廣濟、黄梅、沔陽州，漢堤之潛江、天門、沔陽、漢川四州縣是也；有歲修生息、專欵由官領辦者，如江堤之江夏、嘉魚二縣與咸寧、蒲圻四縣之公堤，並漢堤之荆門州是也。官修之工，固多浮冒偷減，即派土聽民自修，而工由官督書役查催，仍不免於借事需索包攬等弊。且小民於夯硪築法，每不如式，亦難經久。邇年因連遭水患，民力拮据，奏請借項興修，分年攤徵歸欵，例有保固，不能不責成官辦。而民以保固在官，凡畚鍤、搶險等事，轉若置身局外，雖令不行。至承修之員，欲其諳練工程而復能潔己奉公者，其人本不可多得。且一經興工，每於委員、差役、夫馬、飯食之外，另須查驗監催、使費，種種剥削，其實用到工者，尚餘幾何？積習相沿已久，縱有長吏實力稽查，而鞭長莫及，斷非一手一足所能爲烈。在辦公者，輒藉口於十年保固，恐貽後累，伏查固限之在他省江湖、河海、土石、柴塘，俱以三四年爲斷。即本省襄陽老龍堤石工，保固亦例只三年，從未有如江漢土工固限之久者。川流洶湧，土性鬆浮，欲律以十年不敝，與他處相形，似未足以昭允洽。但查各堤工，雖有土名，向未將高寬袤長丈尺劃清界址，逐段刊載石碣，豎立工次，及造册申報道府衙門有案，故遇潰口，無難挪東掩西，朦混具報。雖例限綦嚴，亦徒有虚名而已。似不若區分段落丈尺，勒石造册，易於稽查，以杜前弊。一面援照襄陽工例，奏請酌減固限，俾於公事，得臻核實之爲愈也。再江堤兩岸，上自荆州，下至武、黄，約長二千餘里；漢堤兩岸，上自鍾祥、荆門，下至漢川，約長千數百里。工段極長，全資民力。近患江河淤墊，沿流堤塍，自不能不隆與俱高，培之使厚，無論堵、築潰口，經費浩繁，即每年歲修之資，亦復甚鉅，沿堤各州縣業民叠被水灾，謀食不贍，焉有餘力？兼以伏秋大汛，洪流衝突，拍岸盈堤，其迎溜頂冲及有獾洞、鼠穴暗險處所，在在可危，直與河工無異。然河工設有專管之丞倅、汛員、兵役巡察，於平時保護，於臨事並搶險，有欵項開銷，逐段有料土堆積，尚可有備無患。今江漢長堤，以一州縣管轄數百里之工，本有刑錢專司，無暇兼顧，况搶險無欵可支！舉凡土料、夫工，均須捐備。縱有亟公任事之員，而力有不逮，亦只得觀望不前；至佐雜汛官赤手從事，更無能爲役。方今國家經費有常，豈能以江漢堤工，致縻財賦？若欲徵之於民，修堤且藉代籌，搶險益難集費，此又堤工積敝及事處兩難之實情也。

上湖廣訥制軍籌議江漢宣防略

謹按：江水自三峽出荆州，始得逞其展蕩，勢極奔騰澎湃。至江陵、松滋兩縣，南、北既各束以堤，中邊復洲渚叢生，不能容納，及抵監利，又有洞庭湖水，夏、秋同時並漲，由荆河口南來注之，横截阻遏，兼爲其下之楊林、白螺、臨湘等山南北對峙，口門偪仄，扼束其流，以致水緩沙渟，江底日益淤墊，自上年洞庭南水大旺，其害尤甚。查乾隆五十三年，前經欽差大臣監築荆州萬城大堤，於堤頂隨地置有鐵牛制水，今積年加培之土，已距原置鐵牛處所高出丈餘，而本年盛漲水痕直平堤面，此即今、昔逈殊之明徵矣。宋、元時，荆屬向有九穴十三口，分洩以殺其勢，自明嘉靖間堵塞殆盡，僅餘虎渡、調絃二口，宣流入澧。且調弦口未得分溜之勢，川壅而潰，理在則然。今江底較前益仰，洲灘較前益多，故此築則彼潰，彼築則此潰，其患幾於無歲無之。如今歲夏、秋盛漲，荆屬北岸之萬城以至監利，南岸之松滋、江陵、公安、石首，共堤長十萬餘丈，其水與堤平者幾及過半，所以潰口大率因漫而成。既患江底淤高，則以後尋常漲水即難保無泛濫之憂，苟欲爲來年保障計，除堵築潰口外，舉凡卑矮堤塍，必須預籌歲修，一律培與俱崇，乃可有備無[①]患。通盤核算，經費浩繁，若照向届民間按田派土，原係衆擎易舉，特今冬攤派，只江陵北岸萬城堤可以仍舊；南岸松滋縣雖有偏灾而地方富庶，尚可併潰口設法捐修；餘如公安、石首及江陵南岸俱連年被水，監利亦僅五分收成，均係積困之餘，繼以癘疫，大半逃亡，民力殊未可恃，籌之不可不早也。至嘉魚、江夏及蒲圻、咸寧四縣公堤，除潰口應責令賠修，其歲修各有生息專欵存貯藩鹽庫。廣濟、黄梅二縣，向係派土歲修，兹幸完固，應令繼以人力。以上各縣，只須於堤之卑薄處酌爲加培高厚，實力督辦，便可以資捍禦矣。漢水自鄖西縣入境，歷襄陽抵鍾祥縣，勢益就下，兩岸俱築堤以限之，浩蕩奔騰，東南流三百里，至潛江之夜澤、排沙二口，水始分流：其一支遶潛境西南而下，分注監利、沔陽二州縣境，由新灘口歸江；其一支由蘆洑河灌輸於沔陽各湖，分由沌口歸江。是漢水之支分賴有此耳。今夜澤、排沙兩口門及腹内諸河道俱多淤塞，惟夏時始通舟楫，則分洩空有其名，上下二千里迸力東下，欲其束縛順軌，直至漢口而達於江，每當盛漲之際，奔雷轉轂，譬彼張其口而濶其腹，咽喉一線，能保無虞乎？况漢水一石

① 無：别本作“有”，疑誤。此處徑改爲“無”，當是。

得泥逾斗，幾與黄河相等，淤墊之易，更甚於江，兩岸堤塍培厚增高，益欲有加無已；無如所歷州縣，俱屢遭水患，歲比不登，謀食不贍，焉能更集畚鍤之費？本年潰口，惟鍾祥縣有堤工生息專欵存貯藩庫可以撥用，沔陽州已自認賠修，天門縣所潰無多，可飭自行籌辦。此外，如京山縣吕家潭潰口，爲天門、漢川二縣之頂冲，潛江、沔陽並遭波及，最關緊要，宜亟堵築。但口門以下俱冲成深潭，碍難對口興修，須相地施工，延長尚難逆料，所費恐多。是口今歲之修即係勸捐而成，未便以復潰再資民力，自須另籌趕辦。至漢川縣堤，夏汛僅潰二百數十丈，後經異常秋漲，爲上游各潰口之水灌注於縣之腹裏，堤塍内外，一片汪洋。近聞已敗壞，不可收拾，尚未據該署令稟報。若爲通工修整，所費尤鉅，縣之業民，遭昏墊者十有餘年，斷難派土，一切均待官籌。且該縣地勢極窪，居潛、沔下流，爲衆水滙注之委，不特漢江汛漲自固吾圉，抑且上游之鍾祥、京山、潛江、天門、沔陽各堤一有不虞，無不以鄰爲壑。雖境有刁汊、三臺、横湖等以備潴蓄，而來源汹湧，下游又有溳口受安陸、德安二府屬之水注之於漢，壅滯去路，以致宣洩不及，四溢旁流。該堤塍兩面受敵，不潰於外必潰於内，縱以數萬金錢不日成之，亦難期其屹立之不可撼也。故賈讓曰："堤防之作，壅防百川以自利，民耕田之或久無害，稍成室家，遂成聚落，時至湮没，則更起堤防以自救，稍去其城郭，排水澤而居湛溺，自其宜也。"又《漢書》云："左堤强則右堤傷，左右俱强則下方傷。"其斯之謂與！《潛江縣志》載："欲防水患，莫急於修决堤、濬淤河、開穴口，三者備乃爲百年經久之謀。"俱屬切中時病。但居今反古，賈讓棄地之議，既以民田、廬墓，關係匪輕，諸多格碍，即開穴口、濬淤河二説。兹查，支河到處淤積，穴口遺趾多湮，且欲復故道，須築枝堤以禦水，在在經費不貲，待興大工，先需財用，此項從何籌備？惟查《沔陽州志》載陶大年云："水有性，水有勢，莫如相其潰口之成河者，留一口以爲消洩，則順水之性殺水之勢，所棄少而所全多。"斯水、土兩利之急策。迨水既成河，岸可成田，因其岸而堤之，可立待也，庶或因敗見功之一道。若荆江之上游，終無分洩之區，漢江之支河尾閭不濬深通而廣瀦蓄，雖歲議築堤，是猶止兒啼而塞其口耳，何益之有！倘官項既無欵可借，民財又無力能勝，萬不得已而爲補苴，目前之圖，則潰官工者責令賠修，有專欵者發令趕辦，其餘擇要口，先爲籌欵堵築，任用得人。至松滋潰口及歲修堤工，仍責成各府縣自行設法辦理，是其下策，如來年幸無大水，未始不可希冀安全。然云確有把握，則非管見所能及也。伏惟周諮而鑒察焉。

松滋縣水道隄防圖

江縣界九十里
西北枝江縣界
川江
北門
西門
松滋縣
東門
南門
九包山
起龍山
文公山
程子山
潭
鳳凰山
西南至宜都縣界
澧州一百九十里

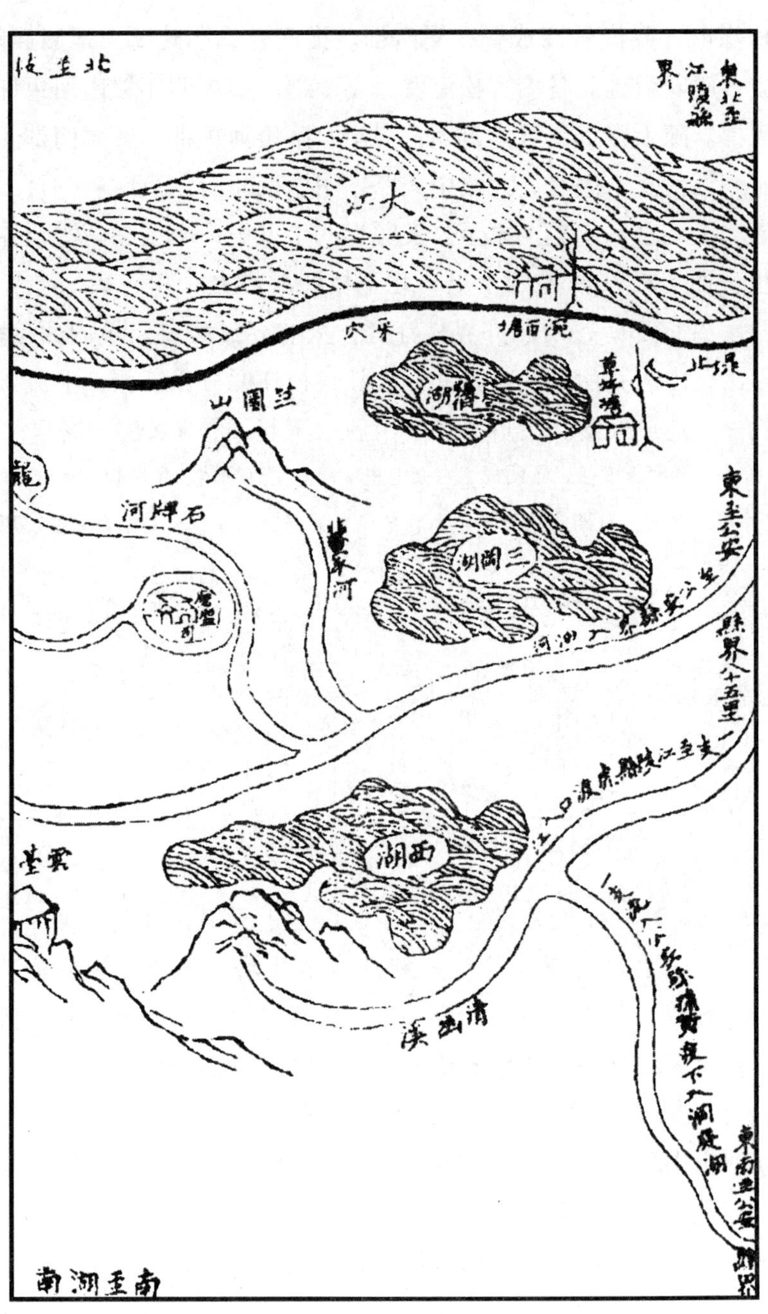

北至枝
東北至江陵縣界
大江
北堤
石牌河
三闾湖
東至公安縣界八十五里
西湖
雲臺
東南至公安縣界
南至湖南

松滋縣水道隄防説

松滋縣，爲漢置高成縣，屬南郡。後漢省爲孱陵縣，地屬武陵郡。魏復立，屬安豐郡。晉僑置松滋縣，屬南郡。咸康四年置南河東郡，齊曰河東郡。陳天嘉二年置南荆州，尋廢。隋廢河東郡，縣屬南郡。唐屬江陵府。五代及宋因之。元屬中興路。明屬荆州府。東西廣一百二十五里，南北袤二百八十里。東至公安縣界八十五里，南至湖南澧州界一百九十里，西至枝江縣界四十里，北至枝江縣界九十里，東南亦界公安縣，西南界宜都縣，西北亦界枝江縣，東北界江陵縣。境内西接夔峽，面江阻山，山居其南，江在其北。大江自枝江縣分爲三派，下流入縣境復合爲一，達於江陵，沿𣳌築堤，由麗家灣起，歷朱家埠、車老堰、左衛劉鸞鳳、張會、羅庶、度蠻、羅明兒、右衛七里廟、左衛許學信、牛路口、但守貞、張友株、田仲賢、陳秀、右衛龍華舗、左衛許冬兒、張稱兒、陳春、右衛余家潭、馬黄崗、左衛皮李鸞、燈盞窩、黄木嶺、范家堰、烟墩嶺、采穴口、高山廟、右正衛李形堤、高山廟、李會屯堰、孟堰坑、左衛雷林堤、胡思堰、左正衛龍甫堤、胡思民屯堰、淇潭寺民屯堰、右衛趙王俊、正衛淇澤寺、陳遠坑、王滿灣、左衛王英堤、胡堰口、上柳林子、左衛陳思虎、中下柳林子、新堤、夾洲民屯堤、易家灣、獨楊樹、沙洲廟、左衛丁恩王堂、鄭應時、左衛上下馬家壋、楊潤口、左衛張興國、楊潤口長堤、金頂兒、右衛雷茶口、左衛上古堤、右衛下古堤、左衛古堤、上中史家灣、右衛中史家灣、中史家灣長堤、正衛中史家灣、左衛中史家灣、下史家灣、左右正衛江灌子、涴市、懶龍屯堤、懶龍民堤、正衛懶龍堤，至古墻止，共軍民堤七十五工，計長一萬二千二百十八丈七尺。縣境地勢平衍，三峽江流至此始得展蕩，最難防禦，又爲公安、石首諸縣之上流，江堤一决，正當諸縣胸腹而下，其形勢尤爲要害。舊有采穴分洩，後以故道湮塞，明時已决無虚歲，每與下流，諸縣甚苦之，堤防其首務也。至縣南，有涴水，源出起龍山，南河出山南，北河出山北，合而東流，入王家湖，至公安縣界，入油河。又有石牌河，在縣南，源出龍潭，下流合涴水。又有裴家河，在縣南，流入油水。又有清幽溪，在縣南，自澧州慈利縣之添坪麻寮三所流至此分爲二支，一至公安縣西之孫黄渡入江，一至江陵縣之虎渡口入江，均與江陵縣連界之張伯湖、公安縣連界之西湖、三岡湖，分資山鄉之灌溉者。惟濵江之倚兹堤爲命者，非僅吾圍而已，防之殆不可不慎。

江陵縣水道隄防圖

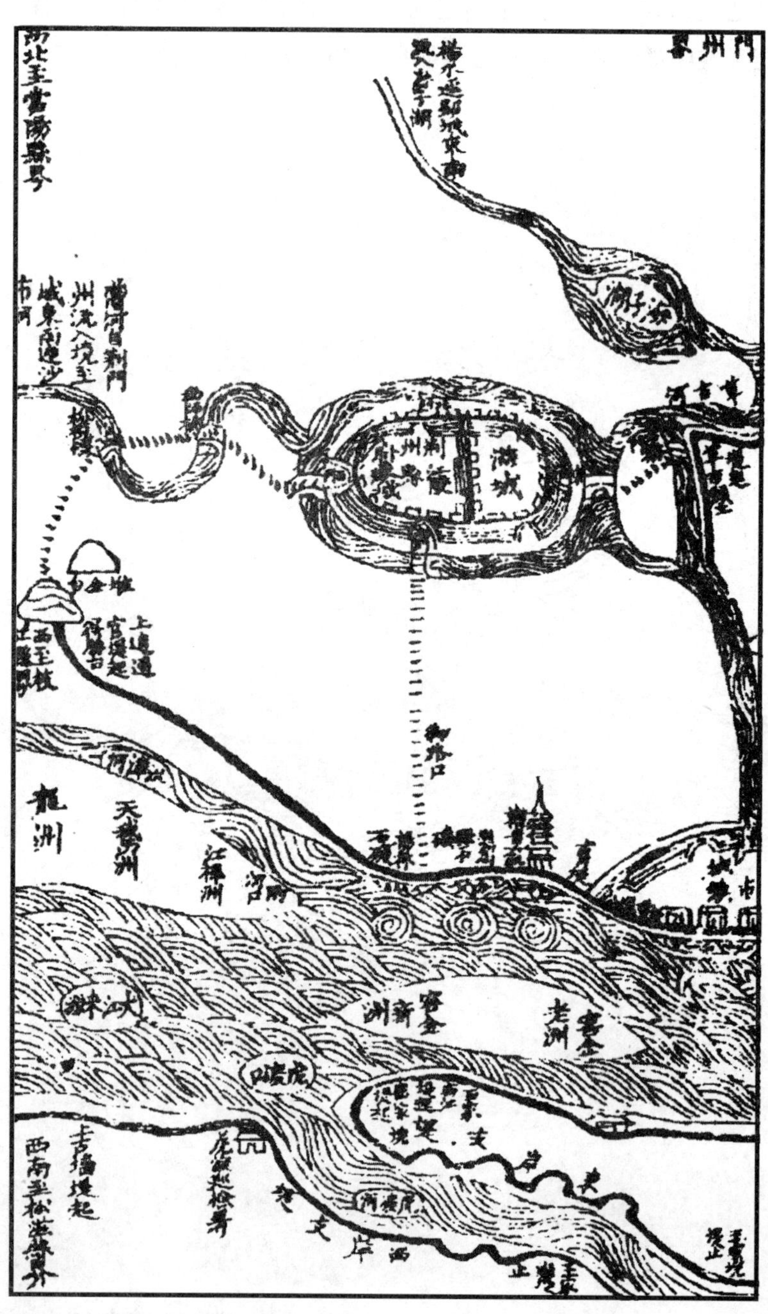

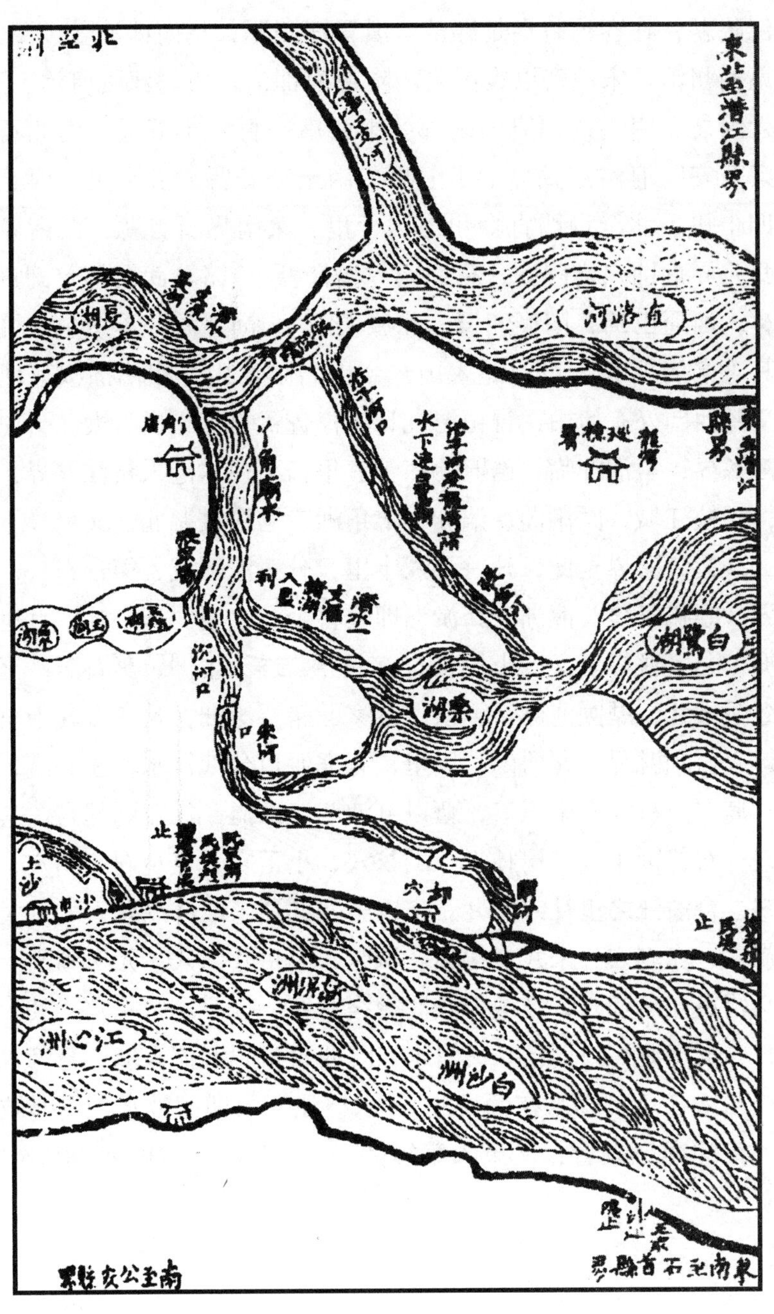
北至湖
東北至潛江縣界
直路河
白鷺湖
東至潛江縣界
南至公安縣界
東南至石首縣界
白沙洲
江心洲

江陵縣水道隄防説

江陵縣，在春秋時爲楚郢都。漢置江陵縣，爲南郡治。後漢因之。晉兼爲荆州治。宋、齊以後因之。隋爲南郡治。唐爲江陵府治。五代、宋、元因之。明爲荆州府治附郭。東西廣一百一十五里，南北袤七十里。東至安陸府潛江縣界七十五里，南至公安縣界五十里，西至枝江縣界四十里，北至荆門直隸州界二十里。東南界石首縣，西南界松滋縣，西北界荆門州當陽縣，東北亦界潛江縣。《諸葛武侯傳》謂爲“東連吴會，西通巴蜀，南極湘潭，北據漢沔”，洵上游一重鎮也。境無崇山，其著名者縣東十里有蛇入山，今更名陰德山，相傳孫叔敖埋蛇於此。又縣西門外有龍山，晉桓温九日讌僚佐孟嘉落帽處。大江自虎牙灘入宜都縣界，至清江嘴，過縣北六十五里，至白水港入枝江縣界，過青夾洲，經枝江城，歷洲洲、漏洲、羊角洲，過松滋縣北，又東爲上下百里洲。自枝江縣界至此，凡一百六十里，分三派下流，復合爲一，入江陵縣界，經鴨子口、龍洲、新淤洲即今窖金洲、新泥洲，凡二百里，抵二聖洲入公安縣界。又四十里入石首縣界，過天生洲、萬石灣，至陽岐山，經縣城北，歷團河洲、劉宗、蔡家、赭要等洲，凡一百九十里，抵搭市口入監利縣界，縣西南二十里，有虎渡口分洩江水，注於澧，以達洞庭。荆郡向有九穴十三口，藉以分洩江流漲溢：江陵則郝穴，其上爲獐捕穴，石首則宋穴、楊林穴、調弦穴、小岳穴，監利則赤剥穴，松滋則采穴，合潛江之里社穴而九。宋以諸穴開通，故江患差少。元大德中重開郝穴、赤剥穴、宋穴、楊林、調弦、小岳共六穴，元末漸湮。明嘉靖初又堵築江陵郝穴，隆慶中議開後復湮塞。今只調弦一穴。其十三口無考，亦惟虎渡一口而已。又沮水在縣西自當陽縣流入境，合漳水南至兩河口西入江。又楊水在縣東北，《水經注》云即龍陂水，逕郢城南東北流，又北與三潮會，又東入華容縣。按：華容，今監利，非岳州府之華容也。今水由郢城北入於海子湖，是即《志》載所謂“三海[①]”矣。又丫角廟水在縣東九十里，自漢水分流入潛江夜澤口，至丫角廟分二派，一流入長湖，一南流滙諸湖水入監利縣界。又東三十里有浩子口河，受龍灣市諸水，下達白鷺湖。又漕河在城北，自荆門州流入，至城東南達沙市河，西北入草市河。又《誌》云：“夏水在縣東南，東流入監利縣界，又東流入漢陽府沔陽州界，一名長夏港，又名大馬長川。”《水經注》云：“夏水出江，流於江陵縣江津豫章口，東有中夏口，是夏水之首，江之汜也。”按：今江之北岸，西自當陽交界，東至拖茅埠，均築以長堤，諸穴俱塞，久無江水可通，惟郝穴之東尚有石閘遺址，閘下有河斜西北流，名朱河口，折而東北入桑湖、白鷺湖，下注於監利之太馬長河。以其地考之，近是。縣境南臨大江，北通潛水。江南大堤，自上古墻起，歷中、下古墻，興隆工，二、三、四、五、六、七、八、九節工，周家垸，上、下楊林湖，至王家湖止，共十六工，長九千四百六十八丈。進虎渡口東支堤，自崔家垸起，歷曹家垸、化成寺、江瀆宫、麻家堤、梁家垸、曲老灣、團湖垸、吴二垸、蕭二垸、羅二口、茂林垸、王家垸止，共十三工，長七千二百一十丈。又江南大堤，自石家廟起，歷三元觀、東嶽廟、白廟兒、上下太平街，接官廳、小江埠、龍王廟、蕭石嘴、張家淵，至王家淵止，共十二工，連荆左右衛，計堤長五千九百五十三丈二尺。以上隸江陵縣轄。又江北大堤，除堆金、得勝二台續增工計長六里外，上自逍遥湖起，歷下逍遥湖、上中下萬城、上中下方城、上下漁埠、上下沙溪、上下李家埠、上中下獨陽東岳廟、上中下笄篷、黑窑厰、沙市古月堤、上下柳林，至横堤止，爲官工共二十五段，長一萬四千八百七十七丈。又自阮家灣起，歷黄灘埸、楊二月、柴紀堤、登南堤、獐卜〔捕〕[②]穴、稀柳灣、長樂堤、岳家嘴、范家淵、梧桐橋、上林腦、下林腦、

① 三海：始於三國兩晉，至南宋時，爲阻金騎兵入侵再擴大，把沮水、漳水全部匯入，綿延數百里，寬數十里。見《宋史・吴獵傳》。在相當長歷史時期内，其對江陵附近地形、地勢影響甚大。

② 據上下文，“獐卜穴”當爲“獐捕穴”。

方家淵、馬家寨、冲和觀、雙聖壇、周家垸、上下潭子湖、龍二淵、上下新閘、冉家堤、上下熊良工、上下雙淵、洪水淵、石首南堤、上中下金果寺、上中下孟家淵、永寧堤、羅家淵至拖茅埠止，爲民工共四十段，長二萬三千一百二十二丈，向隸荆州同知經管，今改爲荆州府轄。又河堤自沙橋門起，經丫角廟，至張家埸止，計長四十里，係江陵縣丞汛經管。又直河堤，分十三工，計長三十五里一分八厘零，係龍灣巡檢汛經管。各堤歲修，俱係按畝徵土，官爲修整。兩岸江堤，均患卑矮，雖迎溜頂冲，以沙市、郝穴二工最爲危險。然近年江底淤高，夏汛輒易泛漲，北岸上游如堆金、得勝二台，堤多滲漏，自横堤以下，本年大汛，水平堤面之處，不可枚舉，孟家垸至拖茅埠爲尤甚。南岸之潰決亦皆因漫而成，其險要比比皆然。竊恐後之視今患猶未已，若無分洩之區，但以兩堤扼束，必欲其順軌而無旁溢，吾不信也。有心民瘼者，圖之不可不預。

公安縣水道隄防圖

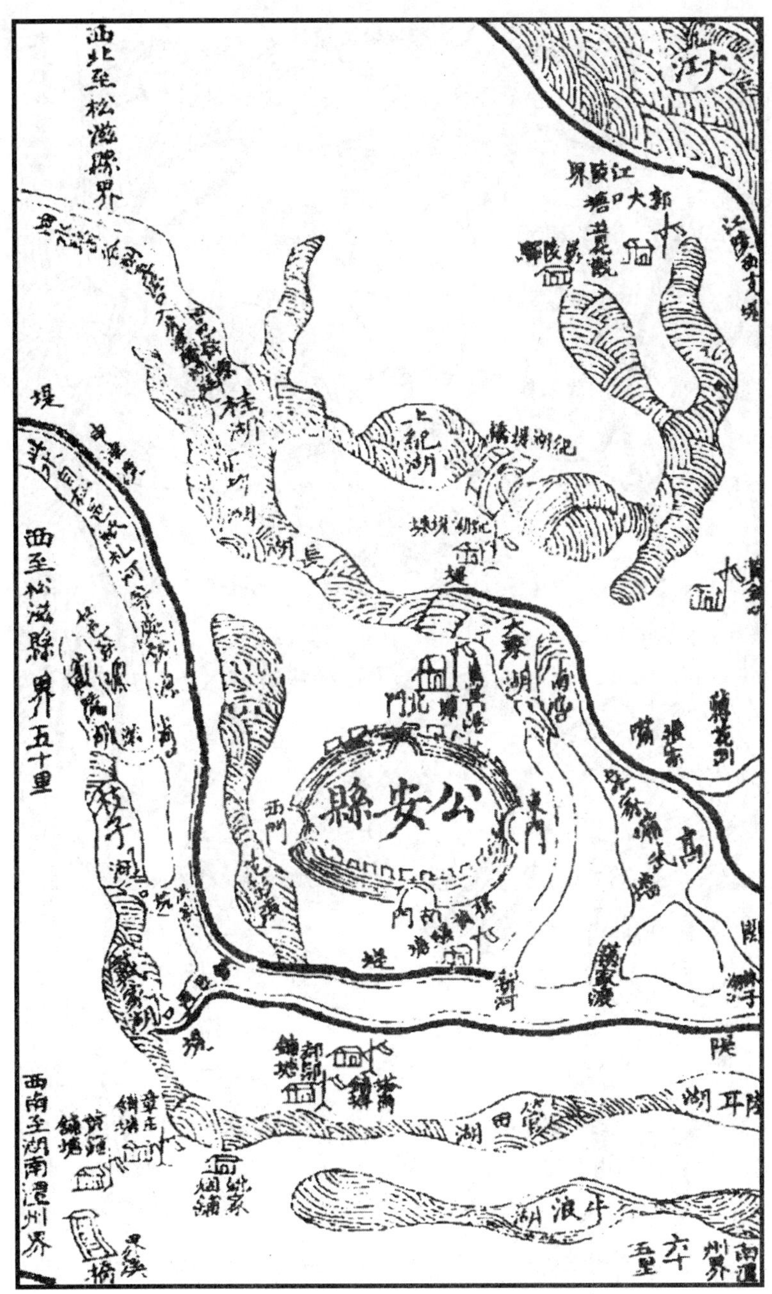

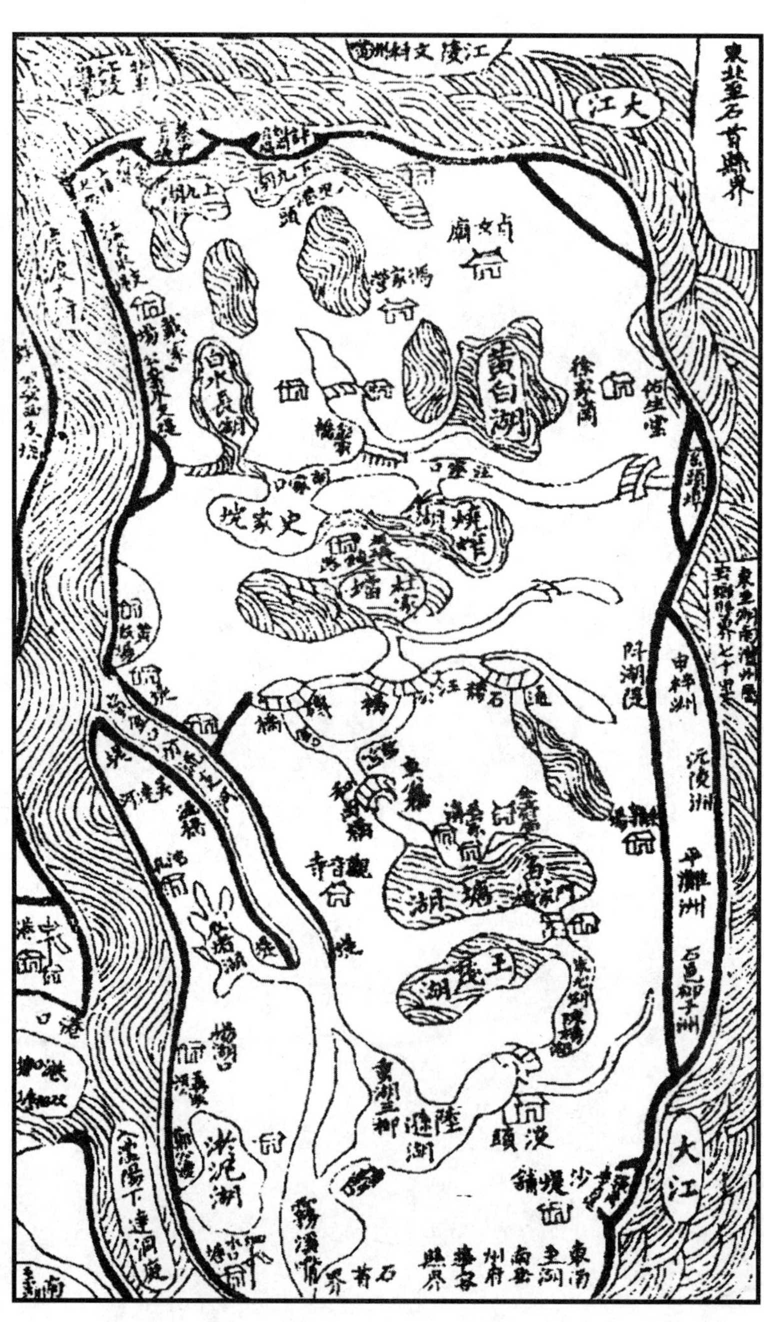
江陵文村
東北至石首縣界
大江
黃白湖
徐家岡
史家垸
白水長湖
陸遜湖
淤泥湖
大江

公安縣水道隄防説

公安縣，在漢爲孱陵縣，屬武陵郡。後漢因之。季漢析置公安縣，吴爲南郡治。晉太康元年，改縣曰江安，郡曰南平，孱陵仍屬焉。南齊移郡治孱陵，公安爲屬縣。陳復爲公安縣。光大二年，以江陵屬後梁，乃於公安置荆州。隋開皇九年，省孱陵入公安，仍屬荆州。唐屬江陵府，元屬中興路，明屬荆州府。東西廣一百二十里，南北袤一百三十五里。東至湖南澧州屬安鄉縣界七十里，南至湖南澧州界六十五里，西至松滋縣界五十里，北至江陵縣界七十里。東南界湖南岳州府華容縣，西南亦界湖南澧州，西北亦界松滋縣，東北界石首縣。地據荆南之阨塞，爲楚北之要衝。平衍無，多山阜。大江在其東北，洞庭在其東南。江自江陵縣流入縣境，又東流入石首縣界，沿江俱築以堤。自吕江口起，歷上下灌洋、毛家巷、杜楊劉、西湖廟、右衛白家灣、正衛雷四灣、田家灣、正衛雙石碑、黄家灣、窑頭埠、楊公堤、高季幺、趙周胡、何家潭、張朝慶、鄭家潭、羅楊黄、清溪口、陳張何程、周陳黄、黄廟祠、周張邱、葉胡林、沙堤埠、張楊工、張詹李、龔張黄、公石正右二衛軍堤，至石首界止，共長二萬二千六百七十六丈五尺。又虎渡西支堤，自李家口起，歷龍秉習、朱祥治、魯田龍、田羅陳、泃水灣左衛軍堤、毛公壋，至咼家汶止，軍民堤共長八千三百六十丈。又虎渡東支堤，自沙河口起，歷文蔡祥、王徐張、吴胡堤、寺李大、潘家壋、程家剅、蕭三口、赫苟壋軍堤，至鄟家榨止，軍民堤共長八千五百四十丈，内以西湖廟工最爲頂冲險要。又縣東有虎渡河，分江水支流，自北而南入澧水，下達洞庭湖。又於虎渡東分一支，名黄金口，東南流至孫淵口，注於霧溪嘴，東入洞庭。黄金口又分一支折而東，其自北流者爲上下九湖及白水長湖汪家口諸水；自南流者爲魚塘、陸遜諸湖，出孫淵口與黄金口支流合。又分三支西流：一通大東湖、馬長河、上下紀湖，一通陸耳等湖，一通牛浪等湖。又縣南有孫黄河，西自松滋縣流入縣界，經孫黄渡，下至港口合流，南入洞庭。又縣西有油河，自松滋縣流入，西與涴水合，又北流入於大江。近以堤阻，不能逕入。查縣西有自松滋流入申津渡、東南會孫黄河同入港口歸虎渡河達洞庭一河，與《誌》載油河方位近是。縣境諸水，均以洞庭湖爲歸墟，到處川澤縈迴，如通脉絡，以資灌溉，固一膏沃區也。只支河久患淤積，江水分洩而下，稍滿則溢，如東北下九湖至汪公橋，又黄金口至瓜渚湖口；西北大秉湖口至新河口，又蔣花到林子湖、蘇家渡新河、鐵匠河、洪家垸小河各口，均湮塞不通，亟宜深濬，俾暢其流。至江坼更倚堤爲命，不特本境一有潰決，遍野洪濤，兼與上游之松滋、江陵二邑堤塍亦有唇亡齒寒之慮。“宣”與“防”，殆不可偏廢也。

石首縣水道隄防圖

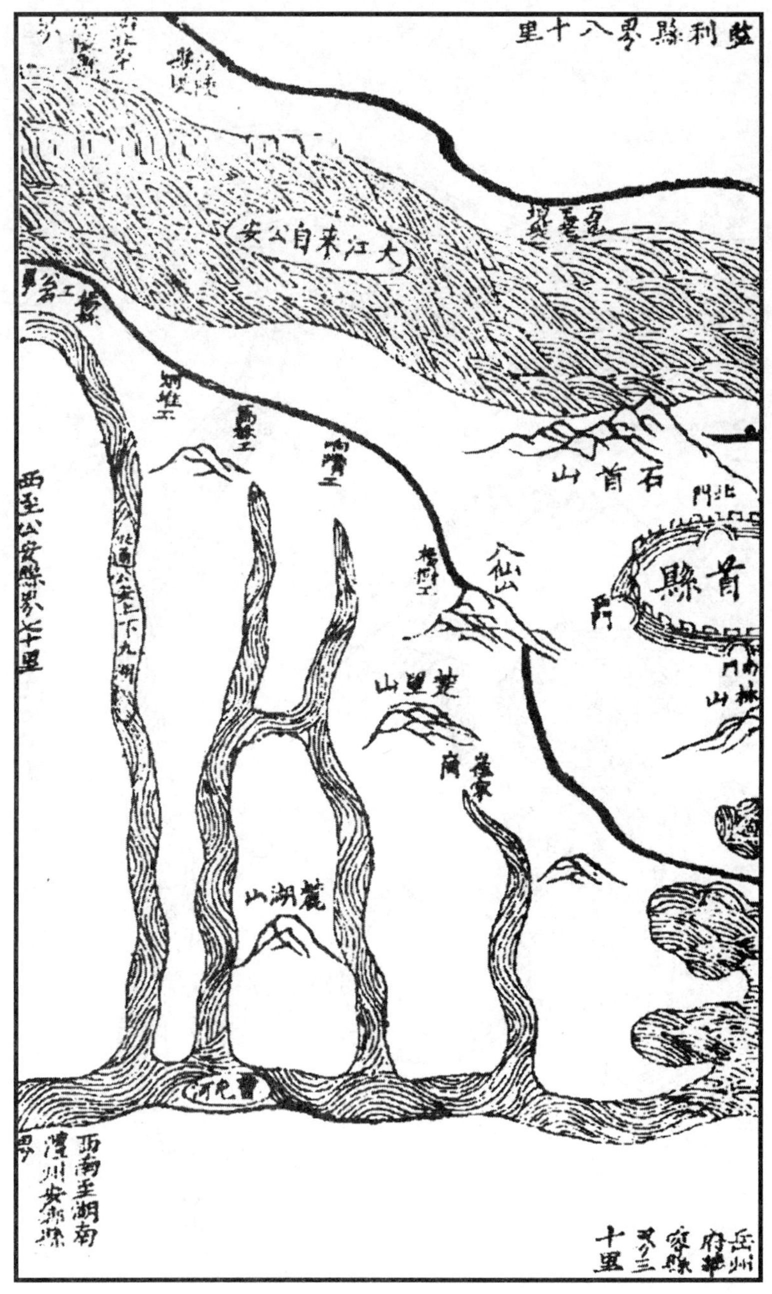

北至
東北至監利縣界
大江下注監利
東山
東至監利縣界一百八十里
焦山
外九湖
東南至湖南巴陵縣界
南至湖南

石首縣水道隄防説

石首縣，漢華容縣地。晉析置石首縣。南北朝宋省。唐武德四年復置，屬江陵府，天寶元年屬荆州。五代及宋因之。元屬中興路。明屬荆州府。東西廣一百九十里，南北袤一百一十里。東至監利縣界一百二十里，南至湖南岳州府華容縣界三十里，西至公安縣界七十里，北至監利縣界八十里。東南界湖南岳州府巴陵縣，西南界湖南澧州安鄉縣，西北界江陵縣，東北亦界監利縣。境内三面皆崇山環峙，惟北面濵江。以江中有石孤立爲北山之首，因以名縣。大江逕縣城北，又東南流一百二十里至監利縣城南，沿江築堤。自公安交界之軍堤起，歷楊林、烟堆、馬林、响嘴、楊樹各工，至縣城南。又自縣城門外分十工，至列貨山北止，名梓楠大堤，上下共十六工，長八千八百七十五丈。又於楊樹工之東南山崗起，有黄金、白洋二堤，至列貨山南止，共長三百六十八丈，係禦黄金刭外九湖之水，與江堤無涉。又對江南拆距縣七十里有毛老垸堤，界江陵、監利間，長九百八十丈。以上各堤，均係按畝徵土，官爲經修。縣南有調弦口，分江水支流，經縣東之焦山，下名焦山河，入湖南華容縣境，達洞庭湖。繞縣之西南，有内外九湖、曹屯諸湖。又西通公安之上下九湖。四境山重水複，洵樂土也。惟濱江堤塍，時虞汛漲，舊有楊林、宋穴、調穴、小岳四穴以殺江水之勢，今惟調弦一穴宣流，防禦更關緊要，且地居松滋、江陵、公安各縣之下游，堤與脣齒相依，尤不無鄰壑憂也。

監利縣水道隄防圖

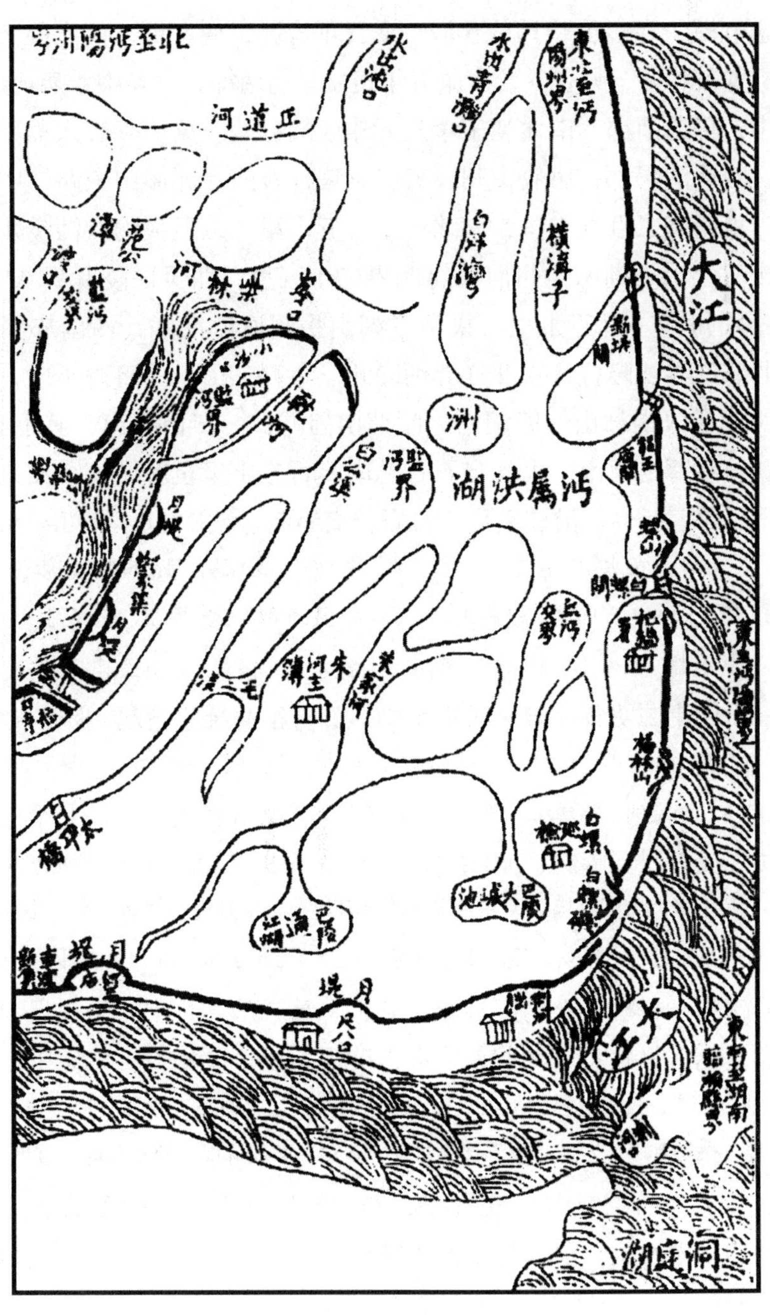
北至沔陽州界
正道河
大江
沔屬洪湖
洞庭湖

監利縣水道隄防説

監利縣，在春秋時爲楚容城。漢置華容縣，屬南郡，後漢因之。三國吴析置監利縣，尋省。晉太康五年復立，屬南郡；永嘉中，屬成都國，建興中，仍還南郡。南北朝宋孝建元年改屬巴陵。梁廢華容入監利，屬荆州。隋屬沔陽郡，唐屬復州，五代梁屬江陵府。元屬中興路，明屬荆州府。東西廣二百五十里，南北袤一百五十里。東至漢陽府沔陽州界一百七十里，南至湖南岳州府華容縣界二十五里，西至江陵縣界八十里，北至沔陽州界一百三十里。東南界湖南岳州府臨湘縣，西南亦界華容縣，西北亦界江陵縣，東北亦界沔陽州。境轄三山：一曰獅子山，上有軒轅井；一曰楊林山，與湖南之臨湘山對峙；一曰白螺山，其下有磯。俱濵江，在縣之東南。大江自石首縣南流百二十里至縣城南，又東南流六十里至華容縣界，沿江築堤。自石首交界起，歷曾大工、朝鎮觀、王二工、朱三工、宋四工、黄水淵、鐵牛寺、卡子墻、中九工、秦家舗、程公堤、紅旗營、蒲草墻、五工灣、關廟、狗頭灣、荆南山、孟蘭淵、黄師堤、孟家馬頭、李家淵、冬青樹、趙四工、高小淵、八十工、高大工、鄭家淵、流水口、長淵、祖師殿止，共長一萬一千一百四十二丈零，隸窑圻巡檢轄。又自窑灣羅家巷起，歷鄭人淵、張景灣、胡洛淵、仙峰山、譚家淵、柳林淵、佘進工、窑圻腦、鎮華月堤、吴家工、烟舖子、藥師庵、湯家刌、福壽坊、龎公渡、護城堤，至鳳凰嘴止，共長七千三百三十六丈。又自鳳凰嘴起，歷蝦蟆口、白衣庵、黄公垸、嚴家土地、半頭堤、新集、獅子口、線子廠、護國月堤、太和月堤、靈護月堤、長保月堤、久奠月堤、史家月堤、秦姓月堤、萬年月堤、永安月堤、永定月堤、安全月堤、萬全月堤、久安月堤、保障月堤、連黄月堤、楠梅廟，至陶家埠止，共長一萬二千九百十一丈六尺。俱隸監利縣丞轄。又自口子河起，中間巴陵堤一段，歷林家潭、長護月堤、成功月堤、補防月堤、長固月堤、永久月堤、袁吴月堤、定江月堤、高厚月堤、義成月堤、磐固月堤、朱鄭月堤、安慶月堤、孫張月堤、瓦灣、順江月堤、鎮江月堤、直堤、下鎮江月堤、趙劉月堤、帑金月堤、楊劉月堤、彭劉月堤、周李月堤，至觀音洲止，共長一萬四千零八丈一尺，隸朱河主簿轄。又自碼口起，歷清水垸、彭家潭、何家潭、白螺街、平順月堤、小月堤、平安月堤、老月堤、引桿、鄒碼頭、牛車垸、崔家垸、鄭家垸、張家峰，至倪家峰與沔陽交界止，共長二萬一千一百二十三丈，隸白螺巡檢轄。以上各堤，皆禦江水之泛漲也。再太馬長河，自東北迤南，有河堤一道，長二萬三千二百二十丈，隸朱河主簿轄。蓋以縣西諸水，一由江陵白鷺湖，上承潛江，分支漢水，至古井口流入境，南出柄樹嘴，爲南塞口，出西河嘴，爲蓮台河，又迤東斜南流入太馬長河；一由江陵草市襄河，北滙潛邑大澤口，支分漢水，合流出楊林關，爲府場河，至董家港，南接太馬長河，入沌口，注於江。又東流，西南會沙湖，林長河白灩湖之水，入青灘口，注於大江。又東流，至沔屬洪湖，南滙巴陵屬之通江湖、朱家河、大城地[①]，分注於沔陽屬螺山、龍王廟、新堤三閘出江。是堤蓋以禦漢水支流之浸灌也。太馬長河，一名魯袱江，即夏水，相傳魯肅嘗屯兵於此而名。《方輿紀要》云“《尚書大傳》‘華容有夏水，首出於江，尾入於沔，亦謂之沱’”，即此水。縣境周逕四百五十里，地本膏腴，惟當江湖滙注之區，全倚堤防爲命，各工以窑圻腦新集車灣尺八口最爲頂冲險要。至鐵牛寺、卡子壋、紅旗營等處，雖冬春水涸，距江甚遠，而一經夏漲，擯[②]圻盈堤，每遇南風鼓浪，亦有衝嚙之虞。近十餘年來，堤塍潰决，幾於無歲無之，民困斯極。以其地西當荆江之滙注，南受洞庭之頂衝，併力東下，又有楊林山與湖南臨湘山兩圻對峙，口門偪狹，扼束其流，益復湍激爲害。故堤工之患較他邑爲尤甚，非致力於畚鍤之功，無他策也。若北慮潛水浸灌，則惟疏濬牛頭港、拖船埠、新溝嘴、周老嘴、龍潭河渡口，下達沌口各支河，修整福田、孟蘭二閘，與下游沔陽州修閘疏河各工同時並舉，斯亦可暢歸墟而消積潦矣。

① 大城地：文前圖中作“大城池”。
② 擯：别本作“拍”。

嘉魚縣水道隄防圖

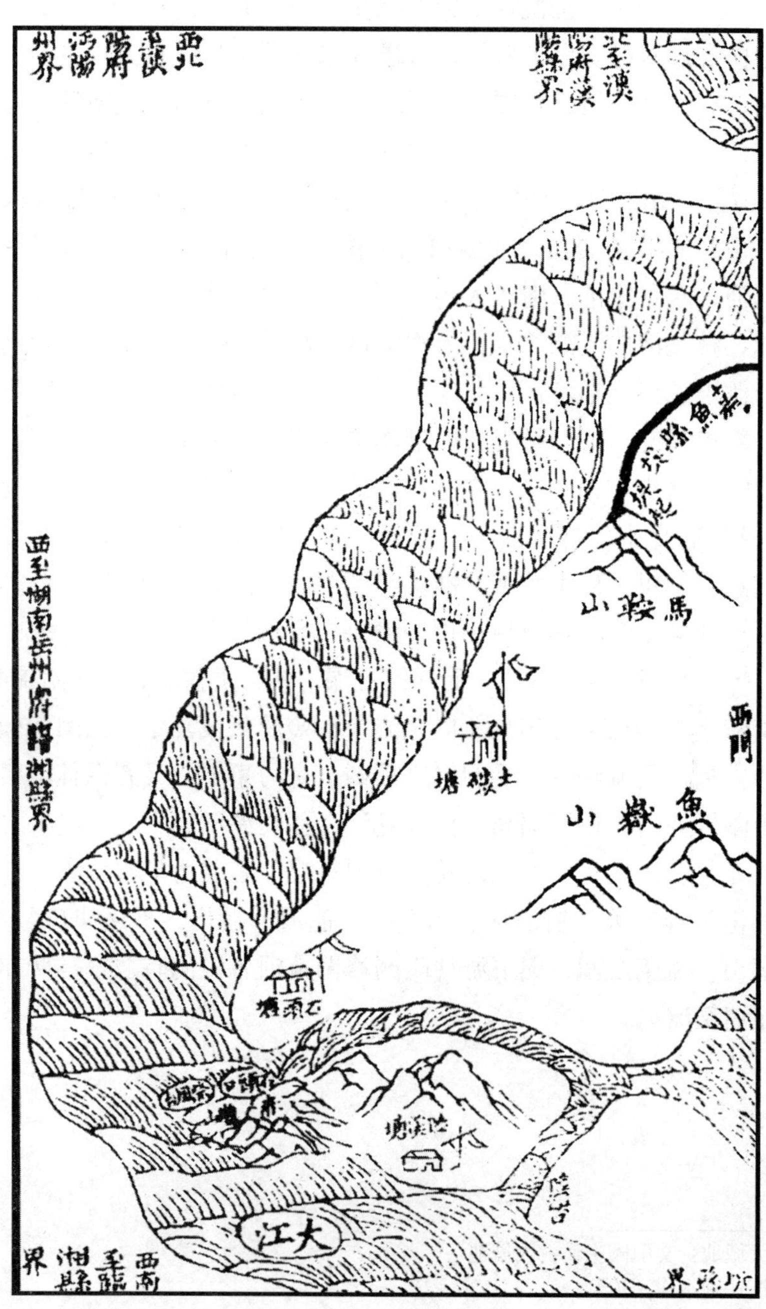

西北至漢陽府沔陽州界
北至漢陽府漢陽縣界
西至湖南岳州府臨湘縣界
馬鞍山
土磯塘
西門
魚嶽山
大江
西南至臨湘縣界

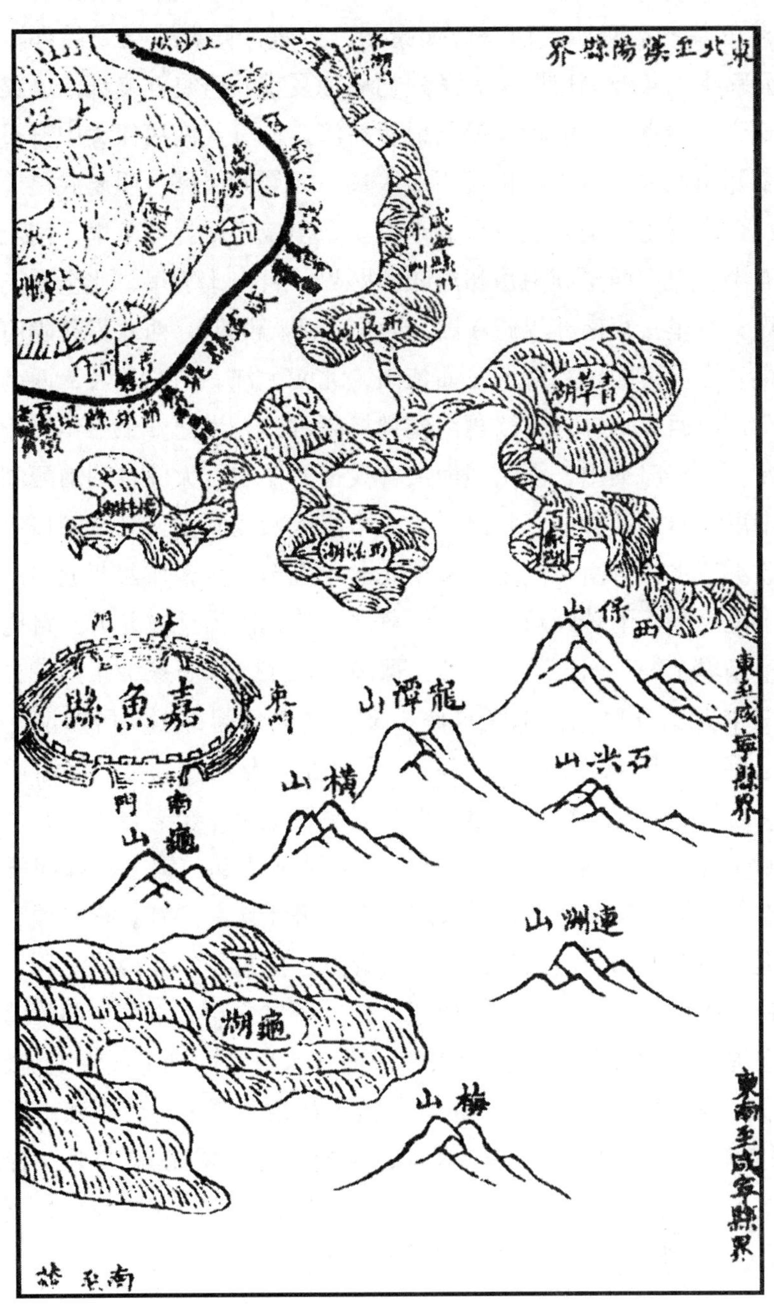
東北至漢陽縣界
大江
青草湖
西保山
東至咸寧縣界
嘉魚縣
北門
東門
南門
龍潭山
石兴山
横山
龜山
連洲山
龜湖
梅山
東南至咸寧縣界
南至蒲

嘉魚縣水道隄防説

嘉魚縣，本漢沙羡地。晉太康初，分置沙陽縣，屬武昌郡。南北朝宋元嘉十六年改屬巴陵郡，孝建初屬江夏郡，齊爲江夏郡治，梁置沙州，陳廢。隋省縣入蒲圻，於其地置鮎漬鎮。五代南唐保大中升爲嘉魚縣，屬鄂州。宋熙寧六年析復州地入焉。元屬武昌路。明屬武昌府。東西廣二百十五里，南北袤一百五十里。東至咸寧縣界八十里，南至蒲圻縣界五十五里，西至湖南岳州府臨湘縣界一百三十五里，北至漢陽府漢陽縣界一百里。東南亦界咸寧縣，西南亦界臨湘縣，西北界漢陽府沔陽州，東北亦界漢陽縣。縣境三面依山，北臨大江。山之著者，西南濱江曰赤壁，山西界烏林，有諸葛武侯拜風臺古蹟，漢建安十三年周瑜敗曹操於此。東北曰蜀山，漢昭烈與吴會兵拒曹操處。大江自湖南臨湖縣而東百十里至石頭口驛，有陸溪口，上承陸水及龜湖水。又石頭口上承臨湘、蒲圻諸水，自南來注之。又東北七十里至嘉魚縣城西北七里。又東北九十里至上、下簰頭鎮，下入江夏之金口鎮。沿江之北拆，自馬鞍山起，築以堤，編“四邑上游，萬民保障”八字，至石家墩止，計長三千二百三十九丈五尺，係本縣自修。又自老堤角起，編“居然江上一長城”七字，至應家馬頭止，計長二千五百二十六丈五尺，係蒲圻縣協修。又自平字號起，編“康寧永慶歲昇平”七字，至老貫嘴止，計長三千三百七十九丈，係咸寧縣協修。又自夏田寺起，編“金城同樂”四字，至上沙袱陶家馬頭止，計長二千七百九十丈，係江、嘉、咸、蒲四縣公堤，由府派修。向俱有民捐堤工專欵，生息作每年歲修之用。東南有楊林、西保、斧頭等湖及西通咸、蒲二縣之青草、百家、西梁諸湖之水，在堤之南東注於金口長港入江。迨江水盛漲，則從長港逆流倒灌，嘉、蒲、咸三邑均受其患。《通志》謂“宜相其要害，於兩灌南廟兩山之間建以兩閘，春則啟之以洩湖水，夏則閉之以禦江流”，是又保障四邑之長策也。近年江底淤墊、堤遭浸潰者屢矣，四邑田廬民舍攸關，卑者高之，薄者厚之，守土者可不知所當務與！

江夏縣水道隄防圖

東至武昌縣界
南湖
洪山
青山
長虹橋
武昌府
金沙洲
東北至黃岡縣界
西北至漢陽縣界
大別山
漢口鎮
漢陽府
漢陽縣
漢江
北至漢陽縣界

江夏縣水道隄防説

江夏縣，在漢爲沙羡縣，屬江夏郡。後漢因之。三國吴爲江夏郡治，後省。晉太康五年復立。東晉嘗爲荆州治，咸和中僑立汝南縣，太和三年省，沙羡入之。南北朝宋孝建初爲郢州及江夏郡治，齊移郡治沙陽，梁、陳因之。隋開皇郡廢，改曰江夏，爲鄂州治，大業初仍爲江夏郡治。唐仍爲鄂州治，五代、宋因之。元爲武昌路治。明爲武昌府治附郭省會。東西廣七十九里，南北袤二百七里。東至武昌縣界七十二里，南至咸寧縣界一百三十七里，西至漢陽府漢陽縣界七里，北至黄州府黄岡縣界七十二里。東南亦界咸寧縣，西南界嘉魚縣，西北亦界漢陽縣，東北亦界黄岡縣。縣治爲楚北省垣，依阻河山，襟帶江漢。山之著者曰黄鵠山，在府城西隅，其首隆然，黄鶴樓枕焉。其西有鸚鵡洲，在大江中，與漢陽縣分界，後漢黄祖爲守，長子射大會賓客，有獻鸚鵡於此洲，故名。又洪山在縣東十五里，舊名東山，有宋岳武穆手植松。又青山磯濱江，宋黄陂端平三年寓治處。大江自嘉魚縣東流至上沙洑入縣界，稍北至金口鎮，歷白沙洲鮎魚口，凡九十里，抵黄鵠磯下。又西北過府城，會漢水，歷青山，至白滸山，九十里抵武昌縣界。城垣逼臨大江，北受漢水之衝。又東南諸湖水出而灌江輳於城下，黄鵠磯巖石陡峭，水迴環激射，每有泛漲之患。宋紹興間，築萬金堤，建壓江亭。今堤半在城内，爲民居址，後於江坼。自望山門外王惠橋起，至武勝門外土城磯止，甃石爲堤，計長一千三百一十九丈，護坼六百八十八丈，舊係鹽商照引捐建。又自保安門外金沙洲起，至金口山後龍牀磯止六十里，謂之路堤，編“安瀾永定恭寬信，敏惠道泰豐秋成”十四字，號並老堤十四段，計長六千二百八十一丈五尺。又自金口赤磯山起，至陶家馬頭嘉魚交界止，編“日月光天德，山河壯帝居”十字，連月堤，共長三千六十三丈，均有民捐堤工專欵生息以爲歲修之用。各堤近患卑弱，亟宜加高培厚，乃可以資捍禦。至若道光辛卯水灾，則望山、文昌、平湖、漢陽、武勝五門俱進水，各門以外，舟行於市，平地高至丈許，城内半爲波濤，是又難以畚鍤之力與陽侯馮夷争於汪洋之際矣。又有塗水，源出咸寧縣鍾臺山，西北入江夏縣界，滙嘉魚、咸寧諸縣水爲斧頭湖，又北流至塗口，亦名金口，入於江。又有陸水，源出通城縣上雋鄉，合秀水、桃溪、荆港，逕崇陽河、蒲圻港，西北流入嘉魚縣界，至縣西南七十里陸溪口入於江。又西南五里有鮎魚套，洩清寧、黄家、湯孫等湖及賽湖之水，俗呼爲裹河，折而西北流入於江。稍西南與白沙洲對面有陳公套，向商船泊此避風，今淤。又縣南三里有南浦，一名新開港，源出景首山，内通南湖之水，西入江，今惟夏秋泛漲可行小舟。又梁子湖，在縣東八十里，由武昌縣樊口入江。又白洋湖，在縣東北十五里，西北流逕青山磯入江。縣本以水名，大江合漢、沔，北遶而東，幅内又多湖澤，雖金沙洲與王惠橋沿江一帶有土石堤百餘里，而洪濤衝嚙，傾圮時虞，防川之責，是所望於賢牧令也。

廣濟縣水道隄防圖

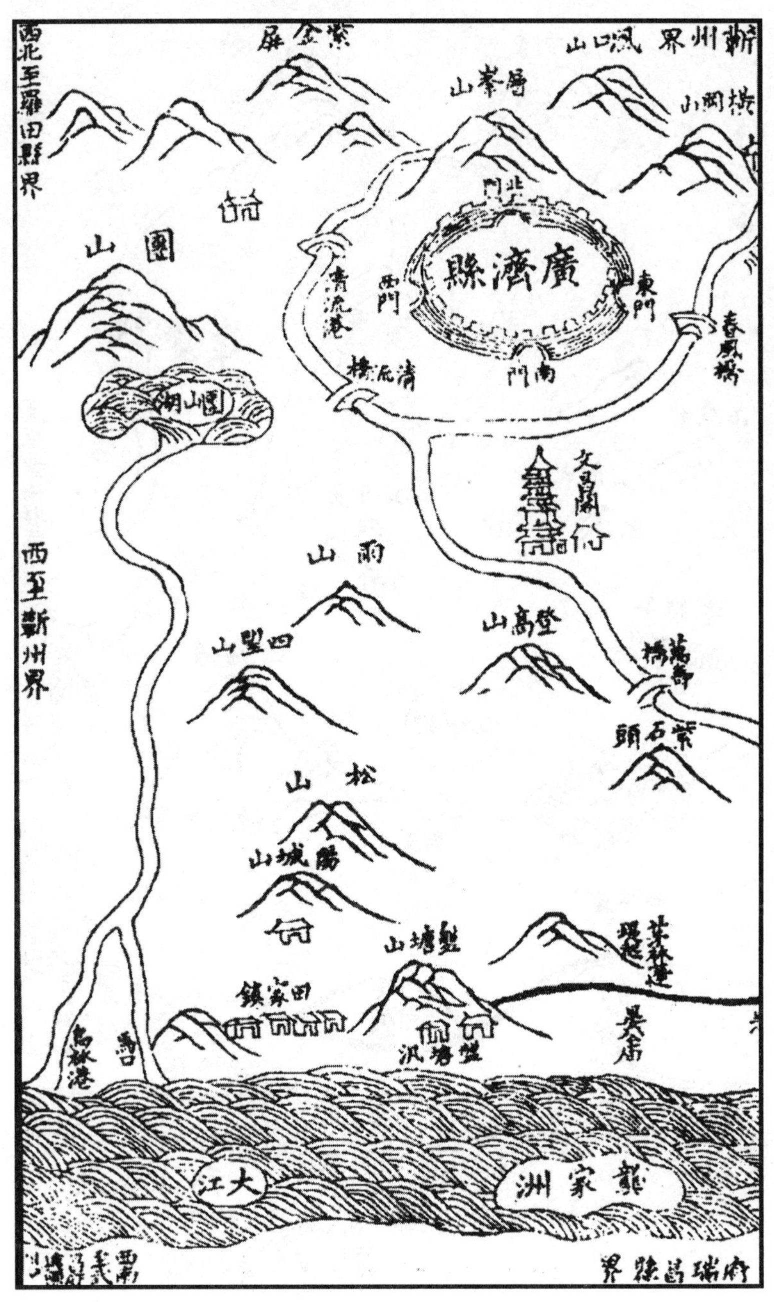
紫金屏
蘄州界鳳口山
層峯山
横岡山
西北至羅田縣界
圍山
北門
廣濟縣
西門
東門
清流港
清流橋
南門
春風橋
圍山湖
文昌閣
四望山
登高山
萬壽橋
紫石頭
松山
西至蘄州界
陽城山
盤塘山
田家鎮
盤塘汛
烏林港
大江
龍家洲
瑞昌縣界

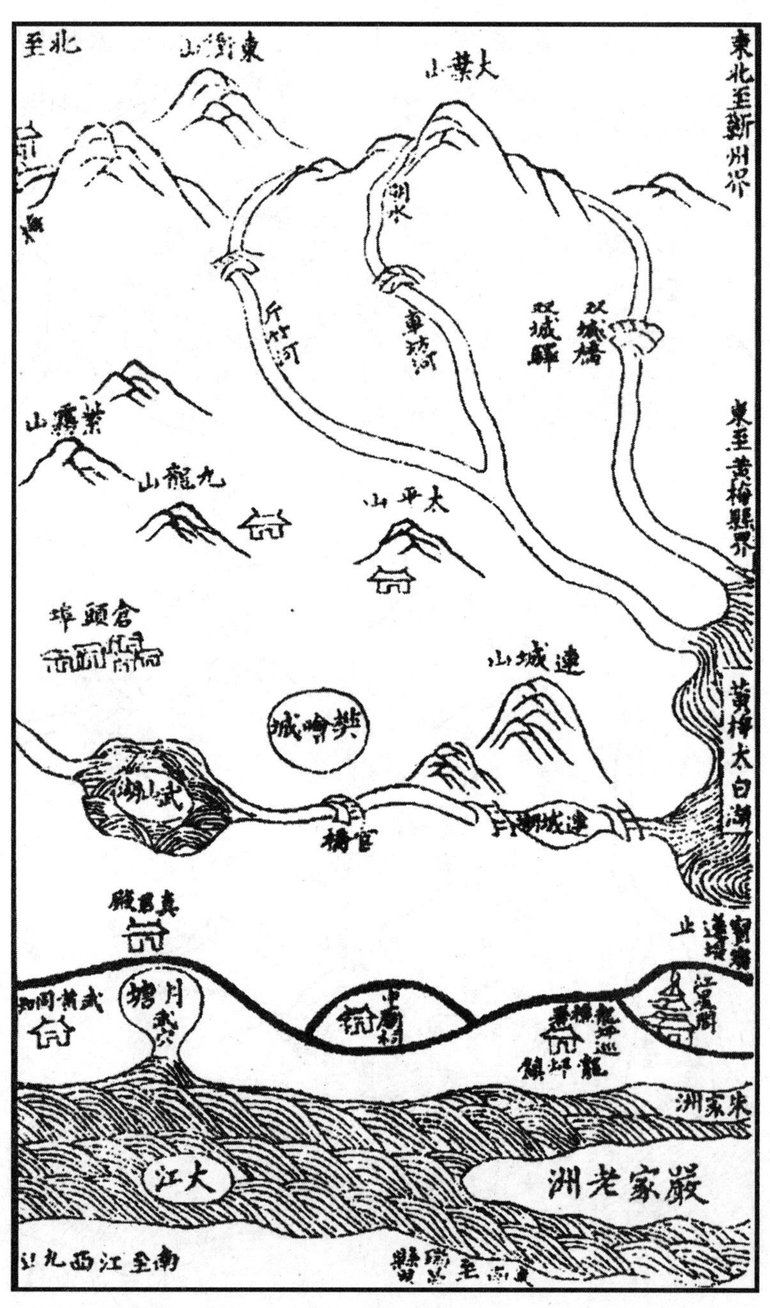
北至
大葉山
東北至蘄州界
車坊河
雙城驛
雙城橋
東至黃梅縣界
九龍山
太平山
倉頭埠
連城山
樊噲城
黃梅太白湖
武山湖
官橋
連城湖
真君殿
武黃同知
月塘
武穴
龍坪鎮
朱家洲
大江
嚴家老洲
南至江西九江

廣濟縣水道隄防説

廣濟縣，爲漢蘄春、尋陽二縣地。唐武德四年析置永寧縣，屬蘄州，天寶元年改曰廣濟。宋、元、明因之。國朝改屬黄州府。東西廣八十五里，南北袤一百二十里。東至黄梅縣界七十里，南至江西九江府瑞昌縣界七十里，西至蘄州界三十里，北至蘄州界五十里。東南亦界江西瑞昌縣，西南界武昌府興國州，西北界羅田縣，東北亦界蘄州縣。境多山，南七十里臨大江，由馬口港東下五里逕田家鎮，十里逕盤塘，三十里逕青林即武穴鎮，又三十里逕龍坪，又三十里爲蔡山即黄梅縣界。自盤塘沿江築堤，歷茅林、急水、狗兒、龍塘、窩陂、穴下、青材、汪家、中廟、五里、黄花、寶賽，共十二篷，計長七千一百四十丈，雖臨江而無頂冲之工，惟以歲修加高培厚即可免洪流之患。他如梅川，源出縣北之横岡山，滙諸谿谷水，合而爲川，逕縣治北，又南逕春風橋，西流至清流橋，有清流港之水自北來注之，折而東南流，逕紫石頭，滙武山湖、由官橋、連城港，入於黄梅之太白湖。又縣東北有斤竹河，源出東衢山，與同源分流之車防河合而滙注於黄梅之太白湖。均由望江縣之急水溝入江。其由縣西北之團山河、朱家淵諸水，則附於蘄州之蘄水，分由馬渡口、烏林港入江，皆有水利而無水害。惟江水雖居下游，亦虞泛溢，全以隄防爲保障，其歲修向係按畝派夫。近聞有胥保包攬之弊，歛費入己，每歲直無畚土到工，宰斯土者可不加察與！

黃梅縣水道隄防圖

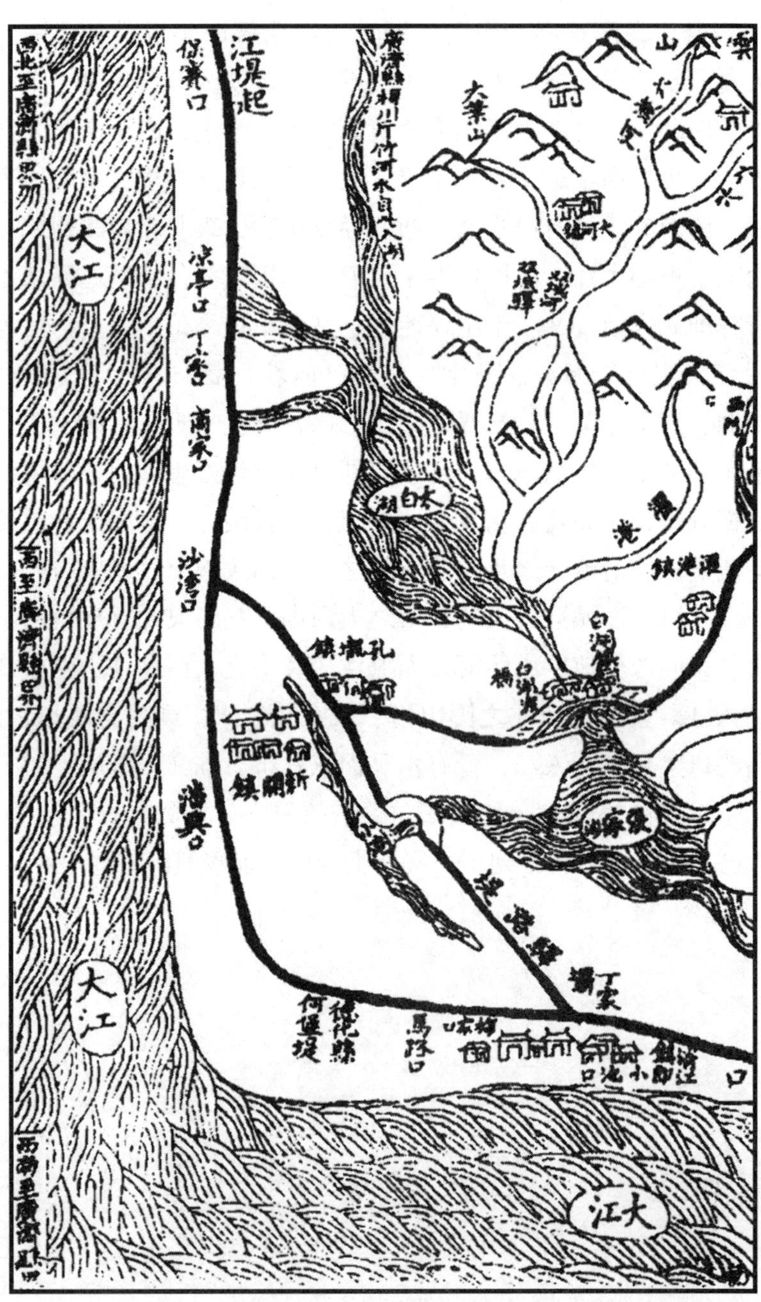

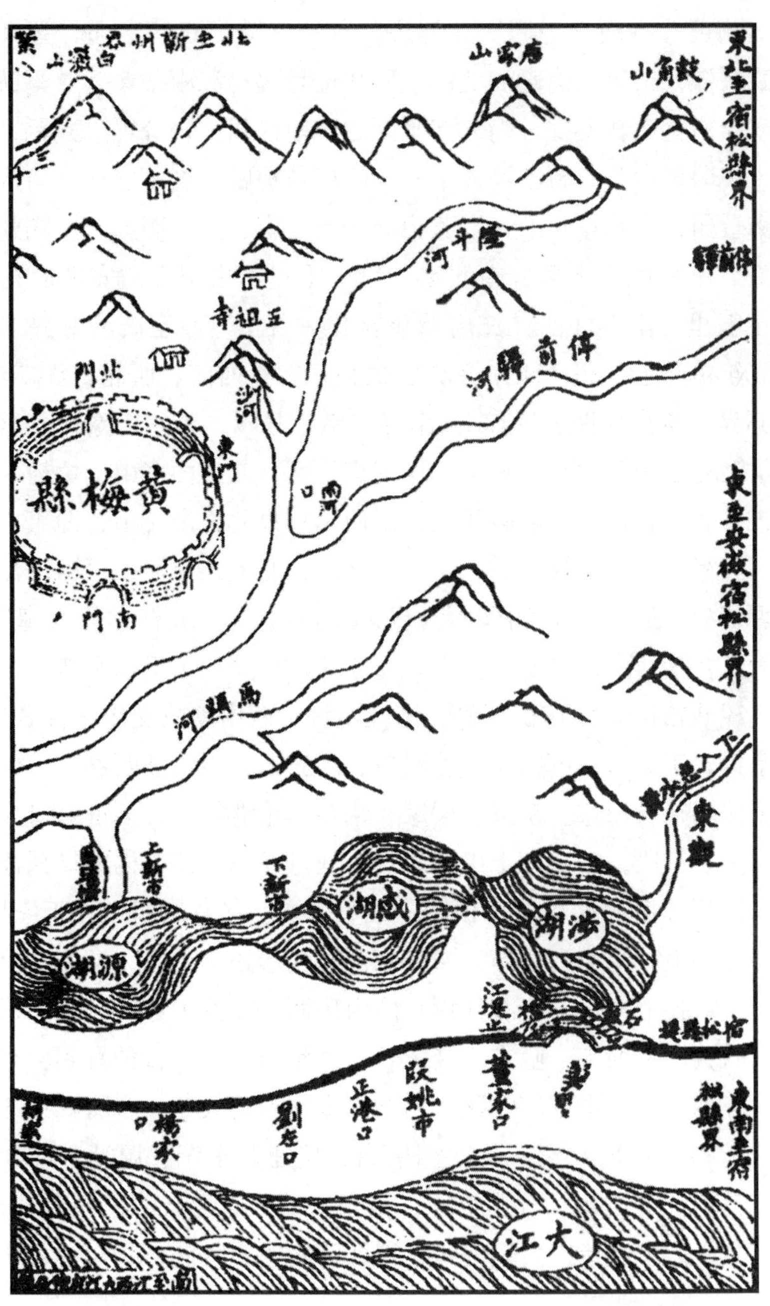
北至蕲州界
廟家山
鼓角山
東北至宿松縣界
陸斗河
五祖寺
伴前驛河
北門
東門
黄梅縣
南門
馬頸河
東至安徽宿松縣界
上新市
下新市
感湖
源湖
涉湖
東觀
江堤止
宿松縣堤
董家口
正港口
楊家口
東南至宿松縣界
大江

黄梅縣水道隄防説

黄梅縣，本漢置尋陽縣，屬廬江郡。三國吴屬蘄春郡。晉太康元年屬武昌郡，二年仍屬廬江郡，永興初徙尋陽於江南柴桑，遂爲蘄春縣地，寧康初置南新蔡郡。南北朝宋因之，屬江州；齊分置永興縣，屬齊昌郡。隋開皇初改曰新蔡縣，十八年改曰黄梅縣，屬蘄春郡。唐武德四年置南晉州，十八年州廢，以黄梅屬蘄州。宋、元、明因之。國朝改屬黄州府。東西廣五十里，南北袤一百七十里。東至安徽安慶府宿松縣界二十五里，南至江西九江府德化縣界一百里，西至廣濟縣界二十五里，北至蘄州七十里。東南亦界安徽宿松縣，西南、西北俱界廣濟縣，東北亦界安徽宿松縣。《府誌》謂爲“南距尋陽，東臨宿豫，爲全楚閭尾，當七省通衢”的其形勢也。縣境東、西、北三面多山，黄梅即以山名縣，其著名者：西北之破額山，即西山；東北之馮茂山，即東山，爲四祖、五祖道場；白巖山爲三十六水之源，北流入蘄河；蔡山濵江，接廣濟縣界，《通典》謂“山出大龜”，《尚書》云“九江納錫大龜”，即此。大江在其西南，自龍坪三十里逕新開鎮，又三十里逕小池口，又三十里逕段姚市即安徽宿松縣界，沿江築堤。西由廣濟交界之保賽口起，歷凉亭口、丁家口、商家口、沙灣口、潘興口，中間江西德化、何家堡堤，下接馬路、梅家、胡家、楊家、劉左、正港等口，至董家口交宿松界止，分十三段，共長九十里。内以潘興口逼臨江滸，楊家口爲德化縣之曾家洲圻，衛洲沙嘴逼溜頂冲，最爲險要。又自馬路口之丁家壩起，有驛路堤一道，爲七省通衢，歷嚴家閘至孔壠鎮三十里，又四十里至濯港鎮止，共長七十里。所有江堤，向由民間按畝派夫修築。近聞爲胥保包攬，斂費而不興工，亟宜查禁。若以之致力畚鍤，日積月累，培厚加高，何患不爲金城半壁耶？縣之川澤以太白湖爲大壑，廣濟縣東北境梅川、斤竹河之水俱歸焉，其下迤東南，接連張家湖、源湖、咸湖、涉湖。又縣南、北之水，源出唐家、鼓角二山，曰隆斗河，亦名鼓角河，過停前驛，二水合流，名兩河口，逕縣治南滙張家湖、殷家河，逕下新市，與源、咸二湖會。又縣西北之水，源出紫雲山，會三十六水，逕大河舖、濯港，又源出安德山之漆水港，並西大業山之水，逕雙城驛、舒城山，亦入濯港，與東北之水會，入源湖，均西通太白湖，至東觀市，經安徽宿松縣境，至望江縣之急水溝入於江。葢邑當江、漢下流，地勢最窳，而彭蠡水又衝突之，故其堤塍潰決之患，視廣濟爲尤烈矣。

卷下

漢水來源及楚北諸水附入攷

漢水出陝西寧羌州嶓冢山，東流經沔縣南。又東經褒城縣南，又東南經漢中府城南。又東經城固縣南，又東經洋縣南。又東北經西鄉縣北，又東北流經石泉縣南，折而南流經漢陰縣西。又南經紫陽縣城西，復折而東北流經漢陰縣之南。又東北經興安州北，又東北經洵陽縣南，又東南經白河縣北。以上隸陝西境，其水之附入者不具考。又東南入湖廣省之鄖西縣南界，有甲水源出秦嶺山，自陝西白河縣界流至縣西境，受五峪、八里、冷水諸河之水南流入焉。又東經縣治南，有天河受縣境諸水南流入焉。又東經竹山縣北，東南經鄖陽府城南，有堵水源出陝西平利縣界，入白土關，東流至竹谿縣，與源出縣境雞籠山之竹谿河會，並納净峪、龍堰、樊定諸河之水，東入竹山縣界，又納房縣之霍水，與柿河、羊腸河合，至東兩河口北流入焉。又有神定河源出縣南十堰店北流入焉。又東經均州北，有浪河出太和山北流入焉。又東流經光化縣北，有均水自河南淅川縣流入均州，至光化縣界名小江河南流入焉。又東南經穀城縣東，有筑水納粉漬、古羊二河，自鄖陽、保康縣流至縣境北流入焉。又東經襄陽府城北，其北岸即古樊城，夾江對峙，爲古今形勝阨要之區，漢水中流如峽口，且唐白河從北來亂之，波濤激射，爲郡城患，故襄陽築老龍石堤一千八百五十四丈，樊城舊有土堤，今亦甃以石，以資捍禦。樊城之東有濁水，源出河南新野縣，至縣北境名白河。又淯水，源出河南唐縣，流入縣境與濁水合，名唐白河。又白水，源出棗陽縣大阜山，西南流名滚河，至兩河口三水合而南流入焉。由此益折而南，凡百二十里，經宜城縣東，有鄢水源出南漳縣西康狼山，流至宜城縣南，合源出保康縣之泝水東流入焉。又南經安陸府城西、荆門州東，西岸有夷水，源出中廬縣，自南漳而下，舊由轉斗灣直達於漢，今移上二十里至倒口東入焉。又有利河，源出靈鷲山，流至朱家埠東流入焉。又有權水，源出章山，一名内方山，逕古權城東流入焉。又有豐樂河，源出大洪山，南至豐樂驛入漢，今移上至流水溝西流入焉。又有敖水，名直河，俗名池河，源出黄仙洞山西流入焉。又有枝水，名富民河，源出大洪山，會金港之水，至獅子口西南流入焉。又東南經京山縣西。又東南經潛江縣北，有二河口分漢水支流旁洩：其一口名夜澤口，今謂之澤口，直逕南流爲夜汊河，稍東南出要口，至南北汊分入江陵、監利二縣及荆門州境，下達沔陽，由青灘口歸江；又一口名排沙渡口，直逕南流爲蘆洑河，又東南爲縣河，又北分一支東流爲通順支河，俱播於沔陽諸湖，由沌口合流歸江。按：《一統志》云："此即《禹貢》'沱潛既道'之潛水。"今水由漢出，與《爾雅》正合。又東經天門縣北，有乾灘河，今名牛蹄河，亦分漢水支流，至沔陽界之麥旺嘴仍與漢水合，又東經沔陽州北仙桃鎮，亦分漢江支流，經漢川，下注漢陽縣之蔡店河入漢。凡此潛、沔所出各支河，皆分漢水以爲消長者。又東經漢川縣南，稍折而東北流，有算河今名腰帶河，引松湖等水從縣城東流入焉。又東至漢陽縣界，有涢口，上承德安、孝感等縣之涢水，及鍾祥、天門縣之臼滋諸水、隨州之溠水、應城之富水西流入焉。又東經漢陽縣城北、漢口之大别山南入於江。

按：《通志》載："鍾祥縣有臼水，發源於聊屈山，西流合寨子河，注於漢水，其入漢處謂之臼口。"今以沿岸築堤，改由滋水至涢口乃入漢。又應城縣之富水，今名西河，南流逕達於漢；天門縣汊水，源出潼泉山，南達於漢。二水今亦以堤阻，均改由涢口入漢。至鍾祥縣之權水，出章山，一名内方山，即《禹貢》"内方至于大别"是也，俗名馬良山，經權國城，故以城名水。今山内爲馬良湖，其下别爲小江湖，舊係漢江故道，自漢江東陡，湮而爲湖，漸淤成田，後接山麓隄之，並建閘以洩水，故址遂不可考，近惟餘一港，爲山水及漢江消長出入之口而已。

又按：《通志》載："漢水之源有二，水道有三。出鞏昌府秦州至保寧府入江爲西漢水，出漢中府寧羌州至漢陽入江爲東漢水。"《漢志》"東漢水受氐道水，一名沔，過江夏，謂之夏水，故又名夏口"，則漢口、沔口、夏口名異而實同也。自夜澤口分流注太白諸湖達沌口入江者爲一道，自潛之張巀口至沔陽之仙桃鎮注於漢川會溳水至大别山入江者爲一道，自張巀港分入蘆洑河距沔南蓮子口合復池諸河而總滙於太白諸湖者爲一道。又云："漢水故道在今漢口北十里許，從黄金口入排沙口，東北折環，抱牯牛洲，至鵝公口，又西南轉北至郭師口，對岸曰襄河口，約長四十里，然後下漢口。"明成化初，忽於排沙口下郭師口上直通一道，約長十里，漢水逕從此下，而故道遂淤，今魚利略存，不通舟楫。俗呼爲襄河，以上流自襄陽來也。

鍾祥縣水道隄防圖

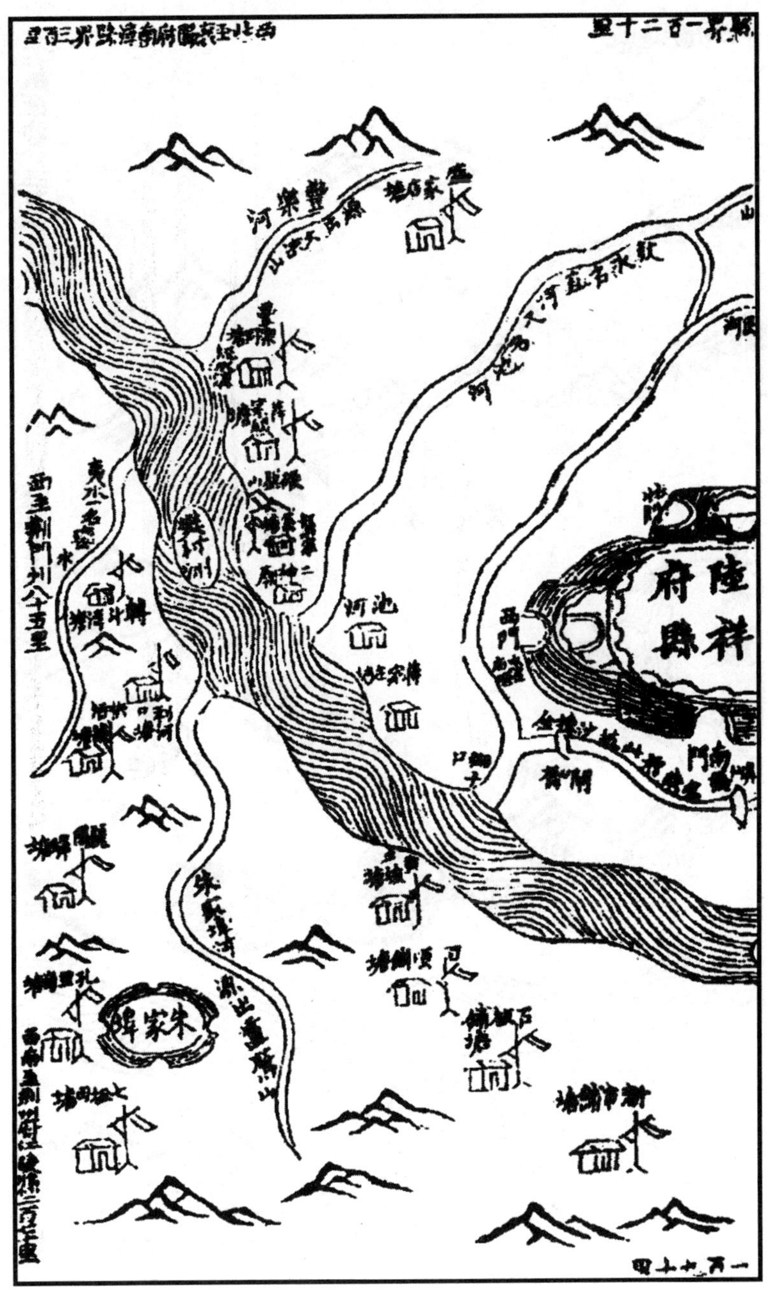

北至襄陽府宜城
東北至隨州界三百里
白水
龍山
馬良山
東南至天門界一百六十里
南至潛江縣

鍾祥縣水道隄防説

鍾祥縣，在漢爲雲社縣，屬江夏郡。晉元康九年分置竟陵郡，改縣爲萇壽屬焉。梁改爲長壽。後周分置石城郡。隋大業初仍屬竟陵郡。唐武德初爲郢州治，貞觀元年屬鄀州，八年屬温州，十七年復爲郢州治。元爲安陸府，隸河南行省。明洪武八年省爲安陸州，嘉靖十年改爲承天府，置鍾祥縣。國朝改承天府爲安陸府，鍾祥縣仍附郭。東西延一百五十里，南北袤三百一十里。東至京山縣界七十里，西至荆門州界一百二十里，南至潛江縣界一百九十里，北至襄陽府宜城縣界一百二十里。東南界天門縣，西南界荆州府江陵縣，西北界襄陽府南漳縣，東北界襄陽府隨州。境内多山。漢江上自宜城古鄀縣南入境，東南至王家營鍾、京交界止，幾三百里。自縣城南門外龍山觀鐵牛闗起，歷法華庵、許家堤、新庵、大潭口、從家口、營房、關王廟、草廟、永鎮觀、劉公庵、三官廟、楚堤、王家大廟掛嘴、臼口、中心祠、王家營，分十六工，計長一萬六千七百三十丈，内以許家堤之萬佛寺、劉公庵之真君廟及王家營爲迎溜頂冲之險要，每年歲修，按畝徵土，官爲經辦，與京山縣同，諸多浮費，未能實用在工。漢之東有樂豐河，源出大洪山並諸山溪澗之水，向至樂豐驛入漢，今移上由宜城界流水溝入焉。又有敖水，名直河，俗名池河，受虎峪、温峽二口之水，西北流逕古鄀縣界注於漢。又枝水，古名富水，自敖口入城北湖，繞東、西、北門，合金港之水，至獅子口入於漢。又臼水，源自聊屈山，流爲寨子河，向自臼口鎮入漢，後以堤阻，改由湨口入漢。縣之西有夷水，一名蠻水，自南漳、荆門而下，由轉斗灣直達於漢，今移上二十里許臼倒口，横决而入焉。又利河，源出荆門州靈鷲山白龍潭，東流至朱家埠入於漢。又權水，源出荆門州章山，東入於漢，今爲小江湖，詳見於《漢水攷》。縣境地居上游，爲京、潛、天、沔、漢各州縣門户，堤關數邑要害。如道光壬辰秋，縣之季公橋、法華庵、草廟漫潰，四口下游，俱成巨浸，是其明驗。大率患於土性夾沙[①]，且多卑矮之病，若不以畚鍤自固，田其沼矣，且以殃鄰也。慎之又慎！

① 夾沙：别本作“沙鬆”。此本剜改之迹甚明。

京山縣水道隄防圖

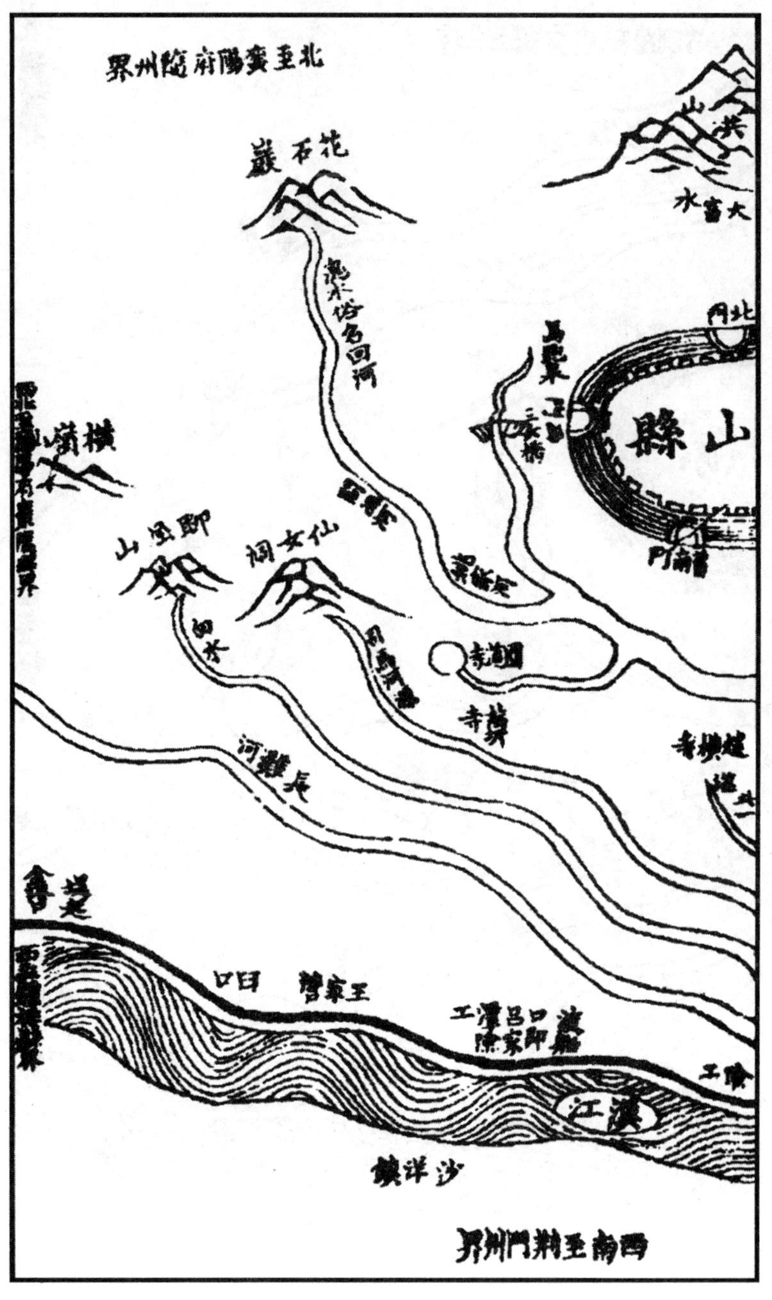

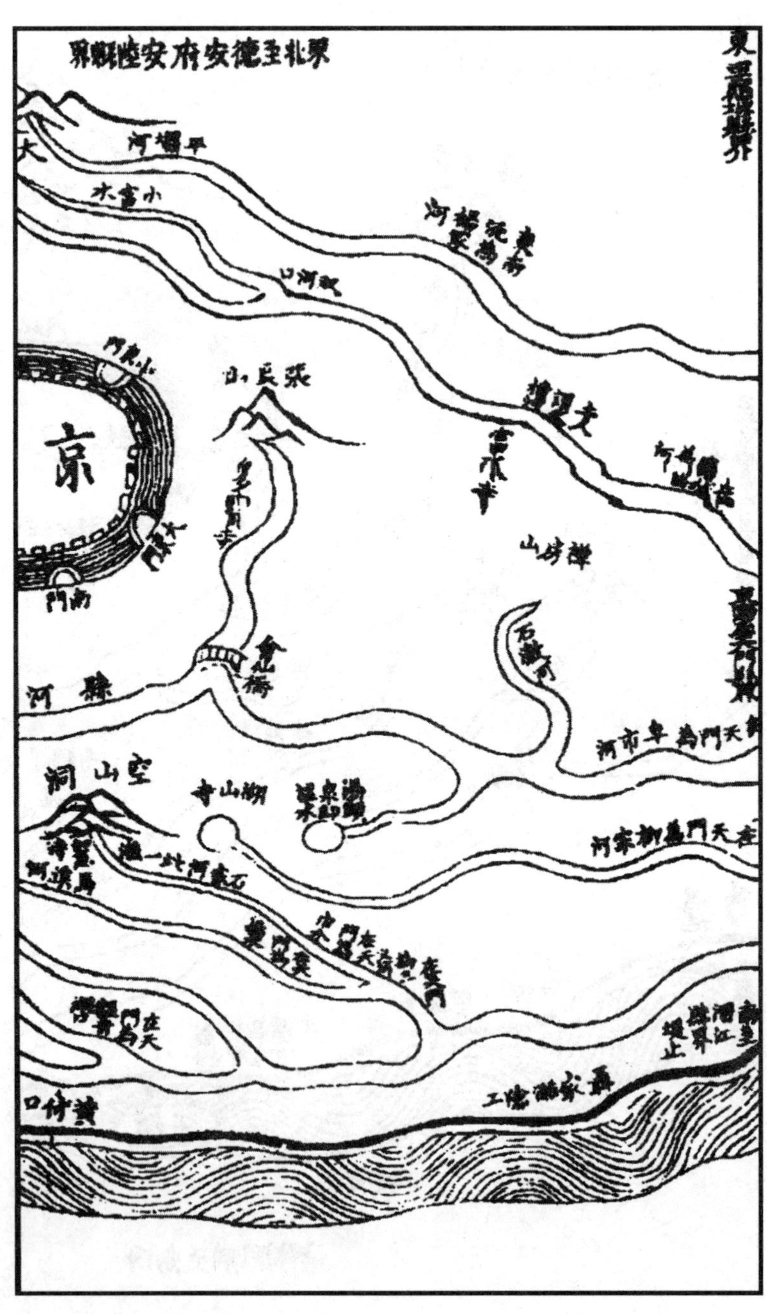
平壩河
小富水
小東門
張良山
京
南門
空山洞

京山縣水道隄防説

京山縣，漢爲竟陵縣地。晉末析置新市縣，屬竟陵郡。梁晉通末於縣置新州及梁寧郡。西魏改州爲温州、縣爲角陵。隋開皇初郡廢，大業初州廢，改縣曰京山，屬安陸郡。唐武德四年復置温州，貞觀十七年州廢，屬郢州。元屬安陸府。明屬安陸州，嘉靖十年屬承天府。國朝屬安陸府。東西廣二百五十五里，南北袤一百八十里。東至德安府應城縣界一百二十里，西至鍾祥縣界一百十五里，南至潛江縣界六十里，北至襄陽府隨州界一百二十五里。東南界天門縣，西南界荆門州，西北界襄陽府棗陽縣，東北界德安府安陸縣。境内多山，大抵派起桐栢而衍於大洪，迤邐東南行，東盡應城，南盡天門，崇巒叠嶂，非川澤之區，惟西南一隅，地濵漢水，自鍾祥界起至潛江界止，皆東以堤，計八十段，曰金港口，曰楠棚廟，曰王家營，曰馬林口，曰張壁口，曰操家口，曰陳洪口，曰渡船口即吕家潭，曰樂豐垸，曰王萬口，曰長豐垸，曰丁家潭，曰黄付口，曰唐心口，曰鲍家嘴，曰楊堤灣，曰吕家灣，曰聶家口，長百有餘里，其迎溜頂冲之工，以王家營渡船口、黄付口、聶家灘最爲危險。其餘水道，縣東北一百二十里有平灞河，在富水之北，源出大洪山，逕隨州入縣界，東南流爲楊家河，東入德安府應城縣界。又縣東北八十里有大、小二富水，今名富河，源出大洪山，分東、西流至雙河口合而爲一，土人爲〔謂〕[1]之撞河。又東南流入應城縣西，爲西河。又有溾水，在縣城北，源出縣西北六十里花石崖，俗名田河，東南流爲閤流河。又南北流爲姚家河，有圓通寺等峽口諸水南來注之。又會三女橋，源出馬跑泉水北來注之。又東過縣城南，有會仙橋水源出張良山逕多寶寺北來注之。又東南會湯頭泉即温水，又東有石激河源出禪房山之水自北來注之。至天門縣東，逕皂市南，謂之皂山河，南入蒿台湖。又有寨子河源出縣西八十里之横嶺山南流滙爲河，逕鍾祥縣之聊屈山西，東南爲長灘河，左合臼水，下注於天門縣境。又有三澨水：一源出縣南

① 爲：疑爲“謂”之訛。

三十里之仙女洞者爲司馬河，南逕蒲圻寺，合長灘臼水名三汊河，注於小河；一源出趙横寺黑龍洞，南經馬頭山，又東南入官橋者爲馬溪河；一源出空山洞如意寺，南流合馬溪，上通司馬河注於天門境者爲石家河，天門人亦謂之三汊口。又有湖山寺泉，下注於天門境爲柳家河。該縣河渠不爲不多，惟故道近多淤塞，漸不可復考。若相地而利導之，亦可收灌溉之利。至漢水堤防之決，則以天門、漢川爲壑，本境僅辦頓、羊田、三里受害而已。惟鍾祥潰決，本境西南均當其衝，是堤之關於鄰邑，尤至重也。

荆門州水道隄防圖

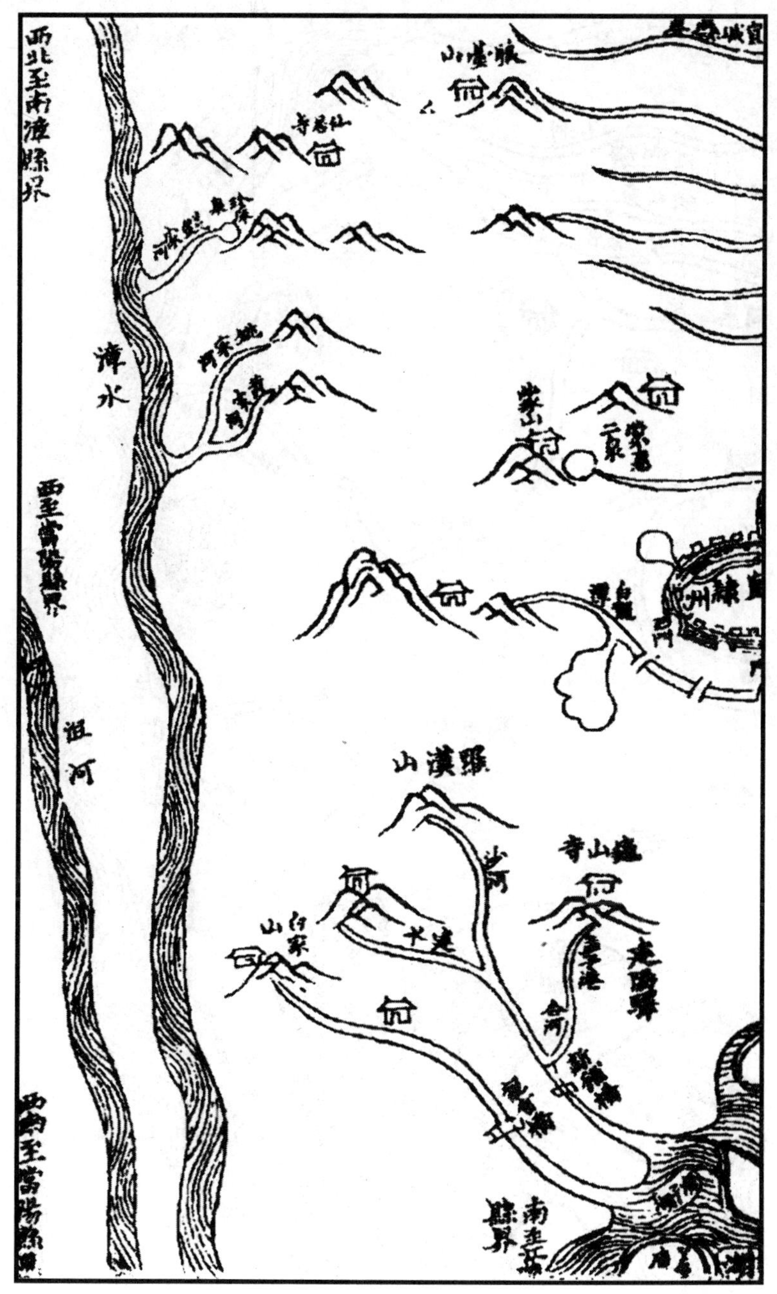

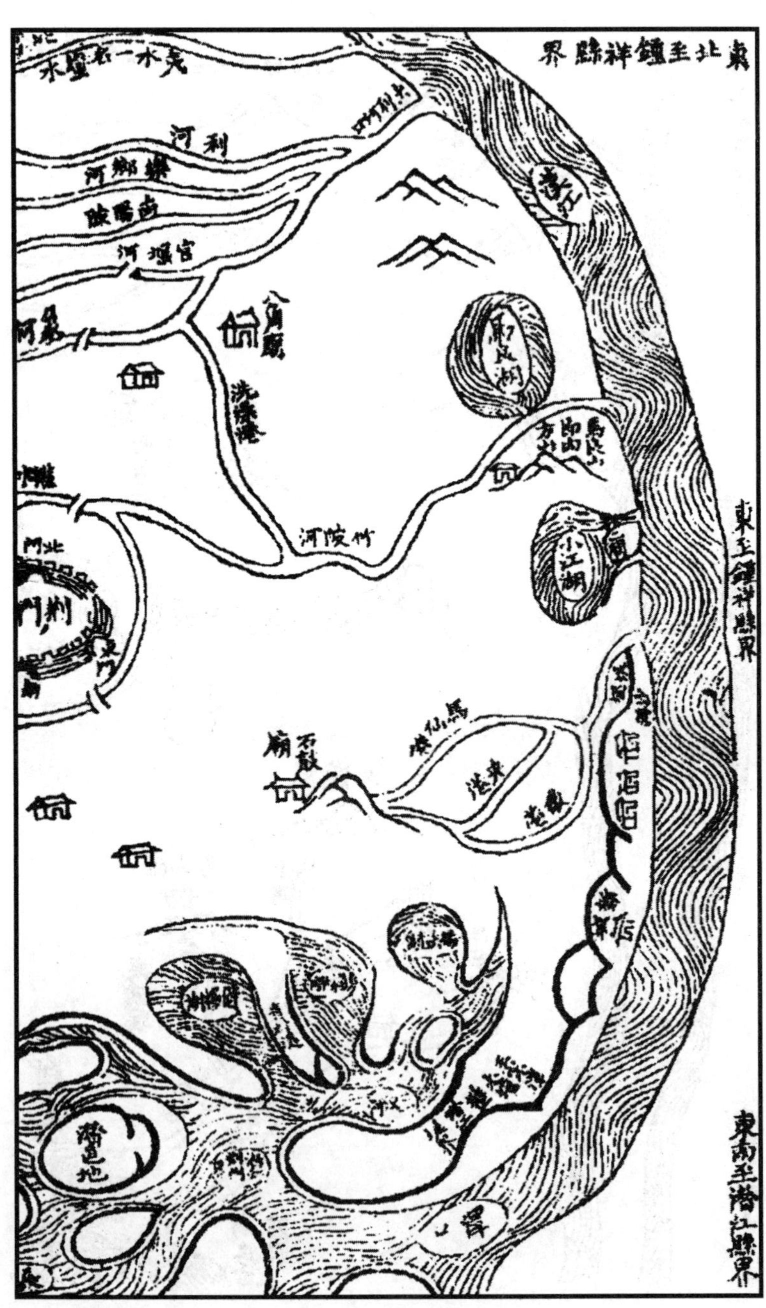
東北至鍾祥縣界
東至鍾祥縣界
東南至潛江縣界
小江湖
竹陂河
洗漿港
荆門
利河

荆門州水道隄防説

荆門州，漢置編縣，屬南郡。晉安帝分置長寧縣，並置長寧郡。宋明帝改郡曰永寧，屬荆州。齊置北新陽郡，以長寧縣屬焉。後周二郡俱廢。隋開皇十八年改長寧曰長林。唐武德四年置荆州，貞元二十一年分置荆門縣，亦屬荆州。五代梁時建荆門軍。宋熙寧以長林縣屬江陵府。元祐三年復置荆門軍，元至正十四年升爲府，十五年移治古荆門城，降爲州，屬荆湖北道。明洪武初以州治長林縣省入荆州府，嘉靖十年改屬承天府。國朝初屬安陸府，乾隆五十六年升直隸州，領當陽、遠安二縣本治所轄。東西廣一百四十五里，南北袤三百四十里。東至安陸府鍾祥縣界八十里，南至荆州府江陵縣界一百六十里，西至當陽縣界六十里，北至襄陽府宜城縣界一百八十里。東南界安陸府潛江縣，西南亦界當陽縣，西北界襄陽府南漳縣，東北亦界鍾祥縣。州境重山環列，其名之最著者惟北七十里之内方山，一名章山，今名馬良山，《一統志》謂即《禹貢》“内方至於大别”是也。漢水在其東北自鍾祥縣馬良山口流入界，爲小江湖，至王家潭與潛江交界止，共長八十里。馬良口下爲小江湖，三面環山，一面濱臨襄河，有民堤一道，長五十餘里，保衛四圍田畝，偶遭潰漫，不能爲鄰邑患。向以該地窪下，每夏、秋陰雨，山水漲發，渟積爲害，故於最低處分建二閘，爲出水尾閭，以時啓閉而宣洩焉。其下爲沙洋鎮官堤一道，自何家嘴起至王家潭止，連月堤分工十九段，計長五千七十二丈。該地控荆門、江陵、監利、潛江、沔陽五州縣之上游，最關緊要。《方輿紀要》載：明嘉靖二十六年堤决，漢水直趨江陵龍灣寺而下，分爲支流者九，於是下游州縣俱被淹没。今幸沿堤漲有沙灘，可資捍禦。向有歲修生息專欵存司，官爲領修，民命攸關，當局者不可不慎。此外，州之東南有權水，會蒙、惠二泉及洗澡港、竹坡河，由馬良湖東入於漢。又王子港，源出内方山，由小江湖閘東注於漢。又馬仙港、夾港、後港，滙彭塚湖水東注於漢。又州之南有建陽河，一名建水，會沙河、孟子港及源出白家山之左溪河，由直江注於江陵長湖。州之西北有沮水，與漳水自北而南注於當陽縣界。凡境内錢家河、姚家河、黄家河，俱附注於漳水。又州之北有夷水，一名蠻河。又麗河，源出聩臺山，並樂鄉河、南陽陂、官堰河、象河，均滙於利河口，由鍾祥縣界入於漢。至小江湖，古無此湖名，乃漢江故道自漢水南徙，遂湮爲湖，漸淤成田。該堤屢築屢潰，業民近已棄令放淤。再沙洋之西南，俗名青村，有楊鉄、彭塚、借糧等湖，水勢浩淼，各由支河滙注於三汊河，一由潛江而達襄河，一入荆河而歸長湖、濱湖各垸，向亦築堤自衛，由業民自修。要所重者，則在沙洋二十五里官堤而已。

潛江縣水道隄防圖

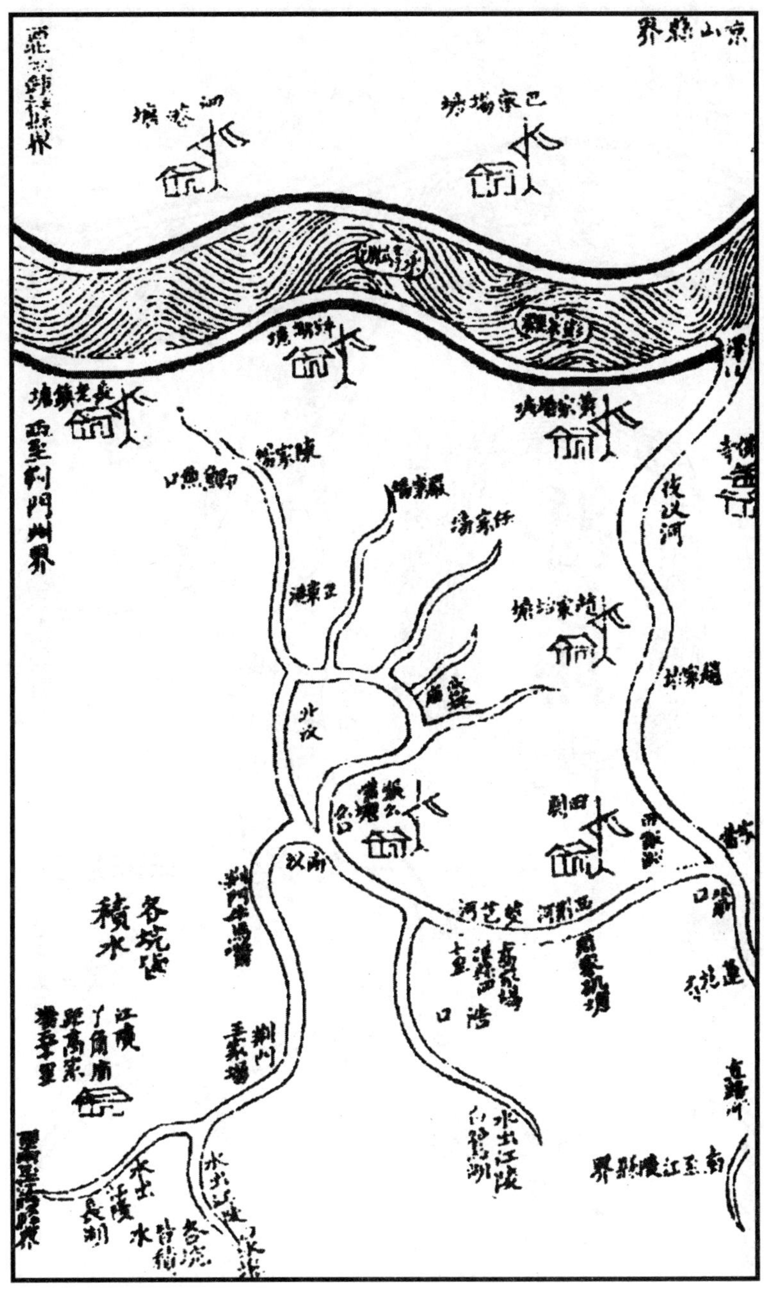

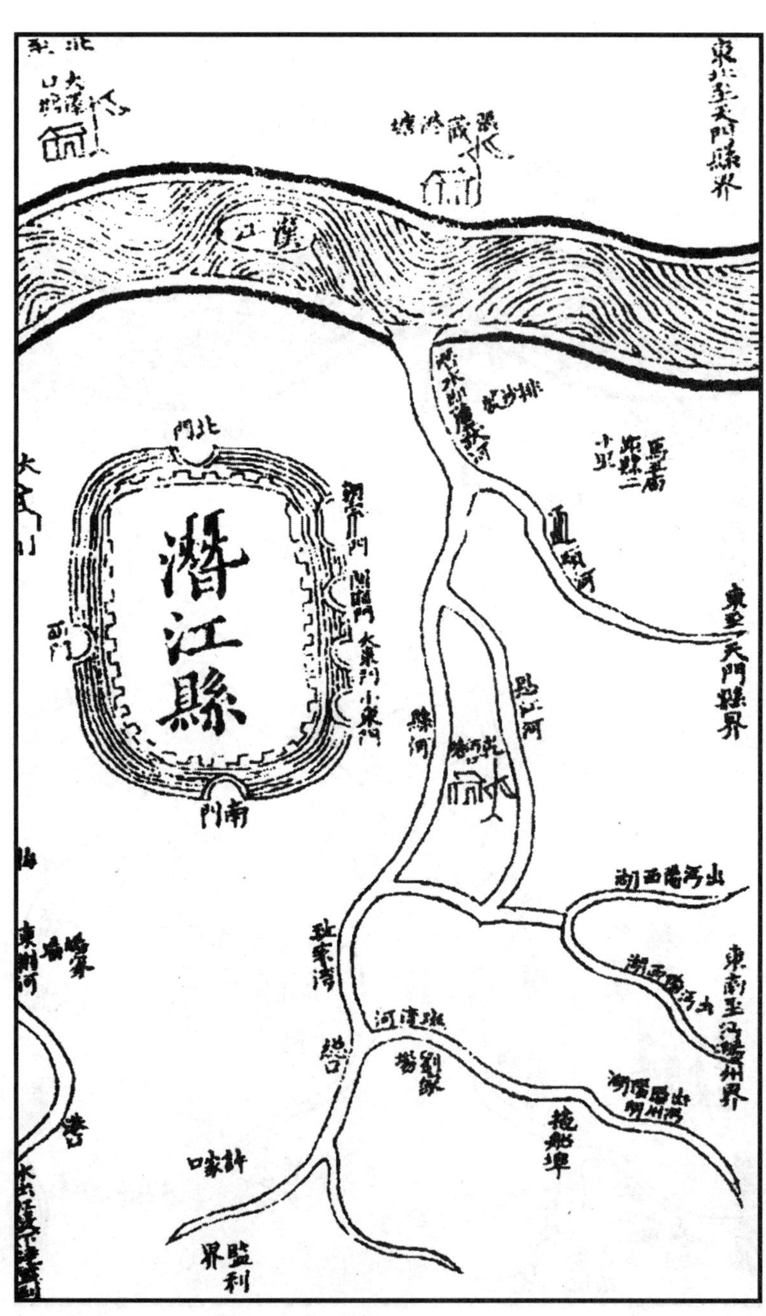
潛江縣
北門
南門
西門
大東門
小東門
漢江
東北至天門縣界
東至天門縣界
直路河
縣河
許家口
監利界

潛江縣水道隄防説

潛江縣，爲漢江夏郡、竟陵南郡江陵二縣地。唐大中十一年置白袱巡院。宋乾道三年始置潛江縣，屬江陵府。元屬中興路。明屬荆州府，嘉靖間改屬承天府。今屬安陸府。縣治本在道德鄉，後患水遷之斗堤，即今城址。東西廣一百五十里，南北袤一百四里。東至沔陽州界三十里，西至荆州府江陵縣界一百二十里，南至荆州府監利縣界八十里，北至京山縣界六十里。東南亦界沔陽州，西南亦界江陵縣，西北界鍾祥縣，東北界天門縣。縣境惟長壽一山，水以漢江爲大澤，在縣之北，其分衍於四境者，皆漢水之支流也。漢江兩坼皆束以堤：南坼西自荆門州王家潭入境起，歷長一上垸、長三上垸、坦豐垸、蚌湖鎮月堤、新豐垸、栗林垸、白袱垸、社林垸、黄獐垸、沙窩垸、莫獐垸，至天門交界止，共長九十餘里；北坼西自京山交界之顔家垸起，歷中泗垸、楊湖垸、樂豐垸、趙林垸、計家垸、太平垸、沿江垸、車墩垸，共長一百餘里。此外，支河各堤，不啻倍蓰，每歲由民間按畝派夫修築，官爲督催。北有二汊，支分漢江爲潛水。《爾雅》云："水自漢出爲潛。"縣之得名以此。《一統志》云："此即《禹貢》'沱潛既道'之潛水。"《府志》云："沱水在縣南，自江陵郝穴口分江水東北流，至縣南沱埠淵合蘆洑河。"而《方輿紀要》則謂沱在枝江縣百里洲之南北江。是地之相去甚遠，惟按《尚書大傳》云："華容有夏水，首出於江尾，入於沔，亦謂之沱。"以其地考之近是，第自郝穴塞而潛已不通江矣。其一汊名蘆洑河，自楊林直南流爲排沙渡，南逕縣城爲縣河，又南爲總口，又南爲許家口，稍西折一支爲監利塘，稍下至栢口爲沔陽州境。又自縣河分一支東流爲洛江河，東入沔陽州西湖。又縣河東門外折一支直南流入洛江河者爲恩江河。至《誌》載自總口分一支爲馬丹河，西通直路河，今已無考。惟自總口由班家灣分一支東流爲班灣河，經拖船埠下達沔陽之陽明湖，疑即近是。特西通直路河，與《誌》互異。又自排沙渡南分一支東流爲通順河，下入天門縣，又爲《誌》所不載。其一汊由夜澤口今名澤口，直南流逕夜汊河，過雙雁，又南爲直路河今名西荆河，至港口爲江陵縣境，下入監利縣境，又自雙雁下西折一支，逕梅家嘴爲茭苞河，今名東荆河，歷周家磯，直西流至幺口分南北汊，汊南至枒角廟入江陵縣境，汊北逕王東港至鯽魚嘴爲荆門州境。又先自周家磯至張幺口折一支東南流，逕浩口入江陵境，下達監利界。以上支河及夜澤、排沙渡二口門，在在淤塞，僅漢水夏漲可通舟楫而已，徒有分洩之名而無其實。漢江上下千數百里，惟賴此宣流以殺其勢。今使併力東下，每當盛漲，不特大河時防横溢，即支流亦浩瀚靡涯，蓋以旁無瀦蓄故也。雖縣之堤塍現無險要處所，而稍形卑弱則有因漫致潰之虞。且與鍾祥、京山頂上之漢堤，江陵、監利腦後之江堤，呼吸相關，同其憂患，疏瀹與版築，去其一而可乎？

天門縣水道隄防圖

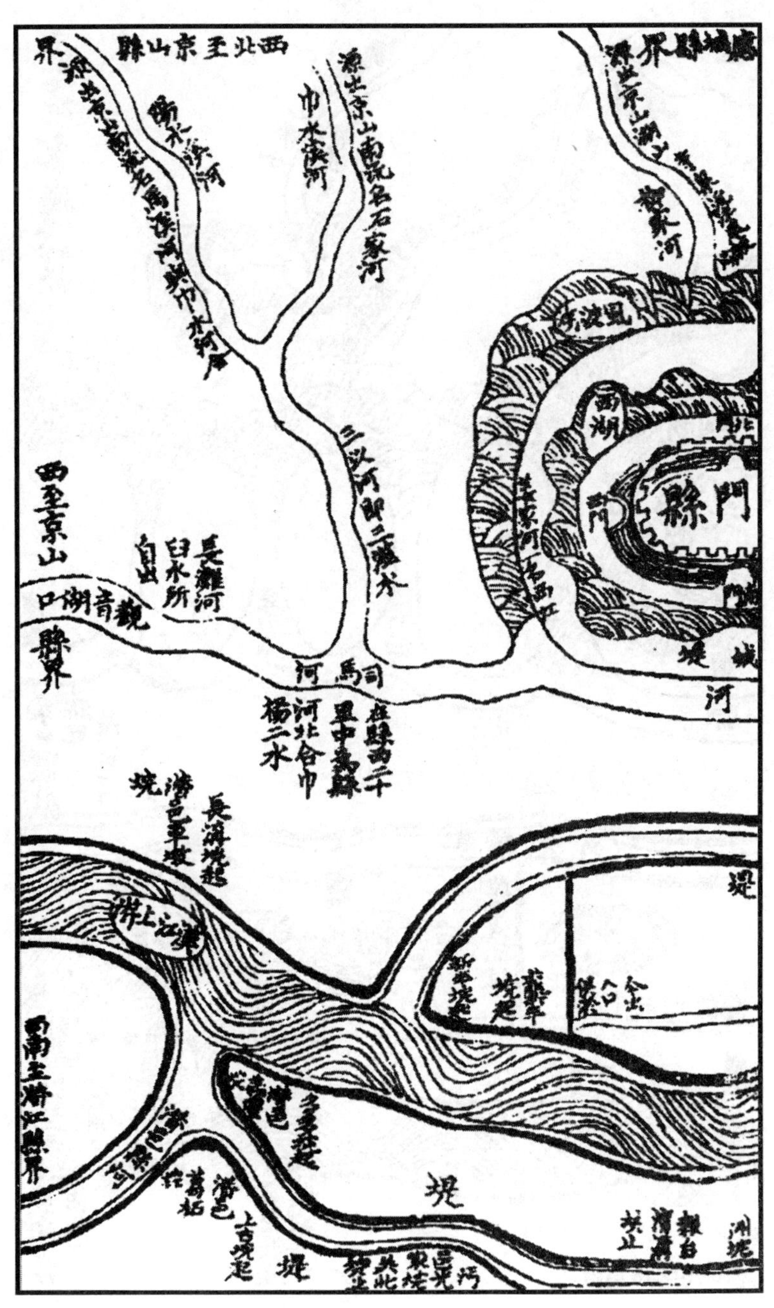

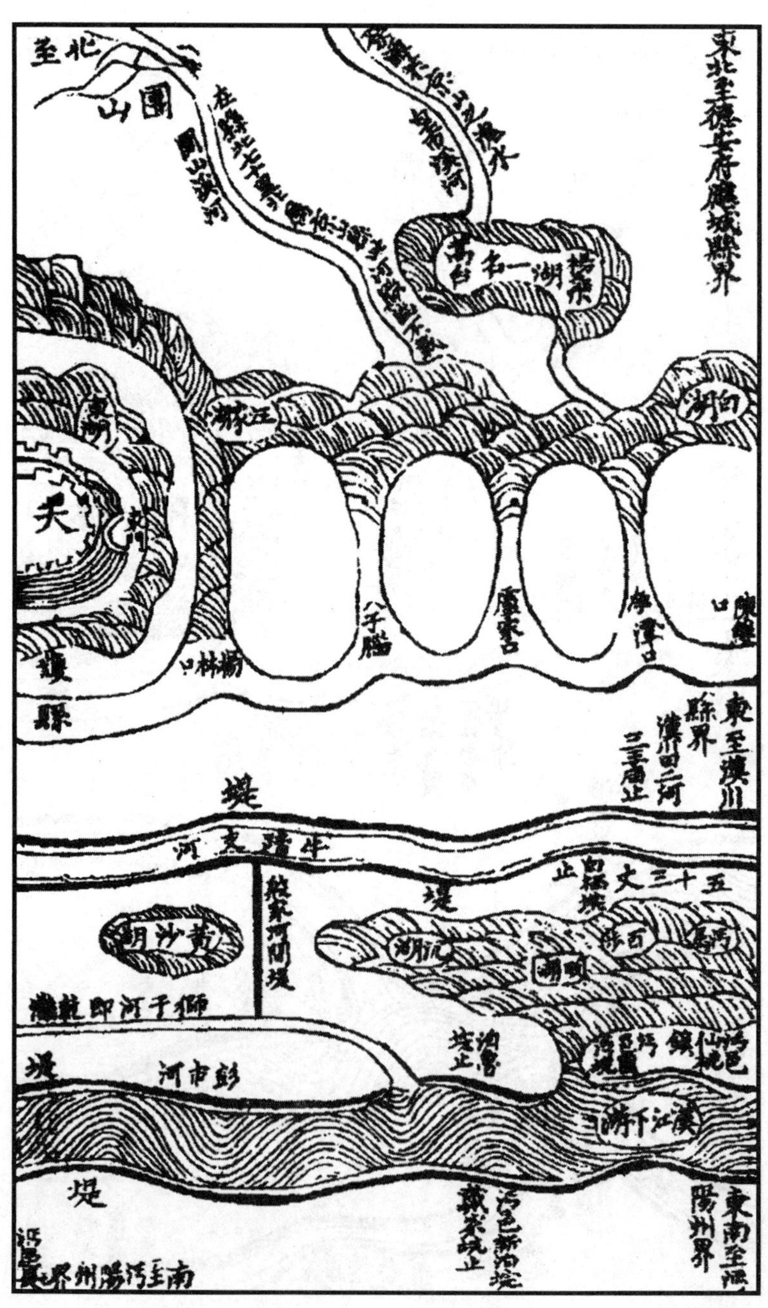
北至
團山
團山溪河
白湖
天
縣
堤
東至漢川縣界
牛蹄支河
五十三丈
黄沙湖
獅子河
彭市河
漢江下游
堤
東南至沔陽州界
南至沔陽州界

天門縣水道隄防説

天門，在漢爲竟陵縣，屬江夏郡。晉末分置宵城縣，梁省竟陵縣，北周改宵城縣曰竟陵。隋開皇初置復州，以竟陵縣屬之，大業初屬沔陽郡。五代晉天福初避諱改縣曰景陵。宋熙寧六年州廢，縣屬安州，元祐仍置復州，紹興三年移州治沔陽，仍以縣屬焉。元屬沔陽府。明初屬沔陽州，嘉靖十年改屬承天府。國朝屬安陸府，雍正四年改爲天門縣。東西廣一百八十里，南北袤二百一十里。東至漢陽府漢川縣界九十里，南至漢陽府沔陽州界一百二十里，西至京山縣界九十里，北至德安府應城縣治九十里。東南界沔陽州，西南界潛江縣，西北界京山縣，東北亦界應城縣。境西北有天門山，兩峰峙天，其中如門邑，即以山得名。漢水西由潛江入境，南北兩岸皆束以堤：南曰多多垸、牙旺垸、馬家垸、上中洲一區、上中洲二三四五六區、下中洲二三四五區、五垸、下老觀垸、石泉垸、長湖垸、猪豕垸、濫泥垸、犴獐垸、漚麻垸、官湖垸、北河垸、七家垸、青泛垸、桑林垸、夾洲垸、戴家垸，共堤長一萬六千八百六十七丈五尺；北曰長溝垸、孫埸垸、月兒垸、上老觀垸、范獐垸、洋潭垸、沙溝垸、上中下牛蹄垸、新半垸、龔半垸、上陶林首區、上陶林二三區、下陶林一二三四區、雙湖垸、彭市河、黄沙垸、吴家垸、團湖垸、查家垸、中下殷垸、泊魯垸，共堤長一萬六千九百四十四丈。又漢江之南爲通順河，亦有堤：南岸自潛邑葛柘垸起，歷上、中、下三古垸、吴孔垸止，堤長四千八百一十三丈；北岸自潛邑適遏垸起，歷蘆林垸、大剅垸、牛槽垸、梁成垸、穀家垸、報台濫溝垸，共堤長四千九百六十五丈五尺。漢江之北爲牛蹄河，亦有堤：南岸自龔半垸起，歷潭家垸、白湖垸、虎獐垸、河湖垸、黄洋垸、萬貢垸、殷老垸、麻細裴湖垸、毛湖胡小垸、夾洲垸、施家垸、新冲垸、鄭家垸、河灣垸、馬灣垸、倒套垸、鵐鵲垸、柴頭垸、釵子垸、下沙垸、賨栖垸、白栖垸，五十三丈止，共堤長二萬三百七十四丈，内五十五丈堤計長一千一百餘丈。《天邑誌》載，分爲六形，天門修一三五形，漢川修二四六形，俱有成案。今據漢川業民呈稱“堤内田畝屬漢川者，自河心量至堤裏僅五十五丈寬，其裏首之田盡係天門、沔陽二州縣田業，以堤址坐落漢川地界，故只派漢屬承修事，係偏枯致相觀望”等語，查與《誌》載“兩邑分修”之案互異，道光辛卯是堤潰口，已據湖北候補縣丞安徽王溶度認爲捐修，此後若不明定章程，必致仍前互相推諉，坐視廢棄，七十二垸田糧保障攸關，亟宜會勘，清丈堤内受益田若干頃畝，按畝派土，三州縣分年承值，似爲公允，宰土者可不加意耶？北岸自尹家垸起，歷寒土垸、截河垸、花台垸、趙家垸、高作垸、新堰垸、陳昌垸、南灣垸、西以垸、横林垸、張台垸、馮思垸、高宋垸、鄒曾彭垸、截築漚麻垸、便文垸、李港垸、灌溉垸、徐魯蘇垸、尹家垸、台坡垸、程鐵垸、長樂垸、左腦垸、觀音堂、社湖垸、三王廟，至漢川田二河止，共堤長一萬七千七百六十丈。又大河之左牛蹄之右，中分一流爲獅子河，即乾灘河，下至中殷河堤入漢，今受水出入口俱淤，至城南有護城堤一道，係防上游堤潰，漢水自西建瓴而下，頗爲城患。舊堤長七八里，擁西、南、東三湖爲保障，自明迄今，屢决屢築，本年復以鍾祥、京山二縣决堤冲潰成灾，與漢堤並重矣。又縣境自西至東横亘百數十里有縣河一道，總名曰汊水，在縣南、東納鍾祥臼水、京山長灘河入縣界爲觀音湖，又東流，隨地易名，三十里至漁薪河，又東五十里爲司馬河，即蔡傳指爲三澨之一。又東三里爲三汊河，納巾、楊二水。按：楊水源出京山，南流名馬溪河，與巾水合。巾水源出京山，南流名石家河，均蔡傳各指爲三澨之一。又東十里爲姜家河，東折入縣北風波湖，又八里爲楊林口，北達汪家湖，又東三十里爲八字腦，北達沿湖，又東十五里爲盧家口，北達楊桑湖，又東十三里爲净潭河口，北達白湖，又三十里出縣界，逕漢川禹家港，北達三臺湖，出涢口至漢口入大江。又縣西北有柳家河，源出京山縣湖山寺泉，下注縣北首之風波湖，逕楊林口入汊水，又縣北有團山溪河，源出縣境之團山，南注楊桑湖即蒿台湖，爲《誌》所不載。又縣北皂市河，源出京山縣之溾水，入蒿台湖，下通三台湖。縣境地勢，東南多水，西北多山，附沔水者地卑而坦，界京山者地高而隆，故迤北則資山泉之灌塘堰豬蓄，尚可以人力致之，惟邑南襄、漢之流潰决靡常，有害無利，雖有南北堤防各百餘里，而地居鍾祥、京山、潛江各縣之下游，隄與唇齒相依，勢難首尾兼顧，守土者惟以不及防者信諸天，而以可自固者力諸己，斯不愧民之父母矣。

沔陽州水道隄防圖

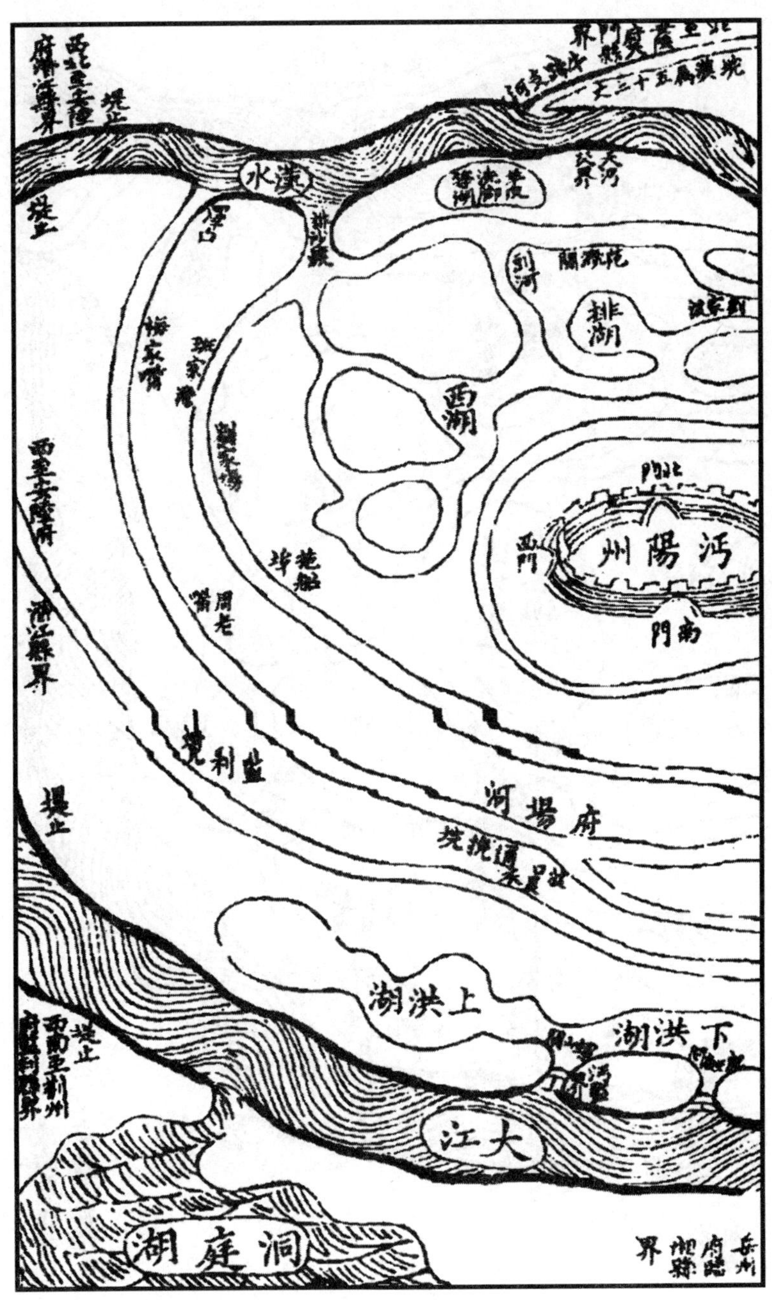

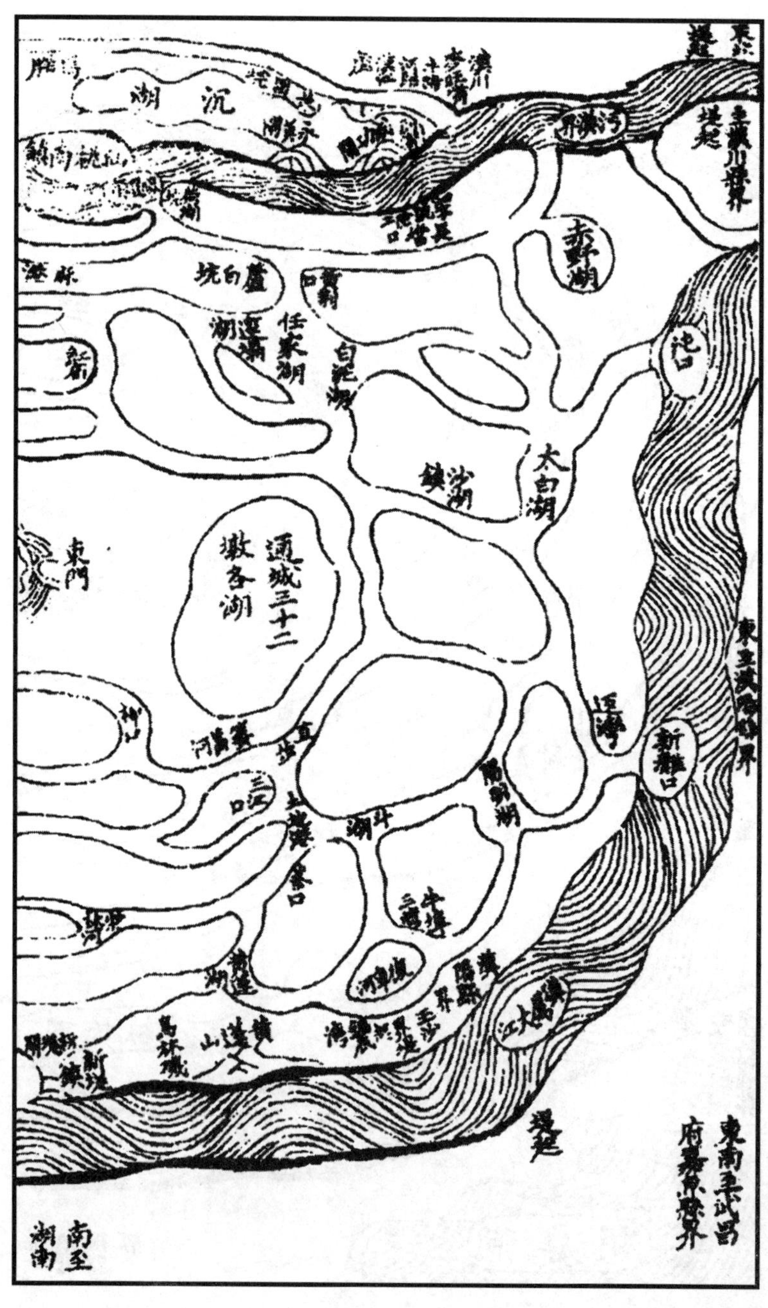
沉湖
赤野湖
太白湖
沙湖
白泥湖
任家湖
通城三十二墩各湖
東門
池口
新灘口
東至漢陽縣界
堤起
東南至武昌府嘉魚縣界
南至湖南

沔陽州水道隄防説

沔陽州，爲漢置雲杜縣，屬江夏郡。晉元康中改屬竟陵郡。梁置沔陽郡，西魏改置建興縣，北魏置復州。隋開皇初郡廢，移州治竟陵，以建興縣屬焉，仁壽三年仍爲復州治，大業初改州曰沔州、縣曰沔陽縣，尋又改州曰沔陽郡。唐武德五年改郡曰復州，移治竟陵，以沔陽屬，貞觀七年又移州來治。宋乾德三年分置玉沙縣，寶元二年廢沔陽入玉沙，熙寧六年又省玉沙入監利縣，元祐元年復置玉沙縣，仍屬復州。元至正十三年改復州爲復州路，十五年升爲沔陽府。明洪武九年降爲州，嘉靖十年改屬承天府。國朝初屬安陸府，乾隆二十八年屬漢陽府，又於州屬之新隄添設文泉縣，並隸漢陽，三十年裁文泉，仍屬州。東西廣二百七十里，南北袤二百九十五里。東至漢陽縣界一百七十里，南至湖南岳州府臨湘縣界二百二十五里，西至安陸府潛江縣界一百里，北至安陸府天門縣界七十里。東南界武昌府嘉魚縣，西南界荆州府監利縣，西北界潛江縣，東北界漢川縣。州境東南僅有黄蓬一山，餘皆平衍。大江在其西南自荆州府監利縣白螺磯流入境，與湖南岳州府臨湘縣、武昌府嘉魚縣分界，過州之南崖新堤、茅埠鎮、黄蓬山、烏林磯，又東北流入漢陽界，共長一百五十里。江之北岸，禦以堤塍。西自西流垸起，歷龍陽垸、上下花垸、史家垸、茅埠垸、楚長垸、預備河堤垸、葉王胡范洲垸，計長七千二百五十二丈五尺，隸州同汛轄。又東自烏林垸起，歷李牛魯垸及十二總垸，至玉沙界止，共長八千一百九十六丈五尺，隸鍋底巡檢轄。各工以新堤之史家、茅埠、楚屯三垸迎溜頂冲，爲濱江險要，漢水在其東北自天門多祥河流入州界，南北皆束以堤：南岸自新泊垸起，歷童潭垸、大石垸、小石垸、仙桃南鎮、新淤垸、楊家垸、蓮花垸、恩隆垸、高字號、嚴字號、泗字號、芳洲垸，至漢川之寧家垸止，共長九千五百零一尺；北岸自潭灣垸起，歷西長垸、楊林垸、馬骨垸内包陳螺關三字號、陶北杜三號、上南、中南、下南、洴字號、長字號、國字號，至東横堤止，共長八千零七十八丈。内上、中南兩號之間有永奠閘。又下南與洴字兩號之間有成功閘，均洩堤内沉湖之水注於漢。仍因時啓閉，以防漢水倒灌。其沉湖之北又有曾家閘，洩湖水注於牛蹄支河，湖之西有殷家河間堤一道。又西爲黄沙湖，天門之十三垸在焉。道光辛卯，天邑彭市河堤决，十三垸民以西北阻於牛蹄河堤，積水無處宣洩，遂掘殷家河間堤洩於沉湖，致沔屬西長、馬骨、長團等垸亦成巨浸，互起争端。應令十三垸於黄沙湖下開渠，於牛蹄河南堤，建閘洩積水於河，自不致掘間堤以鄰爲壑矣。又南拆繞仙桃鎮，左右分二支，合流而東，其濱南拆之垸曰桂子、曹家、師娘、新豐、長寄、新勝。又稍南分支河東流達於漢川，其堤向歸民修。又漢堤之北，上承天邑牛蹄支河，逕天門下十三垸。漢川屬五十三丈自馬腦垸起，内包下新字號、灣字號、内白字號、外白字號、中白字號、凉字號、南字號、金字號、八字號、上新字號、張婁字號、馬字號，至北拆脉旺嘴止，達於漢川，共長一千四百九丈零，均隸川判汛轄。各工以南拆嚴泗號、北拆陶北杜及長團垸迎溜頂冲，最爲險要。其餘由漢出之潛水自西北而至東南，縈紆流注於州之四境：一支自監利入者名夏水，東北過柴林河，至直步與漢水合；一支由澤口入梅家嘴，過監利之周老嘴爲府埸河，至沔之通挽垸渡口入柴林河，達土地港與班家灣之小河會，同注於洪湖，經黄蓬山，至鍋底灣，出新灘而入江；一支由潛江排沙渡南流至班家灣。自劉家埸分一支爲小河，歷拖船埠，至土地港與澤口之支河會，同瀉於洪湖。其由西湖者一小支環沔城，出柳口與班灣下流之水合。又一小支走紅廟諸湖澤中，北達黄荆口，注於仙鎮之河，復迴旋於長壋口，注於赤野湖。又城河一小支，經接陽，抵沙湖鎮，至沌口入江。又一支爲漕河，自柳口環城，西北達於三江口。又自排沙渡一小支折而東爲刓河，南注西湖，又自蘆洑河，逕刓河、范溉關、麻港，至黄荆口，又分一支自范溉關南流播於劉家渡。其在東北境者則漢水由仙鎮東西兩拆分支，一由荷湖等垸經長壋口，一由蘆白等垸至黄荆口，均注於太白湖，由沌口歸江。其在東南境者自黄蓬湖東流爲復車河，經牛埠三灣東，出新灘口。又一支自三灣經斗湖入陽明湖，亦出新灘口歸江。沔陽固一澤國也，江溢則没東南，漢溢則没西北，其穿穴經絡於沔之腹者則潛水也，在昔湖藪襟帶，烟波浩淼，水有容納之區，久而民漸芟剔，墾爲阡陌，各修堤以障之，大者輪廣數十里，小者十餘里，謂之曰垸，如京爲陵，盡佔水道爲田畝，且境之府場、柴林等河及入洪湖青灘口、沌口下游支河，口門節節淤塞，既無瀦蓄，復阻歸墟，故無論江、漢堤決，有其魚之憂。即濳水一經暴漲，則巨浸彌天，並積潦無從宣洩，十年九潦，未可盡諉之天意也。如洩洪湖之新堤、龍王廟、白螺三閘，經前督院汪稼門制軍於嘉慶十三年開濬，雖白螺閘依山，微嫌地勢外高，龍王廟閘出水形勢過直，未盡適宜，而疏洩亦頗有效。近患外江淤灘漸仰，内港水道漸湮，並閘門過狹，難資宣暢，尤相度經營之宜先務者。

漢川縣水道隄防圖

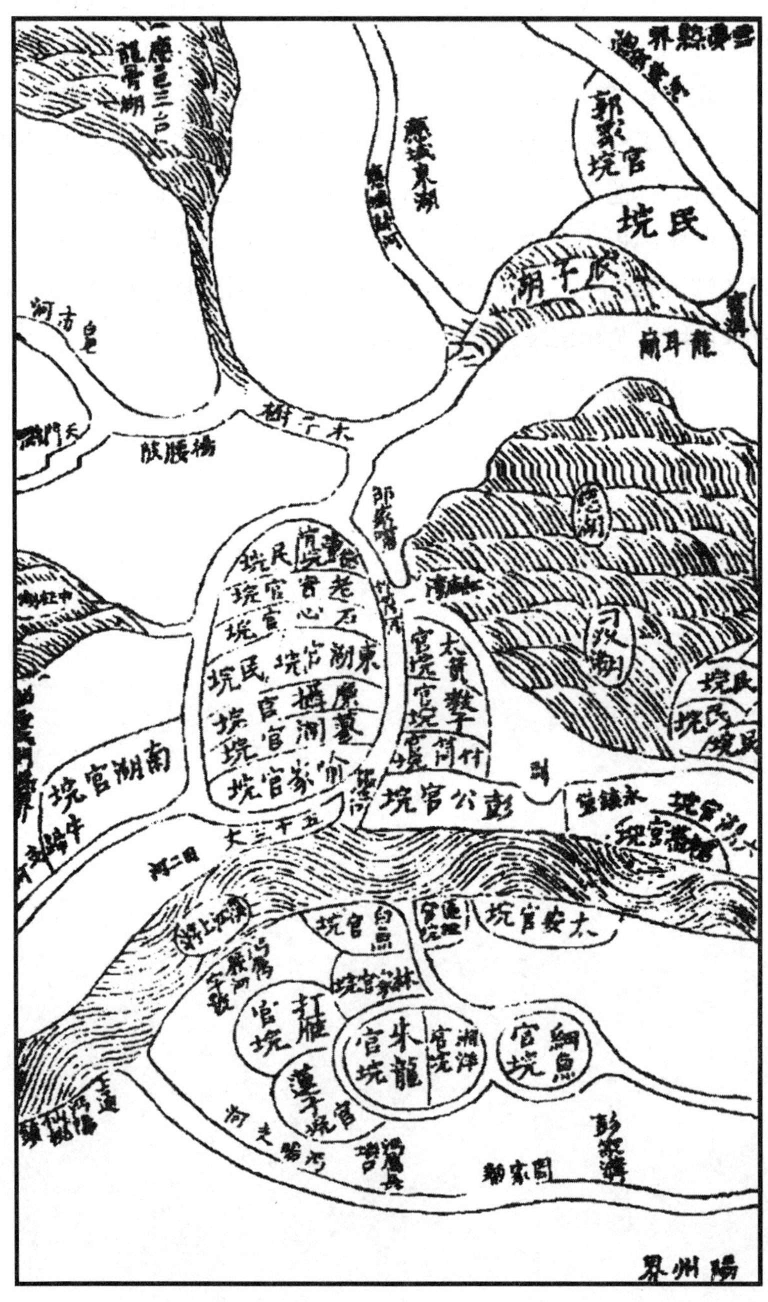

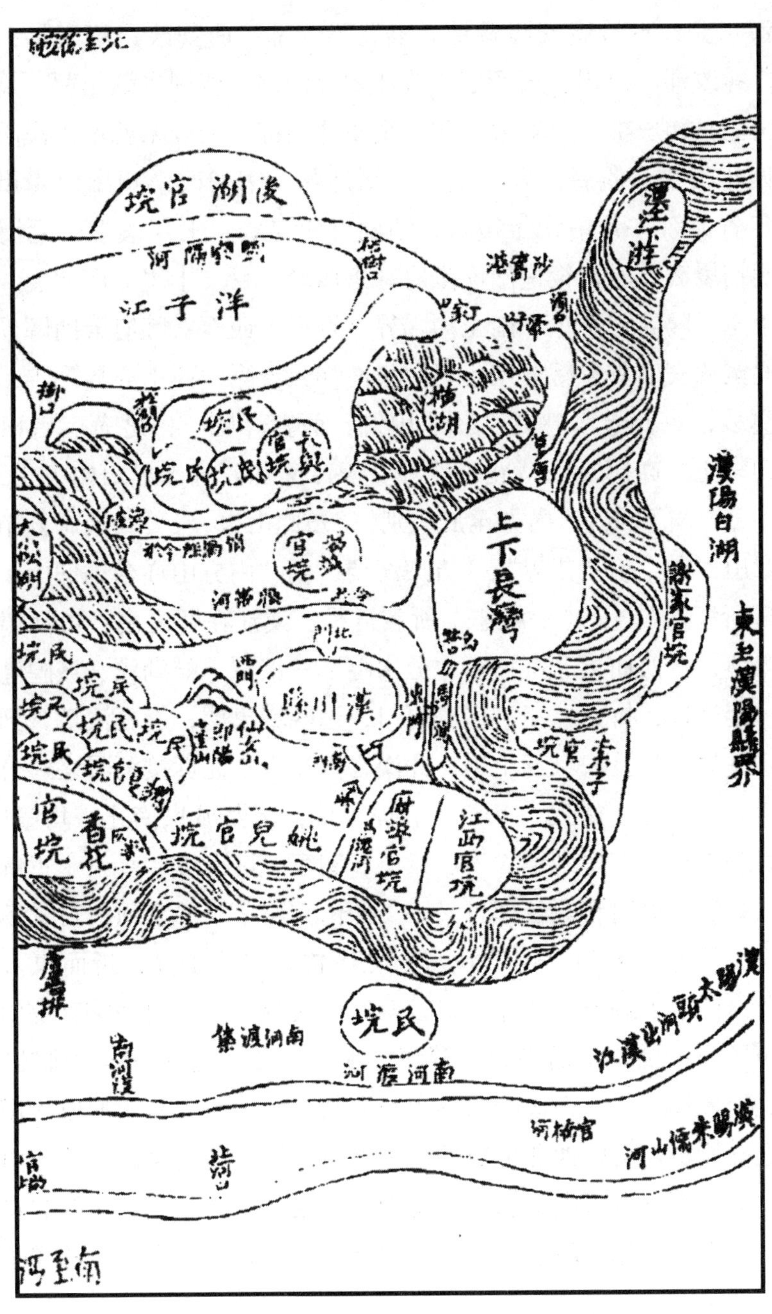

漢川縣水道隄防説

漢川縣，古沙羨安陸縣地。梁置梁安郡。西魏改爲魏安郡，兼置江州，尋改郡曰汊川，廢帝三年改江州曰沔州。後周置甑山縣，爲州郡治。隋開皇初廢郡，以縣屬沔州，從屬沔陽郡，大業末縣廢入漢陽。唐武德四年復析漢陽縣，置汊川縣，屬沔州。宋初改漢川屬漢陽軍，熙寧四年省爲鎮，元祐元年復置，紹興五年又省，七年復置。元屬漢陽府。明初屬武昌府，後還屬漢陽府。東西廣一百二十里，南北袤一百五里。東至漢陽界三十里，南至沔陽界一百里，西至安陸府天門縣界一百里，北至德安府雲夢縣界四十里。東南亦界漢陽，西南亦界沔陽，西北亦界雲夢，東北界孝感縣。縣非山鄉，而實澤國。山之著名者曰陽臺山，即宋玉《高唐賦》楚襄王夢神女處。又縣西五十里曰内方山，《寰宇記》云："《禹貢》'内方至於大别'，乃此山也。"《一統志》謂"内方即章山，在今荆門州界"，《方輿紀要》謂"内方山亦名馬仰山，即權水入漢所經地"，是《一統志》所載近是。漢江在縣之南，由沔屬脉旺嘴流入境，自西而東歷沉波亭、分水嘴、三汊潭、蚌湖鎮、城隍港、廟頭集、楊池口，折而北流，逕繫馬口，遶縣城東門，過石滚壋，到涓口抵漢陽縣界，計長一百五十里，此漢之正流也。北岸接沔陽之彭公及裙帶、六湖、香花、姚兒、江西、麻埠等垸，至縣城東南止，均築以堤，長一百一十里。南岸則惟太安、索子、謝家三垸有堤，長三十里餘，俱民垸及廠畈，毋庸官爲督理。又一支西由天邑之牛蹄支河，自乾鎮驛入田二河，下至張池口，南合漢水，北達竹筒河蝦子溝，折而東入東湖口，分由洋子港劉家隔河注涓口以歸漢。又分一小支由喻家官垸斜東北流，至鄧家民垸蝦子溝集與乾鎮驛之水會。又一支自沔屬仙桃鎮支河，經縣之南境周家帮，過漢陽朱儒山新老帮河，下注於蔡店河以入漢。此皆漢之支流也。又縣西北境有西自天門皂市河，至禹家港入境，由張家渡東北流，滙三台東湖等水下注東湖口，過洋子港入涓。又西北自應城五龍河，出三台龍骨湖，至左家渡東流，會東湖北來之水，過洋子港同注於涢口以入漢。又西自應城縣長江埠滙德安府雲夢諸水入境，東南流至新河口，出劉家隔河，名曰府河，下注涢口以入漢。又東北自孝感縣淪河來源，南流入縣境名安河，至柘樹口達府河，下注涢口以入漢。此在涢口以上諸水出漢者也。又竹筒河東分一支，下達城隍港，環縣東門馬頭入漢；又一支北入汈汊湖、松湖、慈湖達腰帶河，又名新河，東逕入漢，北出横湖，歸涢口以注漢。其由慈湖北出者爲甘河口，由松湖北出者爲掛口，並經劉家隔河東注涢口以入漢。此又漢水之别流也。又縣之西南自蓮子垸東流，繞西江亭，集過南河渡、集至漢陽邑之太頭河，注於蔡店河入漢，是又本境之水也。川澤縱横，爲衆水滙歸之委，且鍾祥、京山、潛江、天門、沔陽五州縣俱居其上游，各堤塍一有潰决，縣之四境俱成巨浸，雖有刁汊、大小松慈湖、横湖等以備儲蓄，而來源汹湧，其下游又有涢口受德安、安陸二府屬之水西北來注之，横截漢江去路，兼以江水同時並漲，襄水下至漢口宣洩不及，每易旁溢横流，一綫危堤，兩面受敵，縱令版築屹者崇墉，豈能如鐵石之固？議者以爲各淤河及湖口如竹筒河、劉家隔河、洋子港、腰帶河、消渦涇、南河渡、周家帮、邵家嘴、掛口、松湖口、柘樹口、丁家口、濠子口、草廟口、烏鉢口等下游處所導之濬之，藉可以資宣洩，然吾圉雖固而鄰壑難防，亦不能爲斯民策久安也。

漢陽縣水道圖

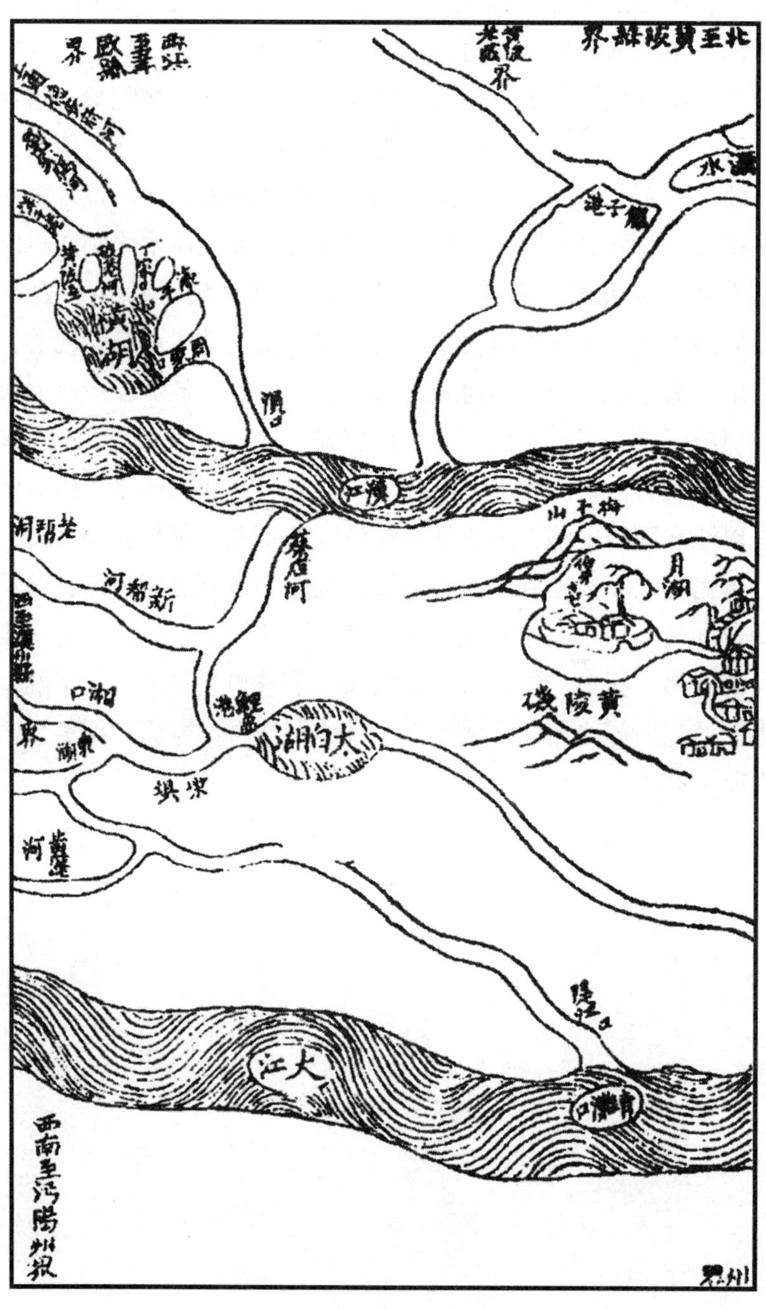

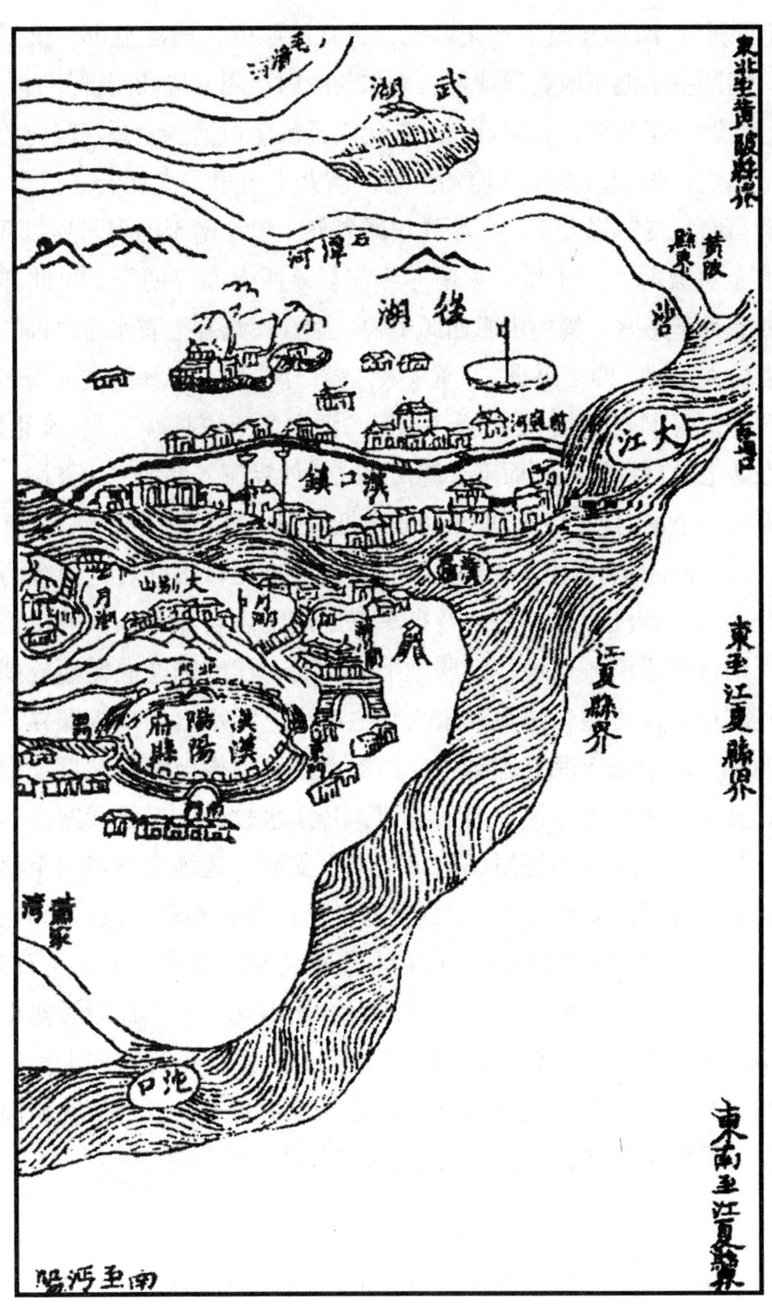

漢陽縣水道説

漢陽縣，漢爲江夏郡沙羡縣地，晉置沌陽縣，屬江夏郡。梁爲梁安郡地。隋開皇十七年改置漢津縣，大末初改曰漢陽，屬沔陽郡。唐初爲沔州治，寶曆二年州廢，縣屬鄂州。五代周爲漢陽軍治。元爲漢陽府治。明初屬武昌府，後復改爲漢陽府治。東西廣九十三里，南北袤二百六十里。東至武昌府江夏縣界七里，西至漢川縣界九十里，南至沔陽州界二百四十里，北至黄陂縣界五十里。東南亦界江夏，西南亦界沔陽，東北亦界黄陂，西北界孝感縣。境内山脈西源中幹，則江漢爲經七省水會之區。山之著名者曰大别[①]，即《禹貢》“漢水入江處曰漢陰”，以漢陰丈人得名曰臨嶂，晉陶侃督荆州鎮此。《水經注》曰“沔水又東逕林嶂”，故城北是也。大江在縣之南自荆州監利而下，經沔陽之玉沙界流入縣境之東江腦，又東北流經大、小軍山一百五十里至縣城南抵大别山東北與漢合者，大江之正流也。其經沔陽播爲陽明諸湖、滙於太白湖自沌口出江者，與經沔陽播爲黄蓬諸湖至新灘口出江者，及自孝感經漢陽之石潭河入黄陂垸至沙口出江，則皆漢水瀠滙鄰境，江弱則下流歸江，江盛則逆漾轉灌於鄰境諸湖。其諸口入江之處，總爲漢水入江之道也。漢水自湞口入縣界，東過蔡店明嶂山，南流至縣北郭師口，一支逕大别山後至漢口凡百二十里入大江，又一支北出亦至漢口名前襄河，乃漢水故道，近已淤塞，不通舟楫矣。其由沔陽仙桃鎮鳳凰頸南出之漢水支流，逕境之新帮河至蔡店鎮入漢者名蔡店河，又縣北四十里西北通孝感縣界者爲簶子港，南入於漢。又分一支，東北會黄陂縣界之毛清河及通武湖之灄水，東流爲石潭河，至沙口亦名五通口入於江。其沿江漢兩垿無山處所，俱係廠畈無堤，故值盛漲，僅一漫而過，旋長旋消，不恒爲患，惟如道光辛卯大水，則不得免焉。至漢口，爲宣洩漢之咽喉，近爲二水壅遏，漢江底益淤高，是其隱患。縣轄江漢交滙之地，故圖、説併及之，以誌源委。

① 自“山之著名者曰大别”至此段結束，此本缺頁，據他本補足。

道光壬辰盧制府奏定修築湖北堤工章程

一、應專責成也。堤塍保護田廬，國計生民，關係緊要，向係官督民修，誠以任民自修，非廢弛即違抗，甚至包攬漁利，百弊叢生，是以重其責於官。若交官爲承修，非書侵即役蠹，甚至勾串分肥，毫無實濟，是以分其事於民。立法本至周詳，乃日久玩生，官以爲民修而漫不加意，民不見官督而虚應故事，有歲修之名無歲修之實，連年漫潰，民困賦懸，其所由來者漸矣。州縣父母，斯民休戚相關，應責成視如己事，如家事，勘估必親身週歷，審度機宜，修築則硪夯堅實，丈尺如式，防護則籌畫周詳，有備無患，悉心經理，處處不遺餘力。而官督之職分始盡，仍當督率汛員，一體妥辦，毋任疎懈。

一、蠹書宜嚴禁也。堤之敗壞，皆由於工書。向雖官督民修，而官盡諉其權於書吏，於是僉首事有費，造估册有費，驗收工有費，甚至串通册書，要結首事，浮派侵呑，無弊不作，公項遂盡飽私囊。應力行禁約，不許干預。至於申報文册，應捐給紙筆之費。

一、應多選首事。州縣爲親民之官，公正紳耆，何地無之，留心延訪，足供使令。况此項堤工數百餘年，凡近堤之民，無不身習其事，且利害相關，自必竭盡心力。應將估定工程，或加高、或培厚、或加子埝查明，近堤紳民圩業人等，着落分段承修，所估土方錢數、高寬丈尺，先行榜示，使人人共知共見，再於堤上分插標記，各按原估丈尺土方，勒限修築，在近堤之民，出作入息，便於趨事，既免搭棚舉炊之費，而大汛偶有險工，一呼即至，無不思保護身家，則責有攸歸，防護更爲得力。

一、向來堤費，有設公局收支者，有册書按糧派征、首事執單催納者，有首事承辦、花户自行赴工兑收土方者，有大户出錢小户出夫、民間自派自修者，各州縣情形不一。惟一概聽之於民，而何人完欠，官不過問，於是慣於包攬之册書，刁抗遷延，致累首事賠墊，因而視爲畏途。不肖衿棍，又與册書、工書朋比爲奸，把持分肥，視爲利藪，遂置要工於不顧。又有按地派錢，交納在官，久之相率抗延，官亦因之受累，於工程不免草率，仍屬有名無實。應各就地方情形，向係設立總局者，選公正紳士，經管度支，官爲稽查出入；向係民間自派自修者，官爲親歷督催，勿任偷減，苟且塞責。即按地派錢，交官承修，亦當延訪公正紳士，分段修築，親身稽查，較之任用書差，似爲得力，於循照舊章之中，變通以核實辦理之法，庶民間派土出夫，皆歸實濟，工程可期鞏固。至於工竣之後，凡緊要險工，亦應籌備餘錢，以備防守之用，俟安瀾後，邀集紳士，公同核算，則通工需費，共見共聞，司事者亦可明其心跡，來年歲修派土，更不難於集事。立法周密，亦可行之久遠。

一、勘估須相度形勢也。堤塍防禦汛漲，而高下必審機宜。地處低窪，雖堤身高鞏，仍須加培；地處高阜，即堤身稍形單薄，足資捍衛。總以本年盛漲水痕爲度，須督率汛員，悉心履勘，按十丈一纏，逐段丈量，並向近堤居民詢問明確。如盛漲時堤出水面一尺者加高四五尺，堤出水面二尺者即應加高三四尺，若水漫堤頂一二尺者即應加高七八尺。倘必須大爲加估高出水面七八尺或一丈數尺方資抵禦，即可以此類推。蓋以水痕定水平，則上下、遠近無不一律相稱，工程既不至緩急失當，經費亦用得其宜，不致虛縻。

一、修築應如式也。查築堤以二五收分，底頂相配，須於鋪底時先照原估丈尺，間段插簽標記，使其一律寬濶，不得任將堤脚收小，偷底短鋪。仍於未鋪底之先，按照原估寬長丈尺，將地面用重硪排築堅實，免致根脚浮鬆，謂之盤底。然後加上底坯，嚴督夫工鋪踩平勻，不得結塊成團，每上土一坯，只許一尺二寸打實八寸，不得過厚。至每層行硪，總須連圜套打三遍，以硪花爲驗，隨時週查，錐試不漏，不得稍存遷就，至頂底固應如式。而坦坡尤須肥滿，不許減瘦，將來收工時，逐段丈量，頂坦兼行錐試，如有偷減草率，責令翻築賠修。

一、交界地方宜會同修築。州縣隄工，接連在居民，無不各分畛域，有堤在此縣而近堤地屬彼縣，業户不准取土，遂多觀望因循，終留缺陷，一遇汛水泛漲，漫潰堪虞，雖上下各堤極力修培，不免前功盡棄。嗣後凡交界地方，應由兩縣會辦，示諭居民，離堤二十丈外取土，有地之户不得藉詞阻撓，修工之人不許藉端推諉。但附近堤根，往往有民間廬墓，仍嚴行示禁，如敢恃强挖壓踐踏，定予究處。

一、應酌辦石工堤以束水。不過堵禦汛漲，而迎溜頂冲之處，一經風浪鼓盪，勢必崩塌潰缺。是以向來退挽月堤，亦係不與水争地之義。然退讓僅止數里，仍屬無濟，且所費不貲，終歸虚縻。似不若拋砌碎石攩護，庶可一勞永逸。荆州一帶，取石較易，運脚船價亦廉，此外工險石近之處，均須相度機宜，權其經費多寡，酌量辦理，不必拘泥。

一、慎防守。堤工雖修築完竣，而每當大汛經臨，凡迎溜頂冲之處，風狂浪激，難免汕刷崩塌，應多備蘆草繩柍，紮枕擋護。其硪夯畚鍤之具，亦必於各段酌量備用，安瀾後存貯公所。

一、積土牛。自來江河皆漫淹爲患，必堤身高鞏，方資保障。現在查照盛漲水痕，一律加高，可無泛濫之虞。然水勢靡定，倘有危險，風雨交加，不但難以施工，兼且無處取土，應乘冬令水涸之時，責令圩業人等先積土牛，每土牛高四尺、長二丈、頂寬二尺、底寬一丈，隔五尺堆積土牛一座，可備緩急之用。

一、修堡房。伏秋兩汛，風雨不時，水勢長落無定，正堤工吃緊之際，自應責令圩業人等小心防守。然無棲止之地，則露處爲難，應按四里添蓋堡房三間，存貯一切防守器具，派圩業三名，常川駐工，一經險要，即鳴鑼集夫，協力防守。

一、定勸懲。督修堤工，原屬地方官應辦之事，然果能督率汛員盡心經理，安瀾後自應分别量予鼓勵，或由本省調劑，或奏請加銜，或請應陞，以昭激勸。若漫不經心，一任胥吏衿棍把持漁利，或縱容家丁侵蠹悮工，亦應分别懲處，以儆怠玩。至紳民首事，如果始終出力，辛勤最著，由府、州、縣查明，或給花紅，或給匾額，隨時詳請優奬。若慷慨樂輸，捐銀在三百兩以上及數至千萬兩者，照例詳明。奏請議叙。

續行修築堤工事宜

一、改築新堤及修培舊堤，均應一律挑取淤土。如該堤坐落處所，俱係浮沙，實無淤可取，必須將浮沙揭去，再挖深三尺取土應用，不准土夫貪圖便易，率以近沙面土挑挖塞責。如帮修委員，不能認真查禁，經錐試時滲漏，責成該委員翻築着賠，决不寬假。

一、無淤處所，雖挑去浮沙，挖深三尺取土，究屬沙多土少。如堤係迎溜濱江，斷不足恃，應照原估高寬丈尺內於堤面外坦二處，改包淤土一坯，計厚一二尺，方可免潰決之虞。倘實值頂冲，仍須照前發章程，擇要抛砌碎石，以資攩護。

一、江漢各堤，遇有殘缺及矬蟄處所，自應估修，一律加高培厚。第須將原堤底面高寬丈尺若干、現經殘缺若干，做成時應收高寬丈尺若干，挨段分號，詳晰註於册內，不得籠統載稱自某處至某處共若干丈尺、需土若干，冀圖朦混，致收驗時無從查核。如違駁，飭另造。

一、舊堤殘缺，須估培補工程，興工時必須先將舊土刨鬆，以水潑潤，再加新土，按坯行硪堅築，庶新、舊土可以膠粘。斷不可率以新土堆積其上，以致兩不融洽，易於剥落。應責令監工委員，隨時留心督率，毋許懈忽。

一、各堤上多有佔造房屋及浮埋屍棺者，實屬違例，自應押遷，以固堤身。第相沿已久，如黄梅縣轄之段姚市、廣濟縣轄之武穴鎮、荆州之沙市郝穴等處，現瓦屋雲連，又未便概令遷移，致滋騷擾。至浮葬之棺，刨挖深坑，尤於堤身有損。此等棺骸，率皆無力貧民偷葬，該地方官應倡勸捐資，多買義地數邱，設局瘗埋。一面出示曉諭地保傳知各該屬認識，如願領埋改葬者，迅飭依限自遷，其無力遷葬及無主認識之枯骸，悉由局遷於義地内埋葬，嗣後勒碑永禁，毋許於堤上建屋埋棺。如違，定提法究。

一、各縣工次，須照部頒銅尺，做成十丈篾繩及旱平、丈竿各一分，三尺長鐵錐一桿，以備驗收應用。將來逐段丈量，按定堤底、堤面、腰坦，均須一律試錐，如有滲漏，定令翻築重硪，决不遷就。該縣莫若於做工之際，隨時自行錐驗，稍不如式，即飭加硪，免致彼時翻築多費，勿謂言之不預也。

詳定江漢堤工防守大汛章程

一、長堤大汛，應設立堡房器具，招募兵夫，以資防守。查楚省堤工，惟荆州萬城堤官工，向有卡房五十二座，例係汛兵與圩甲等分半住守，近已率多坍塌，視爲具文，緣汛兵不給油燭，圩甲並無飯食，焉能令其枵腹從事？其餘江漢各堤，則併堡房、兵夫無之。此次與辦堤工，限期既迫，經費尤艱，瞬届大汛將臨，各工尚未一律完竣，其建置堡房一節，斷難赶辦。然有堤而無人防守，與無堤等；有人而無錢養贍，與無人等。必得預籌經費，明定章程，以爲思患預防之計。除萬城堤舊有卡房，宜速修整，并議給汛兵油燭，酌發圩甲飯食，按堡製備器具，責成該管守備及汛員督飭駐守。此外各堤，雖例無防兵，亦應令圩甲僱募長夫，按十里搭蓋蘆蓬一所，派夫三名駐宿，日間填補雨溜、溝槽，夜間分班往來巡查。每夫一名日給飯食錢八十文，每蓬日給油燭錢三十文，均由該縣籌給，以五月初六日上堤起，至寒露日下堤止，按蓬挨次編號，飭汛官造具各蓬夫的實花名清册四分，分送道、府、縣及留該汛備查。嗣後臨堤查點，如缺少一名，即提該圩甲責處，並照扣飯食錢文。俟本年安瀾後，仍須籌欵建置堡房，以資永久。

一、各堡房、蘆蓬應備器具開後：插牌一面，上寫離江若干丈里，堤長寬各若干，南北高各若干。雨笠各夫一個，燈籠按堡二個須驗有燭簽，火把十根，銅鑼一面，鐵鍬二張，筐扛三副，榔頭三個，夯雨架，鐵簽兩根，鐵鍋二口，舊棉袄兩件，布口袋四条，循環簽二根。

一、大汛盛漲，該汛員爲防守專司，應駐宿堤上，於該汛内往來晝夜梭巡，不得安坐衙署，并遴委妥員往來於兩汛地方，會同汛員稽查。至迎溜頂冲險要處所，須另委勤幹一員住劄督防。該管州縣，仍不時親往各汛查察，如遇危險，即督率汛員，多雇人夫，搶築子埝；巡道本府，並先後輪流往勘，查出汛委各員，稍有懈忽，立予揭參。倘堡夫名數短缺，堡房器具不齊，亦惟汛員是問。

一、堤頭、堤坡，除巴根草外，凡有長草，必須割去，以清眉目。堤頂草須全割。裏坡草應割至腰路爲止，總須留根二三寸，以護堤身，不得連根鏟拔。至外坡之草，不可割去，應留以禦風浪。

一、漫灘水到堤根，必須日夜巡查大堤裏坡有無滲漏。如裏坡一見潮潤，即須時刻留心。倘有浸滲，該堡夫一面稟知防汛官，一面鳴鑼，照堵漏子章程，如法辦理。日間由堤頂行走，一目了然。夜巡更爲吃緊，必須發給燈燭，由底路去腰路回，細心查看。

一、外灘如有普面江套及窪形河溝，一經漫灘，水面愈濶，每遇風暴，必致傷及堤身，最爲危險。如有碎石之處，亟宜抛護，冀以一勞永逸，抑或放大坦坡包淤亦可。倘二者俱不可得，當於該處堆積柴料，並預備長大簽樁數十根，榔頭足用。如水至堤根，猝遇風暴，赶緊搶護，每一尺五寸釘橛一根，用柴掩護，尚可捍禦。

一、大堤有滲水之處，無論何項人等，有先舉報因得搶護平穩者，賞錢十千文，於伏汛前出示曉諭。凡大堤外連年水至堤根者，尚無大患，惟或因灘高，或因外有民埝，多年未經水之堤，轉爲可慮。緣灘唇塌卸，一經盛漲則江水出槽，民埝失事則溜勢奔騰，直注堤身，一有滲漏，猝不及防，往往因而漫溢。如此等工程，總須於平時留心察看，帮築土戧，防患於未然也。

一、江勢裏卧塌灘，須將塌崖之處用鍁放坦，并多掛柳枝，以免續塌。

一、江水漫灘，各堡門前設立小誌樁一根，計若干丈尺。其誌樁頂以矮堤頂五尺爲度，連空高共若干丈尺。飭堡夫隨時查看長落，遞傳下段報汛。該汛員按三日一次，彙報道、府、縣查考。如遇陡長陡落，該堡夫刻速飛報，由汛員隨即轉報道、府、縣，不在三日彙報之例，毋得稍延。

一、各堡夫每見官長巡查，應名充數，迨官過後，即便回家，并往他處遊蕩。惟在該縣督率汛員，到處留心察看。如查該夫内有日間割草及挑土填補水溝、夜間在堤巡鑼者，即分别給賞。否則，薄責示懲，庶知勸懲。

一、大堤走漏，爲至險至急之事，必須察其形勢搶救。先知堤身是淤是沙、離江遠近、有無順堤江套，測量堤根水深若干，見有漩窩，即是進水之門，速令人下水踹摸，一經踹著，問明窟竈大小：如係圓方洞則用鍋扣住，令其用脚踹定，四面澆土，即可斷流；如係斜長之形，一鍋不能扣住者，應用棉襖等物細細填塞，或用口袋裝土一半，兩人抬下，隨其形象塞之。仍用散土四面澆築，亦可堵住。此外堵法也。或臨河一面，不能進水形象，無從下手，只得於裏坡搶築月埝，先以底寬一丈爲度，兩頭進土，中留一溝出水。俟月埝周身高出外灘水面二尺，然後趕緊搶堵。如水流太急，紮一小柴枕攔之裏面，再行澆土，更爲穩當，仍須外面帮寬夯硪堅實，俟裏外水勢相平，則不進水矣。此内堵法也。如堤頂寬濶，或於走漏處堤心挖一溝，務須大坦坡，見水而止，即用棉襖等物於進水處塞之，亦可斷流。此又一法也。倘大隄土性沙鬆，諸法搶辦不及竟至塌透者，不可驚慌，因彼時口門不過數丈，當於見漏時先紮一柴枕較外灘水深高一二尺，如水深三尺枕高五尺。倘竟塌透，即將此枕攔於口外，用橛釘住，使水流少緩，一面多雇掀手排立兩堤頭將土粉下，一面令兵夫數人立於缺口内，連臂閉眼，齊力跳踹，以免瞇目傾跌，所粉之土須從人頭上潑下，漸跳漸稠，亦可閉氣。然亦僥倖於萬一耳。

擬隄工修防善後事宜

一、各段宜釘立石碣，載明高、寬丈尺，以資查核也。各縣堤工，每年既有估土歲修之例，如果工歸實用，自必繼長增高，何致轉形卑矮殘缺？皆由堤身丈尺未有明文，辦工者得以從中偷減，漫無查考。本年各堤既經一律修整，應按土名分段釘立石碣一座，照現在丈量實數，載明某土名、堤長若干丈、堤身内高若干、外高若干、底寬若干、有無下坎，及某年月丈量字樣，分晰鐫於碣上，竪立各工之首，爲衆目所共睹。該汛員并照式造册三分，一送該管巡道，一送府，一移縣備查。日後歲修，於何段續估加高培厚，即添註册内，年終另造申送，俾驗收時按册可稽，自無從高下其手。

一、大汛宜籌經費，設立堡房器具，以資防守也。江漢長堤，南北兩岸各千有餘里，每值夏、秋水漲，拍岸盈堤，或迎溜頂冲，或漫灘走漏，在在堪虞。若駐堤搶護無人，則事出倉猝，一經潰決，億萬民生身家性命攸關，豈容玩視！查荆州萬城堤，官工向有卡房五十二座，例應汛兵與圩甲等分半住守，近已率多坍塌，視爲具文。緣汛兵不給油燭，圩甲并無飯食，枵腹從事，焉能實力奉行？至各民堤，則併堡房無之，殊不足以昭慎重。此次堤工興修之後，除萬城堤舊有卡房固應修整，并議給汛兵油燭，責成該管守備督飭駐守外，其餘一律湏籌備經費、添設堡房、製俻器具，相工段之險易，定建置之多寡。將交大汛，即飭令該汛員僉派圩甲駐工防禦，倘遇危險，即鳴鑼集夫搶護，其所派之圩甲花名，並造册送道、府備查，器具即貯堡房，交其收管，每年大汛將臨點驗一次，如有遺失着賠。但該圩甲等，自交汛至撤汛期内，常川駐堤，以供驅使，不能不給以飯食、油燭，以示體恤。此項若由縣捐發，恐日久仍屬虚名，因思保堤所以爲民，防汛與集土事同一例，似宜將某汛駐堤圩甲若干名，每名酌給錢若干，限以定額，即於歲修派土内照數提出解存府署，俟大汛時由府發交汛員，按月按名領給。倘圩甲等仍敢玩不駐堤，立提究處。如該汛家丁、書役從中尅扣，察出定行重責，枷示工所，該汛員并干撤參。

一、堤工隱患宜防也。凡堤非頂冲而每遭潰决走漏者，皆由獾洞、鼠穴、水溝、浪窩，平時將堤内淘掘一空，一經浸水，立見崩卸，殊不可不慎。查水溝、浪窩，每在夏雨時行之際，其時圩甲等駐工防汛，即責成督率填修，用夯堅築。該汛員務須隨時督率，毋任草率苟減。至獾洞、鼠穴，亦有形跡可尋。該縣須出示曉諭，如拏獲獾、鼠呈驗，分別捐賞，獾皮發還，任其變賣。倘有尋出獾洞報驗得實者，從優賞賚。所有開挖堤身工費及補築土方，俱由縣捐辦，方可核實辦理，切勿吝小費而貽大患。

一、大堤防汛巡察宜勤也。查圩甲人等，積習相沿，縱此後議給飯食，而經管官督察稍不認真，必致仍循故轍。汛員爲防守專司，固宜往來梭巡，不容稍懈。即該管巡道，每值大汛，亦應督率府、縣，先後輪流，各往查一次，如遇險要，即飭汛員及圩業人等搶築子埝，所有動用土牛，仍令照數補還，毋許虧短。倘查出堡房無人住宿，立提重究，並將汛員參撤，俾知警惕。但不可多帶隨從夫役，且須嚴禁需索，以免騷擾。

一、派土催徵宜改爲知縣經管也。查歲修各工，惟荊州府屬及京山、鍾祥向歸印官辦理，其餘各州縣堤塍，雖係官督民修，實則汛員專司其事。劣衿刁監，夤緣交結，較印官呼吸易通，每飛派業户僉點圩長汛書汛差，無不視爲利藪，一任工程偷減，慢不加察。緣汛員未必盡念民生，而知縣究欲冀徵國賦，賦從垸出，堤成而垸乃有秋。同一督修，似不若責成地方官較爲得力。至傳催夫役及防汛稽查圩甲人等，仍惟汛員專責，不得推諉。

一、每年大汛安瀾，宜定勸徵，以示鼓勵也。查湖北武、漢、黄、荊、安等府，濵臨江、漢上游，最爲險要，每年夏、秋盛漲，奔騰浩瀚，與黄河無以異。近年堤垸工程日漸廢弛，沿江、漢一帶州、縣叠被水灾，於上年爲尤甚，國計民生，所關最鉅。經此次修整之後，應請嚴定章程，不特汛員不得侵蝕偷減，即地方官敢於怠忽從事，亦應隨時責成道、府嚴參，倘涉徇隱，經督院閱兵便道臨勘並于參處，庶可以矯積弊而知儆畏。惟堤工防汛，固屬地方應辦之事，然有懲無勸，究不能收實效而得人心，既欲禁其營利，不可不策以近名。應請奏明，於每年具報安瀾後，該管州、縣汛員中果有盡心經理、特著勤勞者，懇恩准保一二員，或加銜，或應陞，以昭激勸。其稍次者，由本省存記，或調署，或調繁，酌予調劑，則人思奮勉，咸與維新，實於隄工大有裨益。

一、楚北省近十年來水患頻仍，各州縣被灾者每有沙壓田畝，碍難墾復，甚如江陵、監利、公安、潛江、漢川、沔陽等州縣，地之最窪者，至今積潦不消，平地變爲湖澤，並挽築月堤，佔用地畝，俱應請飭各該州縣，親查確丈具詳，分別奏請，照例減則豁免糧賦，以免民累。

附録

《天門縣誌》載王觀察概《詳定歲修派土條規》並知縣方遵轍、王希琮《條規附》

一、估報册籍宜早。歲修工程，例應印河各官逐段勘估，老堤原高寬丈尺若干、某處應加高厚若干，務於七月二十外造册，八月初十外賫道查核，庶便九月興工，不致稽延矣。按：堤有灘㪷，各分形式，其已合式堅實者宜緩其㪷，險未及合式者宜急。理應公修，須據實估造，不得徇私濫報。

一、均派夫工宜公。按田受土，計土派夫，自有成例。但取去有遠近，須相土之遠近，酌夫之多寡，秉公均派。按：圩役分堤，每不論堤身之大小、取土之遠近，一律攤派，勞逸不均，以致低薄者驟難高厚，且奸猾之徒復挪移堤段，詭寄躲夫。須酌定丈尺使公當，則人自踴躍。

一、取用土方宜遠。堤脚愈寬愈厚，則堤身愈安愈固。凡附近堤邊之土，永不許輕取。查愚民惜土，或田畝承業不一，每多争論抗工，須酌定二十弓外，諭令如一，若挖取成坑之地，但向内坑岸邊取土。

一、修築工程宜實。凡㪷險堤塍，務要層土層硪，或多用牛工踐踏，簽釘試水不漏，不許鬆填浮土。餘堤加帮，亦不許鏟草見新跡。按：堤面須外高數寸，則霖雨泥濘所流之土盡歸堤脚，不致洗入河流，因而殘缺坍塌。又堤之得力，全在腰身飽滿。腰身不滿，脚長徒屬空形，面寬仍歸崩圮。

一、工作之期宜定。成規：九月興工，至來歲二月告竣，須酌定分數，每月約做幾分，以紓民力。其有自願趕築完工者，聽從其便，不得故苛。

一、垸落之界宜分。每一垸，須用木牌一面，上寫某垸堤長若干丈尺，插堤上，則各垸工程一目瞭然，不特勤惰易分，而堅實與否亦便考察矣。按：土方交界處彼此惜力，每多溝缺，須令上下均勻丈尺，犬牙交築，自成一片。

一、柳荻宜栽。堤岸修完，每資柳荻根蒂盤結，更爲堅實，須令遍插，不可視爲泛常也。按：插柳不徒資盤結，實以備搶障。但只可植堤内，在河外者須盡砍伐。每見河坼崩圮，多因根濡風摇所致。

一、土牛宜備。防患貴在機先，堤工既就，須各分遠近丈尺，各用土牛堆積堤上，以便急需搬取，免致臨期無土，有費周章。按：土牛宜從堤腰堆積，出堤面不必高，面須寬三尺、高長各一丈，以間二丈爲率。次年接堆，如之三年，堤面俱寬矣。後此培腰撑脚，亦易爲力。

一、巡護宜週。新築難免剥落，雨淋尤多坍損。務須勤視補苴，如獾洞、鼠穴，立刻挖填。至届汛期，汛員更督率巡警，方保無虞。

一、包攬之棍徒宜究。各處堤工，每有一種土棍，自恃豪强，勾結無賴，衿蠹攬充堤總，從中包折侵蝕，以致工不堅實，應嚴察挐究。

一、胥役之勒索宜禁。堤工雖官責，而差遣書役，按籍查催，勢不能免。但勤慎奉公者少，借事需索者實多，須嚴加約束，必時加訪查，不得疎忽。按：民修民堤，查催只須傳差數名，往來巡警。若每垸委坐差終歲傳食垸中，且生端苛索，深爲民累。

一、管堤之書識宜剔。修堤估計丈尺、繕造册文，原需書識經理，然使冗役太多，保無弊蠹叢生。應遴選老成精書筭者，視所部垸分，多則二人、少則一人充當，則蠹弊清而民累可除。

一、陋規宜永禁。修堤原係保民善政，水利員役，每多需索，小民何克堪此？歷奉各憲查禁，現無違犯，而法久玩生，弊難永絶，應逐一指出，勒石縣署門首，刋榜鄉村集鎮，永行禁革。

一、大工宜實派。凡屬有田業户，均宜派畝出夫。乃有紳衿，恃符阻抗，應將家屬枷示，罰令倍出夫工。更有奸猾花户，或不照派應役，或以老弱塞責。老弱應以二折一，違派應倍罰重懲，則民心服而工易集。

一、月修宜預挽。頂衝之堤，日見汕刷，徒苦民力無益。伏秋汛後，週視堤坼，倘有極險難保之處，立即確核估報，照例辦理。

一、嘉慶十五年知縣方遵轍詳定《條規》，各垸圩長每年八月白露節乘歲修未興時報更新圩。

一、嘉慶二十四年知縣王希琮詳定《條規》，各垸紳衿不得充當圩長。

查江、漢堤工歲修，如荆州府屬之松滋、江陵、公安、石首、監利各縣，安陸府屬之鍾祥、京山二縣，按畝徵土，官爲經修，其中之有無侵冒，果能實用到工，固視乎官之賢否，殊未可盡恃。即按畝派夫，各州縣亦每爲胥吏包攬侵吞，百弊叢生，致有虚名而無實濟。兹閲《天門志》載，前官斯土者，詳定章程，極爲周備，故附録以質諸來者，試變通而行之可也。